Verbindungen
des Chroms mit Sauerstoff.

vergleiche S. 136.

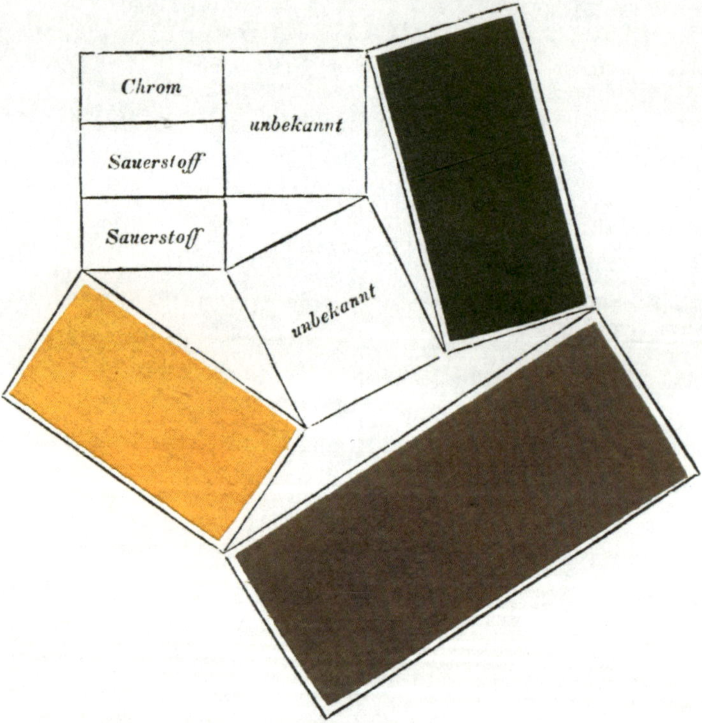

1. *unbekannt.* 2. *unbekannt.* 3. *Chromsäure mit Bleioxyd.*
4. *Chromoxyd.* 5. *Chromsaures Chromoxyd.*

Technische Chemie

der

nützlichsten Metalle

für

Jedermann.

Von

Dr. F. F. RUNGE,

ausserordentlichem Professor der Technologie an der Universität
zu Breslau.

Erste Abtheilung,

enthaltend

Zink, Kadmium, Mangan, Chrom, Wismuth, Antimon und **Arsenik,**

mit 142 im Text befindlichen Tafeln,
worauf die chemischen Verbindungen in Natur dargestellt sind.

Berlin, 1838.

Verlag der Sander'schen Buchhandlung.

(G. E. Reimer.)

Vorrede.

Diess Buch ist die Fortsetzung oder der zweite Theil meiner

Einleitung in die techn. Chemie für Jedermann. Berlin, 1836. Sandersche Buchhandlung.

Es beginnt mit den schweren Metallen: Zink, Kadmium, Mangan etc., wie diese mit den leichten: Kalium, Natrium, Calcium etc. schloss. Ich habe es in derselben Weise und mit derselben Vorliebe bearbeitet, wie die Einleitung und alles, wo nur möglich, durch Muster in natura zu erläutern und deutlich zu machen gesucht.

Da die zweite Abtheilung, welche vom Eisen, Nickel, Kobald, Blei, Zinn etc. handelt, bereits gedruckt ist und nur noch die Muster einzukleben sind, so wird sie bestimmt in 6 bis 8 Wochen ausgegeben werden können.

Oranienburg, den 7. September 1838.

Runge.

Inhalt der ersten Abtheilung.

Vom Zink und seinen Verbindungen.

Das Zink, welches man auch Spiauter und Spelter nannte, ist in Europa schon seit dem 16ten Jahrhundert bekannt und im Gebrauch. Früher kam es aus China unter dem Namen Tutanego. Der neuern Zeit jedoch war es vorbehalten, dasselbe recht eigentlich in's Leben einzuführen, indem man die Zinkerze, welche unter den Namen Zinkblende, Gallmei und Kieselzinkerz bekannt sind, und sehr häufig, besonders in Schlesien, vorkommen, einer zweckmässigen chemischen Behandlung im Grossen unterwarf, um daraus das Zinkmetall abzuscheiden. Da dasselbe in starker Hitze Dampfgestalt annimmt, und sich bei der Abkühlung wieder verdichtet, so hat seine Darstellung keine grosse Schwierigkeiten.

Aus dem Galmei, welcher hauptsächlich aus kohlensaurem Zinkoxyd besteht, wird das meiste Zink gewonnen. Er wird in Flammenöfen geröstet, dann gepülvert und mit Kohlenpulver gemengt der Destillation unterworfen. Bei heftiger Hitze zerlegt die Kohle das Zinkoxyd; es entweicht Kohlensäure- und Kohlenoxydgas, begleitet von den Dämpfen des entsauerstofften Zinks. Diese verdichten sich in den Vorlagen zu Tropfen, die, durch Umschmelzen zu Platten ausgegossen, in den Handel gebracht werden.

Dieses käufliche Zinn ist nicht rein, welches sich schon beim Auflösen in Schwefelsäure zeigt. Das sich hierbei entwickelnde Wasserstoffgas hat einen höchst unangenehmen Geruch, da es meistens Schwefel und Arsenik enthält, womit also das Zink verunreinigt war. Ferner bleibt ein schwarzer Rückstand, der sich nicht in Schwefelsäure auflöst, dieser besteht aus Blei und Kohle, und mitunter aus Schwefelarsenik. Auch enthält er oft Kupfer. Die Auflösung dieses schwefelsauren Zinks ist nun noch mit Kadmium und Eisen verunreinigt. Ersteres entdeckt man durch Einströmenlassen von Schwefelwasserstoffgas, wo hochgelbes Schwefelkadmium № 11 gefällt wird. Der Eisengehalt der Auflösung wird durch Cyaneisenkalium erkannt, welches einen blauen, und durch Galläpfeltinktur, welche einen violetten Niederschlag bewirkt.

Ungeachtet aller dieser fremden Beimischungen ist das Zink zu folgenden Anwendungsarten tauglich: als Zinkblech zum Dachdecken, zu Badewannen, zu Wasserbehältern um Regenwasser aufzubewahren, zu Rinnen und zu Wasserröhren, die kein Trinkwasser leiten, zu Platten für den Notendruck, und endlich als Masse zum Giessen von Leuchtern, Candelabern und einer Menge von Verzierungen an Säulen und anderen architektonischen Gegenständen.

Zu bemerken ist jedoch hierbei, dass der Gehalt des Zinks an fremden Metallen, besonders Eisen, nicht zu gross sein darf, sonst wird es, selbst an der Luft, schnell zerstört. Diese Zerstörung zeigt sich nicht nur im Allgemeinen, sondern auch als ein stellenweises Durchfressenwerden.

Zu chemischen Versuchen, besonders zur Schwefelsäureprobe (Einleitung in die technische Chemie 1836. S. 189.) bedarf man aber eines reinen Zinks. Diess wird aus reinem kohlensaurem Zinkoxyd und Kohle durch Destillation gewonnen.

Minder rein aber zum Niederschlagen von Metallen im Grossen, anstatt des gewöhnlichen Zinks sehr anwendbar, erhält man es durch Behandeln mit Schwefel. Das Zink wird geschmolzen und mit Fett gemengtes Schwefelpulver zu wiederholten Malen mittelst eines hölzernen Stabes hineingerührt. Das Zink verbindet sich unter diesen Umständen nicht mit Schwefel, wohl aber die andern Metalle, die in eine Art Schlacke übergehen, unter welcher sich das gereinigte Zink sammelt.

Obgleich dieses Zink beim Auflösen in Schwefelsäure einen kleinen Gehalt an Schwefel kund giebt, indem sich Schwefelwasserstoffgas zugleich mit dem Wasserstoffgas entwickelt, so ist es doch, wie gesagt, in vielen Fällen anwendbar.

Die Eigenschwere oder das specifische Gewicht des Zinks ist = 6,861, d. h. ein Gefäss, welches so gross ist, dass es voll wird von

1000 Pfund Wasser, nimmt
6861 Pfund Zink

auf, wenn es im geschmolzenen Zustande hineingegossen wird.

Gewalztes Zink oder Zinkblech ist ein zusammengedrücktes Zink, daher ist seine Eigenschwere auch grösser, nämlich = 7190, so dass von diesem noch 329 Pfund mehr in obiges Gefäss hineingehen würden.

Diese geringe Eigenschwere des Zinks, verglichen mit der anderer Metalle, giebt ihm in Verbindung mit seiner Stärke und Festigkeit den Vorzug vor dem Blei, dessen Weichheit bekannt, und dessen Eigenschwere fast um das Doppelte so gross ist. Es ist viermal haltbarer und stärker als dieses, daher lässt es sich auch viel dünner auswalzen, unbeschadet seiner Haltbarkeit. Wenn daher hundert Quadratfuss Bleiblech 5 Centner wiegen, so wiegt ein eben so grosses Stück Zinkblech noch nicht 1 Centner.

Man sieht hieraus, dass die Anwendung des Zinkblechs grosse Vortheile gewährt und es gewiss in allen den Fällen dem viel theueren Blei vorgezogen zu werden verdient, wo es keinen chemischen, sondern nur mechanischen Widerstand zu leisten hat. Daher eignet es sich vorzüglich zur Bekleidung feuchter Zimmerwände anstatt der früher zu diesem Zweck angewandten Bleiplatten, so wie zu den S. 3 erwähnten Wasserbehältern.

Zur Kälte und Wärme zeigt der Zink ein Verhalten, wie man es bei keinem andern Metall findet. In der Kälte lässt es sich zu Pulver zerstossen und in der Hitze ebenfalls. Zwischen diesen Temperaturunterschieden giebt es aber einen mittlern, wo es geschmeidig ist und sich hämmern und walzen lässt, nämlich zwischen 96° und 120° R. Da es schwierig ist, diesen Hitzgrad in s. g. Anwärmöfen dem zu walzenden Zink mitzutheilen, so bedient man sich der Salzauflösungen, welche eine solche Hitze annehmen, am besten der

Chlorcalciumauflösung, die man in flachen Pfannen kochend erhält, um die Platten hineinlegen zu können.

Noch eine andere Beziehung hat das Zink zur Wärme, die sich bei keinem andern Metall in gleicher Weise kund giebt. Es dehnt sich durchs Erwärmen vor allen Metallen am stärksten aus. Ein Zinkstreifen von 322 Fuss Länge nimmt nämlich bei einer Wärmesteigerung von 1° R. zu 80° R. um 1 Fuss zu, indess 800 Fuss Schmiedeeisen, bei demselben Temperaturunterschiede, auch nur um 1 Fuss länger werden. Bei der Construction von Zinkdächern ist diess sehr zu berücksichtigen, sonst kann ein heisser Sommertag viele Arbeit zu Schanden machen, indem die Sonne ein bei kalter Witterung, nicht mit der gehörigen Umsicht verfertigtes Dach, im buchstäblichen Sinne des Worts, entzwei scheint.

Um diesen Nachtheilen vorzubeugen, befestigt man bei grossen Dächern die Zinkplatten nicht mit Nägeln, sondern fügt sie so zusammen, dass sie beweglich bleiben und sie der, durch die Abwechselung von Wärme und Kälte bewirkten Ausdehnung und Zusammenziehung, nachgeben können.

Diese Veränderlichkeit des Zinks bei verschiedenen Wärmegraden macht es unbrauchbar zu Apparaten, welche durch Dampf geheizt werden, und ebenso zu Dampfröhren. Sie reissen gewöhnlich da auf, wo sie gelöthet sind, und lassen nun Dampf durch.

Das Mischungsgewicht (M.G.) des Zinks ist = 32,2, d. h. alle chemischen Verbindungen, welche es eingeht, erfolgen in dem Verhältniss von 32,2. Daher verbinden sich

$32\frac{2}{10}$ Pfund Zink mit
8 Pfund Sauerstoff
zu $40\frac{2}{10}$ Pfund Sauerstoffzink oder Zinkoxyd № 1 und ebenso vereinigen sich

$32\frac{2}{10}$ Pfund Zink mit
16 Pfund Schwefel
zu $48\frac{2}{10}$ Pfund Schwefelzink № 6

Da nun die Zahl 8 das M.G. des Sauerstoffs, die Zahl 16 das M.G. des Schwefels ist, so muss, da in beiden Verbindungen die Zahl 32,2 für das Zink wiederkehrt, diese sein M.G. ausdrücken.

Ebenso deutlich zeigt sich der chemische Zahlenwerth des Zinks in seiner Eigenschaft, die Metalle aus ihren Auflösungen im metallischen Zustande niederzuschlagen. Es steht hierin allen voran, indem es 17 Metalle zu fällen vermag, indess z. B. Gold und Platin nicht ein Einziges abzuscheiden im Stande sind. Hierbei spielt nun die Zahl 32,2 ebenfalls ihre Rolle, indem sie aus denjenigen Metallauflösungen, welche neutral sind, also keine freie Säure enthalten, das fremde Metall stets in solcher Menge abscheidet, wie es seinem M.G. entsprechend ist. Daher gebraucht man nur

$32\frac{2}{10}$ Pfund Zink um
48 Pfund Platin,
56 Pfund Kadmium,
59 Pfund Zinn,
56 Pfund Gold,
101 Pfund Quecksilber,
104 Pfund Blei, und
108 Pfund Silber

aus ihren neutralen Auflösungen, in rein metallischer Gestalt, niederzuschlagen. Man nennt diese Scheidungsart das Reduciren. Es tritt hierbei aller Sauerstoff des Metalloxyds nebst der ganzen Menge Säure, welche es gebunden hält, an das Zink, und das entsauerstoffte Metall scheidet sich ab und nimmt während des Zersetzungsprocesses in dem Verhältniss zu, in welchem das Zink verschwindet oder sich auflöst.

Was früher (Einleitung in die technische Chemie, 1836. S. 377) von der chemischen Wirksamkeit des Ammoniaks, im Vergleich zu der der andern Basen: Natron, Kalk, Kali und Baryt gesagt worden, wiederholt sich demnach hier beim Zink. Wie z. B. 17 Pfund Ammoniak

$47\frac{2}{10}$ Pfund Kali

entsprechend sind, indem sie gleiche Menge Säure sättigen, und gleiche Menge Oxyd aus Metallauflösungen fällen, ebenso verhält sich das Zink zu den oben S. 6 aufgeführten Metallen. Es sind dort $32\frac{2}{10}$ Pfund Zink mit

108 Pfund Silber

zusammengestellt, was in Worten ausgedrückt so viel heisst, als: die chemische Wirksamkeit des Zinks ist so gross, dass $32\frac{2}{10}$ Pfund im Stande sind, ebenso viel Sauerstoff aufzunehmen und eben so viel Säure zu sättigen, wie 108 Pfund Silber. Denn wenn man in eine Auflösung von 170 Gran reinen salpetersauren Silberoxyds, welche:

108 Gran Silber in Verbindung mit

8 Gran Sauerstoff und

54 Gran Salpetersäure enthält,

$32\frac{2}{10}$ Gran Zink bringt,

so entstehen $94\frac{2}{10}$ Gran salpetersaures Zinkoxyd

anstatt der 170 Gran salpetersauren Silberoxyds, und 108 Gran Silber scheiden sich aus. Es geschieht also nichts weiter, als ein Austausch der beiden Metalle gegen einander, alles Uebrige, namentlich die Neutralität der Verbindung bleibt unverändert. Dass dieser Austausch abseiten des Zinks mit einer so geringen Menge, gleichsam mit so geringer Selbstaufopferung bewirkt wird, ist eben das Merkwürdige und Interessante, was ich meinen Lesern hier recht klar zu machen wünschte. Es zeigt, dass dieses Metall, welches schon an sich so sehr wohlfeil ist, es noch mehr wird durch sein grosses chemisches Wirkungsvermögen, oder, was dasselbe ist, durch sein kleines Mischungsgewicht. Man wird also immer zuerst an Zink denken, wenn Metalle im Grossen zu reduziren sind, und ohne Noth sich nie eines andern bedienen.

Andrerseits wird nun hieraus zugleich die geringe chemische Wirksamkeit des Silbers ersichtlich. Es wirkt nur in dem Verhältniss von 108, so dass, wenn man z. B. Gold aus einer Auflösung mit Hülfe des Silbers fällen wollte, man mit einem Aufwand von

108 Pfund Silber nur
66 Pfund Gold zu fällen im Stande wäre,
indess man mit
$32\frac{2}{10}$ Pfund Zink

ausreichen würde.

Legt man in eine flache Porzellanschale kleine Stücke Eisen, Zinn, Blei, Kupfer und Silber, ohne dass sie sich unter einander berühren, und übergiesst sie mit verdünnter Salpetersäure, so wird sich j e d e s dieser Metalle in der Säure auflösen, und endlich werden alle verschwinden. Ganz anders ist aber der Erfolg, wenn die Schale statt von Porzellan von Zink ist, oder wenn ein jedes der Metallstückchen mit einem Stückchen Zink in Berührung ist. Es löst sich nun keins der Metalle auf, das Zink ausgenommen, und die Reihe des Auflösens kommt erst an jene, wenn das Zink, welches sie berührte, bereits von der Säure verzehrt, also nicht mehr vorhanden ist.

Auch bei der Anwendung anderer Säuren, z. B. der Schwefelsäure, Chlorwasserstoffsäure, äussert das Zink dieselbe schützende Wirkung. Auch lösen sich Gold und Platin nicht in Königswasser auf, so lange sie mit Zink in Berührung sind, so wie aber dieses das Opfer der Säure geworden, kommt auch die Reihe des Auflösens an jene.

Was uns in alten Mährchen von Zaubermitteln erzählt worden, die Menschen hieb- und stichfest zu machen, das erblicken wir hier als wirklich in der zauberähnlichen Wirkung des Zinks, wodurch die anderen Metalle gleichsam säurefest, d. h. unangreifbar durch Säuren werden.

Die Erklärung dieses merkwürdigen Verhaltens finden wir in den Gesetzen der chemischen Wechselwirkung. Alle Körper, die zu einander in ein chemisches Verhältniss treten, entwikkeln aus sich einen bestimmten chemischen Gegensatz, nehmen einen entgegengesetzten chemischen Charakter an, den man ganz allgemein auf der einen Seite mit basisch, auf der andern mit sauer bezeichnen kann. Es giebt in der Chemie nichts weiter, als diese beiden Gegensätze, daher lassen sich alle Vorgänge darauf zurückführen, oder finden darin ihre Erklärung. (Vergl. Einleitung in die technische Chemie, 1836. S. 2 ff.)

Hierdurch erhalten nun zwei Metalle, deren Eigenthümlichkeit eine kräftige Wechselwirkung bedingt, indem sie sich innig berühren, die Bedeutung eines Salzes, bestehend aus Basis und Säure, und jedes übernimmt die Stelle eines dieser Gegensätze, die man wegen der Aehnlichkeit mit den elektrischen und magnetischen Gegensätzen den basischen Pol und den sauren Pol nennen kann.

Wenn demnach, wie hier, zwei Metalle sich innig berühren, und in einer Flüssigkeit befindlich sind, die sie beide aufzulösen vermag, so wird in ihnen der chemische Gegensatz aufgeregt, das eine nimmt den Charakter einer Basis, das andere den einer Säure*) an, und diess begründet nun ihr verschiedenes Verhalten zu dem Auflösungsmittel.

Denn da das Aehnliche sich abstösst, das Unähnliche dagegen sich anzieht (Vergl. Einl. in die techn. Chemie, 1836. S. 7), so wird das Metall, welches den chemischen Gegensatz: Säure, den sauren Pol, repräsentirt, also dem sauren Auflösungsmittel ähnlich ist, von diesem abgestossen, d. h. nicht aufgenommen oder nicht aufgelöst werden. Dagegen wird aber das andere Metall

*) Es ist hiermit nicht gemeint, dass die beiden Metalle wirklich basisch oder sauer würden, also wie Kali oder Schwefelsäure schmecken müssten, sondern es soll nur heissen, dass ihre chemische Thätigkeit und Anziehungskraft zu andern Stoffen sich genau so verhält, wie die des Kali und der Schwefelsäure zu einander.

welches den chemischen Gegensatz: **Basis**, den basischen Pol repräsentirt, also dem sauren Auflösungsmittel unähnlich ist, von diesem angezogen, d. h. aufgenommen oder aufgelöst werden.

Nun wird es also begreiflich sein, warum z. B. Zink und Eisen in inniger Berührung mit einander und z. B. in Chlorwasserstoffsäure eingetaucht, sich zu dieser durchaus entgegengesetzt verhalten, indem nun das Zink sich auflöst, das Eisen dagegen nicht. Das Zink wird nämlich in Berührung mit Eisen zum basischen Pol, es zieht daher das Chlor der Chlorwasserstoffsäure an, welches einen sauren Character hat, und bildet damit aufgelöstes Chlorzink. Das Eisen wird dagegen in Berührung mit Zink zum sauren Pol, und zieht daher den Wasserstoff der Chlorwasserstoffsäure an, der einen basischen Character hat, und dieser entweicht alsdann als Gas, weil er das Eisen nicht aufzulösen vermag.

Man sieht also, dass hier Zink und Eisen und die Bestandtheile der Chlorwasserstoffsäure genau so ineinander wirken, wie die Bestandtheile zweier Salze, die sich durch doppelte Wahlverwandtschaft zerlegen. Als das eine Salz kann hier Eisen und Zink betrachtet werden, welches die Bestandtheile des andern Salzes: Chlor und Wasserstoff, zerlegt, und zwar so zerlegt, wie es gewöhnlich in der Chemie nach den Gesetzen der Wahlverwandtschaft geschieht. Folgendes Schema wird dies deutlich machen.

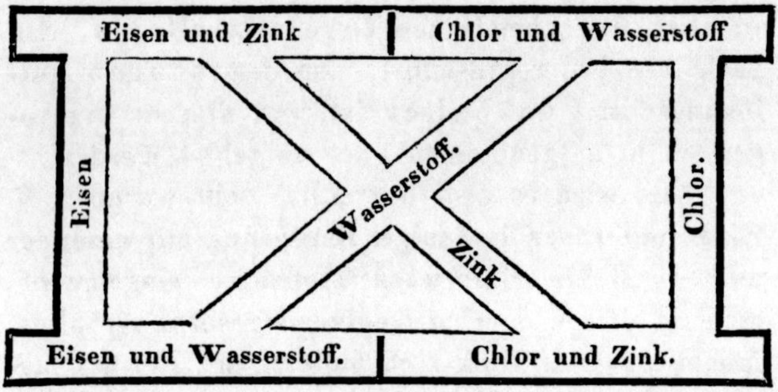

Wären Eisen und Zink vorher chemisch verbunden, und gäbe es ebenfalls eine chemische Verbindung von Eisen und Wasserstoff, so fehlte hier nichts an der vollkommensten Aehnlichkeit dieses Processes mit den gewöhnlichen chemischen Zersetzungsprocessen, so aber bleibt er in sofern ein eigenthümlicher, dass an der einen Seite nur die chemischen Anziehungskräfte thätig sind, ohne dass sie sich zu einem wirklichen chemischen Produkte ausgleichen; denn wenn gleich das Eisen die Abscheidung des basischen Wasserstoffs durch seine saure Anziehungskraft bedingt und auf sich anhäuft, so ist es doch nicht im Stande, den Wasserstoff chemisch aufzunehmen, daher er als Gas entweicht.

Alle andern Fälle, wo das Zink ein anderes Metall durch seine Berührung schützt, lassen sich auf gleiche Weise erklären, insofern nämlich dabei Chlorwasserstoffsäure in Anwendung kommt. Ist es eine andere Säure, so müssen die Bestandtheile dieser berücksichtigt werden. So z. B. wird bei Anwendung von verdünnter Salpetersäure diese zersetzt, das Zink wird zu Sauerstoffzink oder

Zinkoxyd, welches sich dann in Salpetersäure auflöst, und das Stickoxydgas entwickelt sich, vom Eisen angezogen, an diesem. Da nun Stickoxyd ebenso wenig Eisen auflöst, als der Wasserstoff, so bleibt auch in diesem Fall das Eisen geschützt, d. h. es wird nicht angegriffen.

Der nächste Grund also, warum Eisen durch Zink vor der Auflösung geschützt wird, ist der, dass es den Wasserstoff, als seinen chemischen Gegensatz anzieht, aber mit ihm keine Verbindung eingeht. Denn setzt man an die Stelle des Eisens Arsenik, so geschieht etwas ganz anderes: dieses wird gleichzeitig mit dem Zink angegriffen und aufgelöst. Zink schützt also nicht das Arsenikmetall, obgleich es sich auch in Berührung mit ihm basisch verhält, und das saure Chlor anzieht. Also dieses kann dem Arsenik nicht schaden, aber der Wasserstoff ist's, er ist im Stande, Arsenik aufzulösen, und bildet damit Arsenikwasserstoffgas. Beim Zusammenbringen von Arsenik und Zink mit Chlorwasserstoff würde also die Aehnlichkeit mit einer Salzzersetzung durch Wahlverwandtschaft und das obige Schema S. 12 genau passen.

Was geschieht nun aber, wenn Eisen und Zink in Flüssigkeiten tauchen, deren Zerlegung sie nicht zu bewirken im Stande sind? Wird da auch noch das Eisen geschützt und durch die Gegenwart des Zinks verhindert, Sauerstoff oder Chlor aufzunehmen? Nein! Man kann sich davon überzeugen, wenn man eine Eisen- und Zinkplatte zusammen genietet in feuchte Luft oder in reines Wasser bringt. Das Eisen rostet gleichzeitig mit dem

Zink. Die Ursache ist, dass Luft und Wasser nicht im Stande sind, den chemischen Gegensatz von Eisen und Zink so aufzuregen, dass eine rasche Wasserzersetzung erfolgt, wodurch alsdann dem Eisen der Wasserstoff, dem Zink der Sauerstoff zu Theil werden würde. Denn nur in dem Fall, wo das Eisen Wasserstoff oder Ähnliches anzuziehen befähigt ist, zieht es keinen Sauerstoff an und bleibt so vor dem Rosten geschützt.

Dies tritt aber sogleich ein, wenn man dem Wasser etwas Schwefelsäure zusetzt. Diese regt den chemischen Gegensatz der beiden Metalle so auf, dass sie dadurch in den Stand gesetzt werden, das Wasser in seine Bestandtheile zu zerlegen. Es wird in Folge dessen der Sauerstoff vom Zink angezogen, um damit Sauerstoffzink oder Zinkoxyd zu bilden, welches von der Schwefelsäure aufgelöst wird; der Wasserstoff des Wassers geht an's Eisen und von da als Gas in die Luft. Also auch hier bleibt das Eisen unversehrt, so lange sich Wasserstoffgas entwickelt, also so lange Zink vorhanden ist.

Das eben angeführte Verhalten beider Metalle haben viele meiner Leser täglich vor Augen. In den s. g. Platinfeuerzeugen ist der Zinkbolzen an einem Eisendraht befestigt, der mit in die Säure eintaucht, aber sich nicht auflöst, eben weil er mit dem Zink in inniger Berührung ist. Wäre diese durch Holz oder Leinwand unterbrochen, so würde sich der Eisendraht ebenfalls auflösen.

Das eben von der Wirkungslosigkeit der Luft und des Wassers Angeführte beseitigt manche Behauptungen als unrichtig. So soll Zink das Eisen vor Rosten in freier Luft bewahren, wenn es nur innig damit in Berührung ist, und wenigstens $\frac{1}{20}$ der Oberfläche des Eisens ausmacht. Daher man vorgeschlagen hat, es anstatt des Zinns als Verzierung an Gewehren anzubringen, und es überhaupt da, wo es angeht, zum Einlegen zu benuzzen. Gegen die Ausführbarkeit dieses Vorschlages ist nichts einzuwenden, allein er ist ohne Nutzen; das Eisen rostet doch. Eben so hilft es nichts, wenn man Messer in Futteralen von Zink aufbewahrt, oder wenn man den Griff von Zink macht; die Rostbildung erfolgt mit der Zeit doch.

Nicht besser wirkt das Zink, wenn es auch mit dem Eisen gleiche Oberfläche hat. So schichtete ich einige mit Sand und Wasser ganz blank gescheuerte Eisen- und Zinkplatten von gleicher Grösse noch feucht aufeinander, und liess sie so mehrere Tage der Luft ausgesetzt, um zu sehen, ob wohl unter diesen Umständen das Zink das Rosten des Eisens hindern würde. Mit nichten! das Eisen war fast ganz mit Rost bedeckt.

Ungeachtet dieser verneinenden Thatsachen findet aber doch, unter dem Einflusse der Feuchtigkeit, eine Wechselwirkung, wiewohl nur eine schwache, zwischen beiden Metallen Statt. Daher kommt die rasche Zerstörung des Zinks an Stellen, wo es von Eisen berührt wird. Man kann diess an Zinkblech sehen, welches, von eisernen Nägeln durchbohrt, dem Einfluss der Witterung ausgesetzt ist. Rund um den Nagel herum ist manchmal das Zink verschwunden. Dieser Erfahrung gemäss bedient man sich beim Dachdecken nicht mehr, wie früher, der eisernen Nägel zum Befestigen des Zinkblechs, sondern Nägel aus demselben Metall, nämlich zinkener.

Was in dem S. 14 angeführten Beispiele die Schwefelsäure thut, bewirkt auch das Meerwasser, und zeigt sich darin sehr verschieden vom Flusswasser, welches reinem Wasser gleich zu achten. Daher rostet Eisen mit oder ohne Zink gleich stark im Flusswasser; im Meer- oder Salzwasser bleibt es dagegen blank, indess nur das Zink zerfressen wird.

Das Meerwasser muss also, vermöge seines Salzgehaltes, den chemischen Gegensatz beider Metalle ebenso aufregen, wie es die Säure thut. Es muss das Eisen sauer, das Zink basisch machen. Daher zieht auch das Eisen ausser dem Wasserstoff noch andere basische Stoffe an, und bedeckt sich namentlich mit dicken Lagen von kohlensaurem Kalk, untermengt mit Pflanzenstoffen.

Natürlich musste diese Erfahrung auf den Gedanken bringen, den Eisenbeschlag der Schiffe durch Zink vor dem Rosten zu schützen, und man säumte auch in England nicht, Versuche im Grossen anzustellen. Das Faktum bewährte sich, aber nur in so weit, als das Eisen in's Meerwasser eintauchte; was in die Luft herausragte, rostete trotz des angenieteten Zinks.

Ob nun aber hiermit für die Schifffahrt ein wirklicher Nutzen errungen ist, steht noch dahin. Es ist nämlich, wie aus den oben angeführten Thatsachen erhellt, nothwendig, dass das Zink geopfert werde, um das Eisen zu erhalten, und seine Schutzkraft steht im geraden Verhältniss mit dem Grade seines Zerstörtwerdens, d. h. das Zink wird in eben dem Maasse zerfressen, als es das Eisen vor dem Rosten schützt. Oder umgekehrt, das Eisen befördert die Zerstörung des Zinks in einem so hohen Grade, dass ein Stück Zink im Meerwasser wie in Säuren viel schneller verzehrt wird, wenn es in Berührung mit Eisen ist, als wenn es sich allein in dem Wasser befindet. Da nun beide Metalle ziemlich gleichen Preis haben, so wird wenig Vortheil aus diesem Verfahren erwachsen, und es wird besser sein, die Schiffe ohne Weiteres mit Zink zu beschlagen.

Auch ist das oben S. 16 erwähnte Inkrustiren des Eisens mit Kalk ein grosser Uebelstand, weil sich daran die Seethiere festsetzen und die Bewegung des Schiffes hemmen.

Die andern Metalle, als: Zinn, Blei, Kupfer, Silber, verhalten sich in Verbindung mit Zink in Säure eingetaucht gerade so, wie das Eisen, daher widerstehen auch sie der Säureeinwirkung, so lange das basische Zink in ihnen den sauren Gegensatz aufregt. Ist das Zink endlich aufgelöst, so verschwindet auch dieser, und er geht durch die Anforderung der Säure in den basischen über, in Folge dessen nun diese Metalle ebenfalls aufgelöst werden.

Aus diesem Grunde wird ein kupferner Kessel von keiner Säure angegriffen, so lange ein im Innern am Boden angelöthetes Stück Zink vorhanden ist. Man ist so voreilig gewesen, einen solchen durch Zink geschützten Kessel zum Gebrauch in der Küche vorzuschlagen, ohne zu bedenken, dass man hier bloss ein Gift gegen ein anderes,

Zink gegen Kupfer, vertauscht. Denn das Zink schützt nur so lange das Kupfer vor Oxydation und Auflösung, als es sich selbst oxydirt und auflöst. Es ist also eben dasselbe, als wenn man geradezu in Kesseln von Zink kochte, ja noch schlimmer, weil Kupfer, wie wir sogleich sehen werden, die Auflösung des Zinks bei inniger Berührung ungemein beschleunigt.

Recht interressant und einer sorgfältigen Prüfung werth, ist folgende Vorrichtung, wobei die schützende Kraft des Zinks benutzt, seine schädliche Wirkung aber beseitigt ist. Auf der äussern Oberfläche eines kupfernen Kessels ist eine Zinkplatte aufgelöthet, und auf dieser ein Kupferdraht, der so lang und so gebogen ist, dass er den Kessel inwendig berührt und an der Seite desselben in ein kleines mit Wasser gefülltes Gefäss taucht. Hier wird die schützende Kraft des Zinks durch den Kupferdraht in das Innere des Kessels geleitet, der nun immer blank bleibt, indess das Zink selbst sich oxydirt.

Eine ähnliche Vorrichtung hat man zum Schutz d. h. zur Sauerstoffabwehrung kupferner Dächer benutzt, jedoch nur dann mit ganz günstigem Erfolge, wenn an vielen Stellen Zink angebracht war, was wegen der grossen Ausdehnung der Kupferfläche nöthig ist.

Alle diese Wirkungen übt das Zink nur, wie schon S. 17 angeführt, mit Aufopferung seiner selbst. Es ist merkwürdig, in wie weit kürzerer Zeit es sich in einer Säure auflöst, wenn es darin mit einem anderen Metalle in Berührung ist, als wenn es sich allein darin befindet. Besonders stark wirken Kupfer, Silber, Gold und Platin, wie man sich durch folgenden Versuch sehr leicht überzeugen kann.

Löthet man an das eine Ende eines Stückes Zinkblech, welches 90 Gran schwer ist, ein eben so grosses Stück Kupferblech, und hängt es gleichzeitig mit einem andern ebenso schweren Stück Zinkblech (ohne Kupfer) in eine Mischung von 4 Loth Schwefelsäure und 24 Loth Wasser, so wird man eine sehr verschiedene Wirkung wahrnehmen. Die Auflösung des Kupferzinks erfolgt äusserst heftig, unter Entwickelnng grosser Wasserstoffgasblasen, und ist nach 95 Minuten beendet, unter Hinterlassung des Kupfers, welches nicht angegriffen wird. Das Zinkblech allein löst sich dagegen viel langsamer auf, und ist erst nach 160 Minuten verschwunden. Es braucht also 65 Minuten länger Zeit als das Kupferzink. Die Wasserstoffgasblasen sind hier auch viel kleiner und steigen minder rasch in die Höhe.

Damit der Versuch genau so, wie hier beschrieben, gelinge, ist ein Aneinanderlöthen des Zink- und Kupferblechs an den Enden erforderlich, denn wollte man sie aufeinanderlegen und zusammenbinden, so würde die eine Seite des Zinks nicht mit der Säure in Berührung kommen, und man ein fehlerhaftes Resultat erhalten.

Minder rasch als Kupfer wirkt Eisen, wenn man mit ihm den obigen Versuch wiederholt, aber immer rasch genug, um seinen bedeutenden Einfluss wahrzunehmen. Wo es aber alle Metalle, selbst das Platin, an Wirksamkeit übertrifft, ist, wenn anstatt Schwefelsäure Kaliauflösung angewendet wird. In diesem Fall ist der Unterschied so gross, dass von einem Stück Zinkblech, welches 90 Gran wiegt, in starker Kaliauflösung aufgehängt, sich binnen 26 Stunden nur ½ Gran auflöst, indess ein anderes eben so schweres Stück mit einem blanken Eisenblech zusammengebunden (nicht einmal gelöthet) und in derselben Kaliauflösung ebenso lange Zeit befindlich 74, sage vier und siebenzig Gran an Gewicht verliert.

Es wird sich bei Betrachtung der andern Metalle vielfältig heraus stellen, dass es nicht das Zink allein ist, welches diese schützende Wirkung mittelst des chemischen Gegensatzes, ausübt. Das Zink äussert sie nur vorzugsweise gegen fast alle schweren Metalle, aber auch den meisten der andern Metalle kommt sie zu, wiewohl in einem immer schwächeren Grade, je mehr sie sich den s. g. edlen Metallen, z. B. dem Gold und dem Platin nähern. Ja selbst diese beiden Metalle rufen, unter sich, sich berührend den chemischen Gegensatz noch auf, wenn sie mit Königswasser übergossen werden. Das Gold löst sich darin auf, das Platin nicht, so lange noch Gold vorhanden ist. Diesem Verhalten zufolge kann man daher sehr leicht das Gold, welches zum Löthen von Platingefässen diente, wieder mittelst Königswasser herunternehmen, ohne das Platin anzugreifen, wenn diese Gefässe durch Abnutzung unbrauchbar geworden sind.

Da das Zink 17 Metalle aus ihren Auflösungen abscheidet (S. 6) und unter diesen Zinn, Kupfer, Silber und Gold, so hat es keine grosse Schwierigkeit, es auf nassem Wege mit einem Ueberzug dieser Metalle zu versehen. Man macht aber nur wenig hiervon Gebrauch, da das Zink selten zu Gegenständen verarbeitet wird, die ein Verzinnen, Versilbern oder Vergolden lohnen würden. Häufiger geschieht diess bei Metallgemischen, welche Zink zum Bestandtheil haben, z. B. beim Messing. Dieses wird auch auf nassem Wege verzinnt, versilbert oder vergoldet, wie später gezeigt werden wird.

Schreibt man auf ein blankes Stück Zinkblech mit einer schwefelsauren Kupferoxydauflösung, so entsteht eine schwarze Schrift von pulverförmig niedergeschlagenem metallischem Kupfer, die sich jedoch leicht wegwischen lässt. Wendet man dagegen essigsaure Kupferoxydauflösung in Verbindung mit Salmiak, oder die klare Flüssigkeit aus einem Gemisch von

5 Loth Kupfervitriol
6 Loth Bleizucker und
16 Loth Wasser an, und setzt ihr
2 Loth Salmiak

zu, so frisst sich die Schrift nach dem Trocknen mittelst des Salmiaks tief ins Zink ein, und haftet sehr gut. Eine solche Dinte hat man vorgeschlagen für Gärtner zum Aufzeichnen der Pflanzennamen. Bis jetzt bedient man sich gewöhnlich hölzerner Brettchen, deren zugespitztes Ende in der Erde steckt und leicht fault. Zinkbleche von gleicher Form und mit obiger Dinte beschrieben, müssten sehr lange vorhalten, und da man die Schrift mit einem nassen Finger reiben kann, ohne dass sie abgeht, so sollte man glauben, dass sie ganz ihrem Zweck entsprächen. Mit Nichten! Im Freien und beim öftern Begiessen der Pflanzen wird auch das Zinkblech nass und rostet mit weisser Farbe, wodurch die schwarze Schrift zwar nicht abgelöst, aber unleserlich wird. Diese Schrift passt also nur da, wo das Zink nicht von Nässe zu leiden hat. — Ein mit weisser Oelfarbe angestrichnes Stück Zink, worauf man sehr deutlich mit Bleistift schreiben kann, und welche Schrift sehr gut haftet, vereinigt Haltbarkeit mit Deutlichkeit. Diess ist also vorzuziehen.

Dieses Festhaftens wegen sollte man glauben, die Dinte würde sich auch als Beize oder als Anstrichfarbe auf grössere Flächen und auf Gusswaaren von Zink eignen. Dies ist nicht der Fall. So wie man zu streichen anfängt, gerinnt alles, indem das eben niedergeschlagene Kupfer sich wieder durchs Reiben ablöst. Besser gelingt ein rasches Eintauchen in die Beize und ein eben so schnell darauf folgendes Abspülen mit Wasser. Es ist zu diesem Zweck aber nöthig, dass sie mit noch einmal so viel Wasser verdünnt sei.

Auf Messing und Silber haftet diese Dinte auch mit schwarzer Farbe, nur unvollkommner als auf Zink. Dagegen Zinn, Blei, Kupfer und Platin sie nicht festzuhalten vermögen.

Die Wirkung der eben erwähnten Flüssigkeit beruht darauf, dass das Zink das Kupfersalz zerlegt, und daraus das Kupfer im metallischen Zustande ausscheidet. Es ist merkwürdig, dass hier das Kupfer nicht seine natürliche rothe, sondern eine schwarze Farbe hat, da Eisen sich unter gleichen Umständen mit rother Farbe verkupfert. Aber auch dies kann man beim Zink erreichen, wenn man ein alkalisches Kupfersalz anwendet, worin das Kupferoxyd nicht, wie in gewöhnlichen Kupfersalzen, die Stelle einer Basis, sondern vielmehr die einer Säure vertritt. Ein solches ist das schwefelsaure Kupferoxyd-Ammoniak. In einer Auflösung dieses Salzes nimmt das Zink sogleich eine rothe Kupferfarbe an und wird dauerhaft verkupfert. Zum Gelingen ist aber nöthig, dass das Zink vorher mit Schwefelsäure recht blank gescheuert, hierauf gut abgewaschen und abgetrocknet werde, alsdann wird es entweder rasch mit der Kupferoxyd-Ammoniakauflösung bestrichen, oder darin eingetaucht, und hierauf gleich abgespült. Man giesst jetzt eine Menge architektonischer Gegenstände aus Zink, diese lassen sich auf die angegebene Weise sehr gut verkupfern.

Das Zink ist nach dem Eisen das wohlfeilste Metall, daher man sich ganz besondere Mühe gegeben, es für Haushaltung und Technik brauchbar zu machen. Allein nicht immer mit günstigem Erfolg. Die chemischen Eigenschaften dieses Metalls und die Giftigkeit seiner Salze bieten das grösste Hinderniss einer allgemeinen Anwendung dar. Ich will durch Anführung mehrerer Beispiele meine Leser in den Stand zu setzen suchen, sich vor Schaden zu bewahren.

Da alle Säuren, selbst Essig und Fruchtsäfte das Zink auflösen, und diese Auflösungen giftige, brechenerregende Wirkungen haben, so darf es auf keinen Fall zu Küchengeräthen verarbeitet werden. Auch darf kein Zink dem Zinn, welches zur Verzinnung kupferner Küchengeschirre dient, zugesetzt werden, wie man wohl vorgeschlagen und gethan hat, um ihm mehr Härte und Glanz zu geben.

Ferner verzehren Salzauflösungen das Zink, besonders strömende, wie z. B. Gesundbrunnen und das Meerwasser. Daher hat sich das Zink als Schiffbeschlag nicht zum besten bewährt. Man hat aber hier nachzuhelfen gewusst und zwar mit Erfolg. Wird nämlich das Zink mit einer Farbe bestrichen, die aus Leinölfirnis, Grünspan und etwas Talg durch Kochen bereitet worden, so erhält es eine dem Kupferbeschlag ähnliche Farbe, die gut haftet und das Ansetzen von Seegewächsen und Seethieren verhindert.

Dagegen wirkt reines Wasser nicht auf das Zink, wie es im Gegentheil mit dem Blei der Fall ist. Enthält es aber Kohlensäure, so bildet sich kohlensaures Zinkoxyd. Diess bedeckt jedoch sehr bald die Metallfläche in der Art, dass weiter keine zersetzende Einwirkung erfolgt. Daher sind Dachrinnen von Zink auch ohne Anstrich sehr dauerhaft.

Streicht man Oel, z. B. Palmöl auf eine nicht blanke, also mit Oxyd bedeckte Zinkplatte, so nimmt die bestrichene Stelle bald reinen Metallglanz an, zum Beweis, dass das Oel das Zinkoxyd auflöst, welches sich auf der Oberfläche befand. Lässt man beide, der Luft ausgesetzt, vier Wochen in Berührung, so verliert das Oel seine Flüssigkeit und wird klebrig, was mit Palmöl für sich allein nie geschieht. Durch Erhitzen schmilzt es und giebt nach dem Erkalten einen sehr zähen, firnissartigen Ueberzug, und enthält viel Zinkoxyd. Diess beweist, dass das Oel mit Hilfe der Luft auch metallisches Zink auflöst, und es also nur dann rathsam ist, Zinkgefässe zum Oelaufbewahren anzuwenden, wenn diese Gefässe nicht lange leer stehen, und wenn das Oel später noch raffinirt wird. Raffinirtes Oel darf man aber nie mit Zink in Berührung bringen, weil diess nach Aufnahme von Zinkoxyd schlecht brennt.

Aus dem eben Angeführten ergiebt sich auch noch, was man von einer Anwendung des Zinks zum Druck zu erwarten hat. Die Härte desselben hat manche Künstler veranlasst, darauf zu stechen oder zu ätzen, und man glaubte damit eben das zu erreichen, was der Eisen- oder Stahldruck gewährt. Es handelt sich hierbei aber mehr um chemische als mechanische Widerstandskraft. Da, wie wir gesehen haben, Oel Zink auflöst, und Kalilauge es gleichfalls thut (S. 24 u. 20), welchen beiden das Eisen widersteht, so muss der Stich bald stumpf und die Abdrücke müssen schlecht werden. (Vergl. Einl. in die techn. Chemie, 1836. S. 416.)

Die Anwendung des Zinks zum Dachdecken hat die Wohlfeilheit für sich, da Kupfer ungleich theurer ist, und es ist viel in Gebrauch gekommen. Leider entspricht es aber nicht ganz seinem Zweck. Seine Entzündlichkeit macht die Feuersbrünste heftiger, und seine leichte Schmelzbarkeit verursacht ein Herabträufeln glühender Massen, wodurch die brennenden Gebäude unzugänglich werden.

Diese Feuergefährlichkeit gilt jedoch nur von Zinkdächern, die auf hölzernen Sparren ruhen. Sind diese dagegen von Eisen, so ist nur das Schmelzen zu fürchten, und man hat bei sehr grossen Gebäuden mit Recht von diesem Metalle Gebrauch gemacht, wo man nur zwischen ihm und Blei die Wahl hatte.

Da bekanntlich der Blitz dem Metall nachgeht, und zwar um so mehr, je grösser die Masse ist, so müssen die Blitzableiter an einem solchen Dache mit grosser Sorgfalt angelegt werden, und deren mehrere sein.

Auch in der chemischen Technik ist das Zink seiner Leichtauflöslichkeit in Säuren wegen durchaus unbrauchbar. Selbst von Basen, wie Kali und Natron, wird es angegriffen und nach und nach aufgelöst, was mit dem Eisen nicht geschieht. Daher taugen Zinkgefässe nicht zu Laugenäschern.

Keiner Pflanze ist das Zink im aufgelösten Zustande zuträglich. Auch sterben sie sehr bald, wenn sie, selbst mit schwachen Zinkauflösungen, begossen werden. Sie nehmen aus Zinkoxyd-haltigem Boden nichts auf, daher man auch noch keins in den Pflanzenaschen gefunden hat.

Dem Thierreich ist das Zink nicht minder feindlich. Kein Thier enthält dieses Metall. Die Zinksalze sind sehr heftig wirkende Brechmittel.

Zink und Sauerstoff.

Obwohl das Zink, unter gewissen Umständen, ein sehr grosses Bestreben zeigt, den Sauerstoff der Luft, dem Wasser, ja selbst den andern Sauerstoffmetallen zu entreissen, so bildet es doch nur zwei Oxyde, die man durch die Namen Zinkoxyd und Zinksuboxyd unterscheidet. Es weicht hierin sehr vom Mangan und Blei ab, deren mannigfaltige Sauerstoffungsstufen wirklich bewundernswürdig sind.

Das Zink ist in starker Hitze flüchtig und destillirbar. Seine Verbindung mit dem ursprünglich gasförmigen Sauerstoff ist es nicht. Diess liefert einen recht deutlichen Beweis, wie die Eigenschaften der Stoffe in dem Product ihrer chemischen Vereinigung gleichsam vernichtet werden, und ganz neue an ihre Stelle treten; denn hier wird aus zwei flüchtigen Körpern ein feuerbeständiger.

Vom Zinkoxyd.

Wird Zink in einem Tiegel bis zum Sieden erhitzt, so nimmt es unter blendend bläulichweisser Lichterscheinung den Sauerstoff aus der Luft auf und verwandelt sich in Zinkoxyd. Es erscheint in einem höchst lokkeren Zustande, und wird vermöge der Heftigkeit der Einwirkung während des Verbrennens des Zinkes zum Theil mit dem Luftstrom fortgerissen, und erhebt sich in grossen Flocken in die Luft. Diese wurden von den alten Chemikern philosophische Wolle, später Zinkblumen genannt. Jetzt heissen sie Zinkoxyd, und in Bezug auf ihre chemische Zusammensetzung Einfach-Sauerstoffzink, indem die Bestandtheile:

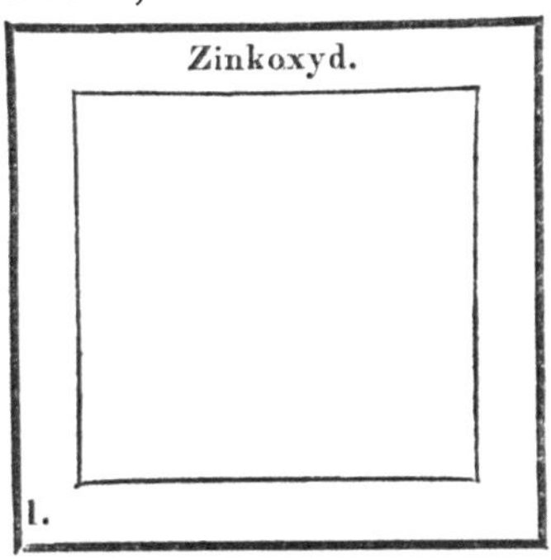

1 Mg. oder 32,2 Pfund Zink und
1 Mg. oder 8 Pfund Sauerstoff sind und folglich ist die Zahl
40,2 das ihm zukommende Mischungsgewicht.

Diese Darstellungsweise des Zinkoxyds nennt man den trocknen Weg. Sie wurde in ältern Zeiten immer befolgt, giebt aber kein reines Product wenn das angewandte Zink nicht rein war. Daher enthält es gewöhnlich Blei-, Eisen- und Kadmiumoxyd.

Eine andere, bessere Darstellungsweise ist die auf nassem Wege, wie folgt:

Man vermischt die Auflösungen von
143 Pfund kryst. kohlens. Natron und
143 Pfund reinem kryst. schwefels. Zinkoxyd
in der Art mit einander, dass man unter fortwährendem Umrühren die Zinkauflösung in die Natronauflösung laufen lässt, und zwar in einem dünnen Strahl, damit kein Ueberbrausen von der sich entwickelnden Kohlensäure erfolge. Die Anwendung von Wärme ist schädlich. Auch ist ein Ueberschuss von Natron, was man früher für nothwendig erachtete, nicht nöthig, da die Gegenwart der Kohlensäure die Bildung von basisch schwefelsaurem Salz verhindert. Es wurde hauptsächlich empfohlen, um das durch die Kohlensäure aufgelöst gebliebene Zinkoxyd zu fällen. Diess ist aber zu gering um in Betracht zu kommen. Der Niederschlag, welcher kohlensaures Zink No. 3 ist, wird von der Mutterlauge, dem schwefelsauren Natron getrennt, gut gewaschen, getrocknet und geglüht, um die Kohlensäure und das Wasser zu entfernen.

Es zeigt sich hierbei eine recht interessante Farbenänderung. So wie nämlich die Hitze etwas zunimmt, geht die weisse Farbe in die citronengelbe über, die beim Erkalten wieder der weissen Platz macht. Man kann diess immer mit gleichem Erfolg wiederholen. Das auf trockenem Wege dargestellte Zinkoxyd verhält sich ebenso. Auch bei andern Oxyden, z. B. denen des Zinns und Antimons bemerkt man einen ähnlichen Farbenwechsel durch blosse Temperaturveränderung, ohne dass dadurch das Bestandtheilverhältniss ein anderes würde.

Dieses Zinkoxyd wird fast nur in der Medizin gebraucht. Man hat es zur weissen Malerfarbe vorgeschlagen, wozu aber das kohlensaure Zinkoxyd № 3 zweckmässiger ist, weil es leichter und wohlfeiler bereitet werden kann. In Oel deckt es nicht, in Wasser besser. Bei der Porcellanmalerei hat es sich als nützlich zur Verdünnung des Kobaltblaus, um hellere Nüanzen darzustellen, bewährt.

Aus dem (S. 28) angeführten Bestandtheilverhältniss des Zinkoxyds ergiebt sich, dass in

$40\frac{2}{10}$ Gran Zinkoxyd

$32\frac{2}{10}$ Gran Zink

enthalten sind. Man kann also nach der Menge Zinkoxyd, welche man bei irgend einer Analyse, z. B. der des Messings erhält, berechnen, wie viel metallisches Zink darin enthalten ist.

Hierbei ist es aber nöthig, dass das Zinkoxyd welches gewöhnlich durch kohlensaures Natron gefällt wird, nicht nur frei von Wasser, sondern auch von Kohlensäure sei. Es muss also nach dem Auswaschen vom Filter heruntergenommen und geglüht werden. Diess ist für den Ungeübten etwas schwierig, daher ich ihm rathe, die Menge des Zinkoxyds und des Zinks mit Hülfe des Marmors zu bestimmen, ganz nach derselben Weise, wie ich es (Einl. in die techn. Chemie, 1836. S. 410 u. S. 444) für die Kali- und Natronprobe beschrieben habe. Das kohlensaure Zinkoxyd wird, nachdem es vollkommen ausgewaschen worden, noch nass zugleich mit dem Filter in die Probesäure (a. a. O. S. 411) gelegt und nachdem alles aufgelöst ist, bringt man ein gewogenes Stück Marmor hinein. Es wird auf diesen nur die Probesäure auflösend wirken, die nicht vom Zinkoxyd in Anspruch genommen worden ist, was sich also weniger auflöst, als eine unvermischte Probesäure auflösen würde, kommt auf Rechnung des Zinkoxyds oder des Zinks, indem

$50\frac{5}{10}$ Gran Marmor
$40\frac{2}{10}$ Gran Zinkoxyd oder
$32\frac{2}{10}$ Gran Zink

anzeigen. Die beigefügte Tabelle ist hiernach berechnet.

Wenn man auf einem Filter einen Niederschlag auswäscht, dessen Mutterlauge gefärbt ist, so wird man finden, dass sie sich nach den Rändern des Filters zieht und da verbleibt, wenn auch der Niederschlag schon ganz rein ist. Dasselbe ist mit allen Salzauflösungen der Fall, also auch mit alkalischen. Man muss daher entweder den Rand des Filters abschneiden ehe man es in die Probesäure legt, oder auch beim Aussüssen des kohlensauren Zinkoxyds einen Trichter anwenden, der grösser ist als das Filter, und den Rand desselben dicht ans Glas andrücken, um ihn bequem mit Wasser abspülen zu können.

Tabelle für die Zinkprobe mittelst Marmor.

Marmor	Zink	Marmor	Zink
50,5	32,2	25,5	16,2
49,5	31,5	24,5	15,6
48,5	30,9	23,5	14,9
47,5	30,3	22,5	14,3
46,5	29,6	21,5	13,7
45,5	28,9	20,5	13,2
44,5	28,3	19,5	12,4
43,5	27,6	18,5	11,8
42,5	27,0	17,5	11,1
41,5	26,4	16,5	10,5
40,5	25,8	15,5	9,9
39,5	25,2	14,5	9,2
38,5	24,6	13,5	8,6
37.5	23,9	12,5	7,9
36,5	23,3	11,5	7,3
35,5	22,6	10,5	6,7
34,5	22,0	9,5	6,1
33,5	21,3	8,5	5,4
32,5	20,7	7,5	4,8
31,5	20.0	6,5	4,1
30,5	19,4	5,5	3,5
29,5	18,7	4,5	2,9
28,5	18,1	3,5	2,2
27,5	17,5	2,5	1,6
26,5	16,9	1,5	1,0

Für den Techniker gewährt diese Bestimmungsweise hinlängliche Genauigkeit. Er wird sie auch beim Einkauf von Zinkasche recht wohl anwenden können, um zu erfahren, wieviel dieselbe ihrem Zinkgehalte nach werth ist. 100 Gran Zinkasche werden mit so vielen 100 Gran Probesäure übergossen, dass letztere im Ueberschuss ist, und nachdem die Wasserstoffgasentwickelung aufgehört hat, legt man ein gewogenes Stück Marmor hinein und ermittelt, wenn nun wieder die Einwirkung ihr Ende erreicht hat, den Gewichtverlust des Marmors. Diesen abgezogen von dem Gewichte, welches die unvermischte Probesäure hätte auflösen müssen, giebt das Weniger für den nicht aufgelösten Marmor, und dieses Weniger nach der Tabelle die Menge des in 100 Gran oder 100 Pfund Zinkasche enthaltenen Zinks.

Es ist bei einem so wohlfeilen Artikel, wie Zinkasche, nicht nöthig, darauf Rücksicht zu nehmen, dass sie ausser Zink noch Kadmium, Eisen und Kupfer enthält.

Man könnte die eben angeführte Probe auch sehr zweckmässig anstatt mit Marmor, mit reinem Zink machen, es würde dann dabei jede Rechnung wegfallen, da das Weniger Zink, welches sich in der mit Zinkoxyd versetzten Probesäure auflöst, die Menge Zink angiebt, welche im Zinkoxyd enthalten ist. Es wird hierbei natürlich vorausgesetzt, dass man zuvor genau ermittle, wie viel reines Zink die Probesäure anfzulösen vermag.

Mit dem Wasser bildet das Zinkoxyd ein Hydrat. Dieses zeigt sich in Form von lockeren Flocken, wenn man zu irgend einer Zinksalzauflösung eine reine Kali- oder Natronauflösung giesst. Sie trocknen zu dem weissen Pulver № 2 ein. Man muss bei

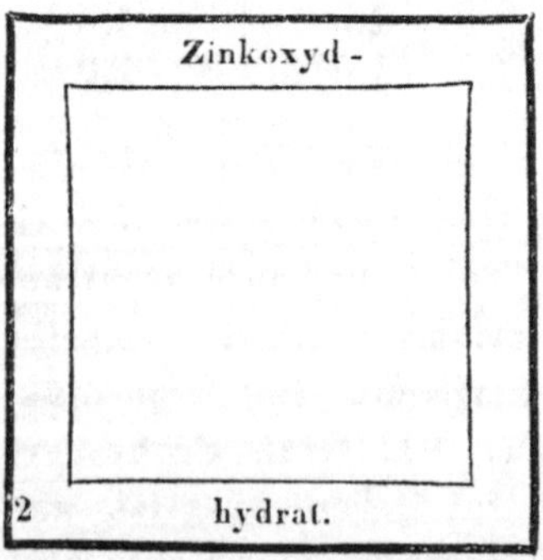

seiner Darstellung einen Ueberschuss an Alkali vermeiden, weil dieses das Hydrat auflöst.

Zinkoxydsalze.

Das Zinkoxyd hat einen zweifachen chemischen Charakter, basisch oder sauer, je nach den Anforderungen, die an dasselbe von andern Stoffen gemacht werden. Den basischen Character entwickelt es jedoch vorzugsweise, daher es mit Säuren Salze bildet, die völlig neutral sind. Diese Neutralität ist aber nicht, wie bei den Kali-, Natron- und Ammoniaksalzen, durch die blaue Lackmusfarbe zu erforschen, (vergl. Einl. in die techn. Chemie, 1836. S. 38) denn diese wird von ganz neutralen Zinksalzen, z. B. dem reinen schwefelsauren Zinkoxyd geröthet. Man muss sich hier derjenigen Reagentien bedienen, welche ich im eben angeführten Buche S. 184, S. 293 und S. 330 für freie Schwefelsäure, freie Chlorwasserstoffsäure und freie Salpetersäure angegeben habe, nämlich des Zuckers, der Rubiaceensäure und der Federn. — Diess gilt auch von den Salzen anderer Metalle, welche aus gleichem M.G. Basis und Säure bestehen.

Das kohlensaure, schwefelsaure und salpetersaure Zinkoxyd verdienen hier bloss unsere Aufmerksamkeit.

Kohlensaures Zinkoxyd.

Auf künstlichem Wege lässt sich kein neutrales kohlensaures Zinkoxyd darstellen. Der im Mineralreich vorkommende Zinkspat ist aber ein solches und besteht aus:

1 M.G. oder 40,2 Pfund Zinkoxyd und
1 M.G. oder 22 Pfund Kohlensäure.

Fällt man, wie es oben S. 28 angegeben, 1 M.G. schwefelsaures Zinkoxyd mit 1 M.G. kohlensaures Natron, so entwickelt sich viel Kohlensäure, und der Niederschlag ist eine Verbindung von kohlensaur. Zinkoxyd mit Zinkoxydhydrat. Da diese Verbindung in wässriger Kohlensäure etwas auflöslich ist, also folglich auch in derjenigen, welche hier in der Entwickelung begriffen ist, so muss man die Mischung kochen, um die Kohleusäure gänzlich zu verjagen. Diess ist aber nur dann nöthig, wenn es sich um genaue Mengenbestimmungen handelt. Ist es um die Verbindung selbst zu thun, so fällt man kalt.

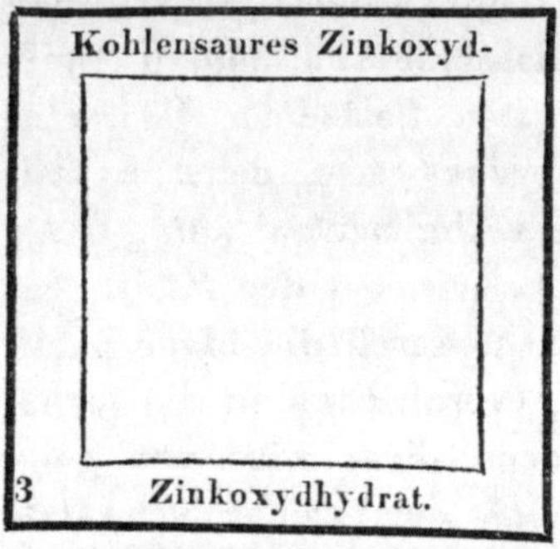

Das reine Weiss, welches № 3 besitzt, beweist, dass es als Wasserfarbe sehr brauchbar ist. In Oel deckt es leider nicht so gut wie Bleiweiss, sonst würde es bedeutende Vorzüge haben, da Schwefelwasserstoff seine Farbe nicht ändert. Denn das Schwefelzinkhydrat ist weiss, wie № 7 beweist, indess das Schwefelblei braun oder schwarz ist.

Schwefelsaures Zinkoxyd,

wird auch Zinkvitriol und weisser Vitriol genannt.

Zink und Schwefelsäure verbinden sich nicht. Soll es geschehen, so muss das Zink erst Sauerstoff aufnehmen und sich in Zinkoxyd verwandeln welches alsdann von der Schwefelsäure aufgelöst wird. Dieser Umstand erklärt die Erscheinungen beim Auflösen des Zinks. Legt man nämlich ein Stück Zink in Schwefelsäure, welche mit ihrem 4fachen Gewicht Wasser verdünnt worden ist, so erfolgt ein heftiges Zischen und Aufbrausen, und es entwickelt sich ein Gas, welches entzündlich, kurz Wasserstoffgas ist. Woher kann dieses kommen? Die Schwefelsäure enthält keins, das Zink auch nicht. Es muss also aus dem Wasser kommen, welches hier, vermöge des chemischen Gegensatzes zwischen Zink und Schwefelsäure, zersetzt wird. Der Sauerstoff wird vom Zink aufgenommen, und der dadurch frei werdende Wasserstoff entweicht, und in demselben Augenblick löst auch die Schwefelsäure das entstandene Sauerstoffzink oder Zinkoxyd auf. Alles dieses geschieht hier gleichzeitig, wie bei einer Menge anderer chemischen Prozesse.

Selten macht man schwefelsaures Zinkoxyd absichtlich auf diese Weise, dass man Zink in Schwefelsäure auflöst, es sei denn, dass Zinkabschnitzel wohlfeil zu haben wären. Am häufigsten wird er aus dem natürlichen Schwefelzink oder der Blende dargestellt, oder auch aus der Zinkasche, indem man sie in verdünnter Schwefelsäure auflöst, abdampft und krystallisiren lässt.

Diese Krystalle, die viel Wasser enthalten, kommen selten in den Handel. Sie werden vielmehr im kupfernen Kessel durch Schmelzen zum

Theil entwässert, hierauf in hölzerne Formen gethan, worin sie die Gestalt der s. g. Brotstücke annehmen.

Rein ist ein solcher Zinkvitriol nicht. Er enthält meistens Kupfer, Kadmium, Mangan, besonders aber Eisen. Um ihn davon zu reinigen, wird die Auflösung zuerst mit blanken Zinkblechabschnitzeln gekocht. Hierdurch schlägt sich das Kupfer und Kadmium nieder. Hierauf zieht man das Klare ab, vermischt es mit Chlornatron, und kocht es nun mit Zinkoxydhydrat № 2 S. 32, wodurch Eisen und Mangan als Oxyde gefällt werden. Jetzt erhält man durch Krystallisation ein schwefelsaures Zinkoxyd, das zwar metallfrei ist, aber doch noch schwefelsaure Erden enthalten kann.

Zum medizinischen Gebrauch und zur Darstellung des reinen Zinkoxyds der Apotheken, thut man daher am besten, Zink in kalter, verdünnter Schwefelsäure aufzulösen, und die Auflösung längere Zeit mit einem Zinküberschuss in Berührung zu lassen. Diese Auflösung enthält dann keine andere fremde Substanz, als schwefelsaures Eisenoxydul. Diess wird vollständig zersetzt, wenn man die Auflösung mit so vielem kohlensauren Natron vermischt, dass ein ziemlich bedeutender Niederschlag entstanden ist, und man alsdann Chlorgas hineinleitet, bis sich der grösste Theil des Zinkniederschlages wieder aufgelöst hat, wobei Eisenoxyd in hellbrauner Farbe ungelöst bleibt.

Die Bestandtheile dieses Salzes im krystallisirten Zustande sind:

1 M.G. oder 40,2 Pfund Zinkoxyd
1 M.G. oder 40 Pfund Schwefesäure und
7 M.G. oder 63 Pfund Wasser. Es hat demnach die Zahl 143,2 zum M.G.

In England, wo alles bis aufs Aeusserste getrieben wird, wenn nur Geld damit zu verdienen ist, hat man den Zinkvitriol als Zusatz beim Raffiniren des Zuckers vorgeschlagen. Man soll den Rohzucker in Kalkwasser auflösen, und dann auf jede 400 Pfund 1 Pfund Zinkvitriol, in Wasser aufgelöst, hinzusetzen. Wenn es auch richtig ist, dass hier Gyps und Zinkoxyd gebildet werden, die mit den im Rohzucker enthaltenen Schleimtheilen und sauren Farbestoffen sich verbinden und niederfallen, so darf doch keine Fabrik, die ein uns fast unentbehrlich gewordenes Nahrungsmittel, den Zucker, bearbeitet, sich solcher Mittel bedienen, die durch einen kleinen Fehlgriff in der Menge dasselbe vergiften können. Hoffentlich wird es in keiner Zuckerfabrik in Anwendung gekommen sein, da man mit Alaun, Kalk und Knochenkohle das Klären und Reinigen des Zuckers noch viel besser und ohne Gefahr bewirken kann.

Salpetersaures Zinkoxyd.

Zink und Salpetersäure verhalten sich anders zu einander, als Zink und Schwefelsäure. In beiden Fällen entsteht zwar zuerst Zinkoxyd, ehe Auflösung erfolgt, allein der Sauerstoff dazu ist nicht aus derselben Quelle. Bei Einwirkung der Schwefelsäure auf das Zink gab ihn das Wasser her (vergl. S. 35), daher entwickelte sich Wasserstoffgas. Die Salpetersäure dagegen findet eine solche Beihülfe nicht im Wasser, sie selbst wird von dem Zink ihres Sauerstoffes beraubt und zersetzt, indess der Theil, welcher unzersetzt geblieben, das entstandene Zinkoxyd auflöst, und salpetersaures Zinkoxyd bildet. Daher entwickelt sich hier kein Wasserstoffgas, wie bei der Schwefelsäure, sondern die Ueberbleibsel der zersetzten Salpetersäure besonders Stickstoffoxydgas, welches bei Berührung mit dem Sauerstoff der Luft sogleich in die rothen Dämpfe der salpetrigen Säure sich verwandelt.

Es ist daher nicht vortheilhaft, behufs der Darstellung dieses Salzes im Grossen, Zink in Salpetersäure aufzulösen. Besser ist es, das Zinkoxyd dazu zu verwenden, welches in den Zinkhütten als Nebenproduct gewonnen wird. In Ermangelung dieses nimmt man Zinkasche, wobei jedoch zu bemerken, dass sie viel Zinksuboxyd № 5 enthält, welches, um zu Oxyd zu werden, noch einen Theil Salpetersäure zersetzt.

Wenn die Einwirkung beider Theile aufeinander aufgehört hat, kocht man die Auflösung mit metallischem Zink, wodurch Kadmium, Blei und Kupfer ausgeschieden werden. Hierauf nimmt man das Zink heraus und setzt das Kochen mit Etwas Zinkoxyd fort, wodurch Mangan- und Eisenoxyd niedergeschlagen werden.

Weiss reservirt

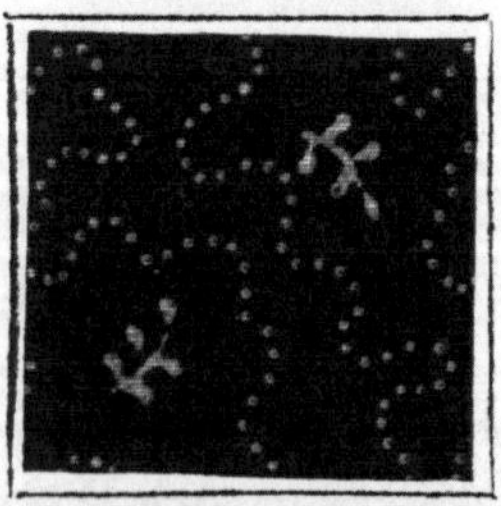

4. durch salpetersauren Zink

Diese sorgfältige Reinigung ist wegen der Anwendung dieses Salzes zur Reservage beim Indigblaufärben in der Küpe nothwendig. Sollen nämlich bestimmte Muster weiss bleiben, indem das ganze Stück Zeug in die Auflösung des Indigs, welche man

»Küpe« nennt, eintaucht, so werden diese mit einem Brei, welcher aus Pfeifenthon, salpetersaurer Zinkauflösung und Gummi besteht, aufgedruckt. Wenn es trocken geworden ist, geht man damit in die Küpe. Nach vollendeter Färbung und Waschung ist alles blau, ausgenommen das Bedruckte, diess ist weiss geblieben, wie № 4 es zeigt. Diess hat das salpetersaure Zinkoxyd bewirkt, das, mit der Indigauflösung in Berührung kommend, diese zerlegt und den Indig unauflöslich macht, so dass so lange Zinksalz auf der Kattunfaser befindlich ist, kein Indig darauf Platz nehmen kann.

Zinksaures Kali.

Der Fall, wo das Zinkoxyd als Säure auftritt, verdient nur insofern Erwähnung, als er zur Characteristik des Zinks gehört. Diess ist bereits oben (S. 20) geschehen, wo ich die höchst merkwürdige Wechselwirkung beschrieben habe, welche zwischen Zink, Eisen und Kalilauge statt hat, und wo sich eine Verbindung von Zinkoxyd mit Kali bildet, die ihrem chemischen Verhalten nach mit dem Namen zinksaures Kali belegt werden muss.

Auch durch directe Auflösung von Zinkoxydhydrat in Kalilauge erhält man diese Verbindung. Sie wird durch alle Säuren zerlegt, indem diese das Kali sättigen und das Zinkoxyd austreiben. Selbst organische Stoffe thun es.

Diess Verhalten hat man sehr sinnreich benutzt, um bei Vergiftungsfällen die arsenige Säure von den organischen Stoffen zu trennen. Man erwärmt die verdächtige Substanz mit einer Auflösung von zinksaurem Kali. Es tritt bald ein Gerinnen ein, indem das Zinkoxyd mit den organischen Substanzen niederfällt, und das Kali mit der etwa vorhandenen arsenigen Säure in der klaren Auflösung bleibt. Diese wird nun auf ihren Gehalt an Arsenik in der Weise geprüft, wie es unter arsenigsaurem Kali beschrieben ist.

Vom Zinksuboxyd.

Wenn Zinkoxyd noch einmal so viel Zink aufnimmt, als es bereits enthält, so entsteht eine Verbindung, welche man Zinksuboxyd nennt, nach seiner Zusammensetzung aber ein **Halbsauerstoffzink** ist, indem es, wie gesagt, auf 2 M. G. Zink nur 1 M.G. Sauerstoff enthält.

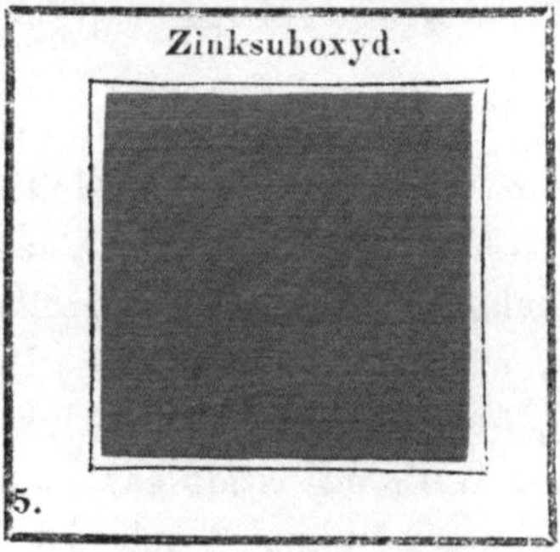

Es wird künstlich dadurch dargestellt, dass man oxalsaures Zinkoxyd in verschlossenen Gefässen der Glühhitze aussetzt. Die Oxalsäure entzieht bei dieser Gelegenheit einem M.G. Zinkoxyd den Sauerstoff, sich selbst in Kohlensäure verwandelnd, indem es zu gleicher Zeit jenes zu Zink reduzirt, das sich nun mit 1 M.G. des noch unzersetzten Zinkoxyds zum Suboxyd vereinigt.

Auch bei andern Gelegenheiten bildet sich dieses Suboxyd. Schmelzendes Zink überzieht sich mit einer grauen Haut, die von den Zinkhämmern unter dem Namen **Zinkasche** verkauft wird. Sie ist ein unreines Suboxyd und dient zur Darstellung von Zinksalzen im Grossen.

Das Zink rostet an der Luft und im Wasser mit aschgrauer Farbe, die später ins Weisse übergeht. Dieser Rost ist ebenfalls Suboxyd, welches sehr fest an der Oberfläche haftet, und das darunter liegende Metall vor der fernern Einwirkung des Sauerstoffs bewahrt. Mit Eisen ist diess bekanntlich nicht der Fall. Der Eisenrost, welcher Eisenoxydhydrat ist, blättert ab und fällt herunter, entblösst also die Oberfläche des Metalls und macht sie von Neuem rostbar. Daher eignet sich das Zink ganz vorzüglich für viele Dinge, wo das Eisen gar nichts taugt. Selbst ein Oelanstrich schützt das Eisen nicht vor dem Rosten an freier Luft, und darauf gemalte Schriftzüge werden nach einigen Jahren unleserlich. An Zinkblech, besonders wenn es bereits einen Rostüberzug hat, haftet dagegen die Oelfarbe unverändert. Es ist daher zu den Schildern an den Strassenecken und in botanischen Gärten zum Aufmalen der Pflanzennamen zu empfehlen. Auch kann die Polizei ihren häufigen »Zur Warnung« an den Landstrassen mehr Eleganz und Dauer geben, wenn sie dieselben anstatt auf Holz, auf Zinkblech schreiben lässt.

Mit Säuren verbindet sich das Zinksuboxyd nicht. Es zerfällt, mit ihnen in Berührung kommend, in sich auflösendes Zinkoxyd und metallisches Zink. Diess Verhalten giebt den Beweis für die Richtigkeit der oben S. 40 angegebenen Zusammensetzung.

Mit Suboxyd überzogene Zinkplatten lassen

sich nicht zusammenlöthen, weil dazu eine reine Metallfläche nöthig ist. Abkratzen ist wegen der Härte des Zinks sehr mühsam und zeitraubend. Durch Bestreichen mit verdünnter Salzsäure erreicht man sehr schnell denselben Zweck. Das Suboxyd wird zersetzt, die Metallfläche blank und das gleichzeitig entstehende Chlorzink ist ohne nachtheilige Wirkung auf das Loth. (Vergl. Einl. in die techn. Chemie, 1836. S. 293.)

Zink und Schwefel.

Es ist bereits S. 3 erwähnt, dass Schwefel auf schmelzendes Zink geworfen, sich nicht mit ihm, sondern nur mit den andern fremden Metallen vereinigt, die es enthält. Also auf diese Weise bildet sich kein Schwefelzink, wenn gleich hierbei etwas Schwefel zurückbehalten wird. Man kennt bis jetzt nur eine Verbindung, das

Einfach Schwefelzink.

Es wird dargestellt, indem man dem Zinkoxyd Gelegenheit giebt, seinen Sauerstoff gegen Schwefel auszutauschen. Diess geschieht durch Glühen eines Gemenges von 4 Pfund Zinkoxyd und 3 Pfund Schwefelblumen. Es verbindet sich hierbei ein Theil des Schwefels mit dem Sauerstoff des Zinkoxyds zur schwefeligen Säure und entweicht, und der andere Theil

Schwefelzink.

6

tritt alsdann an das Zink, indess sich der Ueberschuss des Schwefels verflüchtigt.

Das Schwefelzink besteht aus:

1 M.G. oder 32,2 Pfund Zink und
1 M.G. oder 16 Pfund Schwefel

und findet in den Künsten keine Anwendung.

Das unreine Schwefelzink, welches im Mineralreich unter dem Namen Blende, vorkommt, wird dagegen auf Zinkvitriol verarbeitet. Durch Rösten wird es unter Entwickelung von schwefeliger Säure in Zinkoxyd und schwefelsaures Zinkoxyd verwandelt, und das Letztere durch Auslaugen, Einkochen und Krystallisirenlassen auf Zinkvitriol verarbeitet, der jedoch sehr unrein, besonders eisenhaltig ist.

Mit Wasser bildet es ein Hydrat. Diess ist aber nur so darzustellen, dass man ein neutrales Zinksalz mit Schwefelwasserstoff-Ammoniak vermischt. Es entsteht alsdann der weisse Niederschlag № 7. Ist der Schwefelwasserstoff an keine Basis gebunden, oder enthält das Zinksalz viel freie Säure, so entsteht kein Niederschlag. Diess Verhalten unterscheidet das Zink sehr von andern Metallen, so wie auch die weisse Farbe № 7.

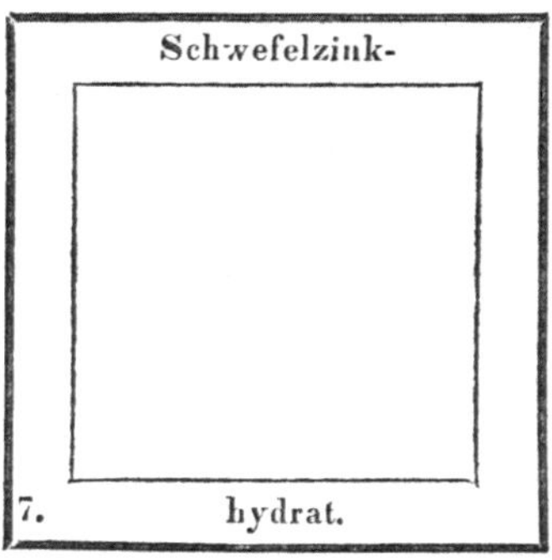

In Säuren ist diese Verbindung auflöslich, und ihr Schwefelgehalt giebt sich hierbei durch den starken Geruch nach Schwefelwasserstoff kund.

Da viele andere Schwefelmetalle unauflöslich sind, so gründet sich hierauf die Scheidung dieser Metalle vom Zink.

In der Technik ist das Schwefelzinkhydrat ohne Nutzanwendung, aber behufs chemischer Analysen zinkhaltiger Verbindungen ist man oft genöthigt, es darzustellen, so z. B. um Zinkoxyd von Bittererde zu trennen. Man löst beide in einem Ueberschuss von Chlorwasserstoffsäure auf, übersättigt die Auflösung mit so viel Ammoniak, dass die Flüssigkeit wieder ganz klar wird, und fügt nun Schwefelwasserstoff-Ammoniak hinzu. Es fällt nur Schwefelzinkhydrat nieder, die Bittererde bleibt aufgelöst in der Mutterlauge.

Um aus diesem Niederschlag den Zinkgehalt berechnen zu können, wäscht man ihn wohl aus, und glüht ihn in einer Platinschale im Windofen, wodurch er vollständig ein Zinkoxyd verwandelt. Man kann jedoch auch hier die Probe mittelst Marmor anwenden, wie sie S. 30 beschrieben ist, und gelangt dann mit viel weniger Umständen zum Zweck.

Zink und Chlor.

Wenn Zink mit Chlor unter günstigen Umständen zusammenkommt, verbrennt es zu Chlorzink. Diess geschieht schon bei gewöhnlicher Stubenwärme, wenn sehr fein ausgezogener Zinkdraht in Chlorgas eingetaucht wird. Man sieht dabei ein weisses Licht. Das Chlor ist demnach, in Bezug auf das Zink, ein stärkerer Brenner, als der Sauerstoff, da in diesem erst durch Erhitzung der Verbrennungsprocess des Zinks eingeleitet werden muss.

Chlorzink entsteht auch, wenn der Sauerstoff aus dem Zinkoxyd hinweggenommen und durch Chlor ersetzt wird. z. B. durch Auflösen von Zinkoxyd in Chlorwasserstoffsäure. Hierbei vereinigt sich der Sauerstoff des Oxyds mit dem Wasserstoff der Säure zu Wasser, und Chlor und Zink treten zu wässrigem Chlorzink zusammen, das man abdampft und fast bis zum Glühen erhitzt. Das Chlorzink entspricht also vollkommen dem Sauerstoffzink oder Zinkoxyd, und besteht aus

1 M.G. oder 32,2 Pfund Zink und
1 M.G. oder 35,4 Pfund Chlor,
daher ist 67,6 sein M.G.

Auch beim Auflösen des Zinks in Chlorwasserstoffsäure erhält man dieselbe Verbindung. Da aber der Wasserstoff der Säure hier keinen Sauerstoff findet, um Wasser zu bilden, so entweicht er als Gas. Daher das heftige Aufbrausen. (Vergl. S. 35.)

Die technische Anwendung desselben ist sehr untergeordnet. Es wird in wässriger Auflösung als Reservage in der kalten Indigküpe gebraucht, und ganz so angewendet, wie es S. 39 mit dem salpetersauren Zinkoxyd beschrieben ist. Es wird zu diesem Behufe eben so von fremden Metallen gereinigt, wie es bei diesem Salze S. 38 und auch beim schwefelsauren Zinkoxyd S. 36 angegeben ist.

Da das Chlorzink, wie alle Zinkverbindungen, giftige Eigenschaften besitzt, so muss vorsichtig damit umgegangen werden, und es ist nicht zu rathen es zu solchen Zwecken anzuwenden, wozu der Leichtsinn oft dergleichen empfiehlt. So hat man, weil es mit Leimauflösung ein Gemisch giebt, welches an der Luft nicht trocknet und sehr klebrig ist, dieses anstatt des Vogelleims empfohlen. Abgesehen davon, dass die Vögel mit dem giftigen Zinksalz verunreinigt werden, eignet die Mischung sich schon darum nicht zum Vogelleim, weil der Regen es von den Zweigen abwäscht.

Bei der chemischen Zerlegung zinkhaltiger Verbindungen wird häufig Chlorzink gebildet, dessen chemische Eigenschaften es dem Analytiker leicht machen, es von andern Chlorverbindungen zu trennen. So ist es z. B in Rothglühhitze flüchtig und kann ohne Rückstand verjagt werden. Da andere Chlormetalle, z. B. Chlormangan, Chlorkobalt, Chlorblei etc. es nicht sind, so ist es nicht schwierig, mittelst der Hitze eine Trennung von diesen zu bewirken.

Fügt man zu Chlorzink Ammoniak im Ueberschuss, so löst sich das anfangs ausgeschiedene Zinkoxyd wieder auf. Bildet sich hierbei ein bleibender gelber oder brauner Niederschlag, so rührt er vom Eisenoxyd her. Von Zinksalzen ist daher auf diese Weise das Eisen zu trennen, ohne Zinkverlust, wenn es nämlich bei einer chemischen Untersuchung darauf ankommt, alles Zinkoxyd im reinen Zustande niederzuschlagen und nach S. 30 auf seinen Zinkgehalt zu prüfen.

Chlorzinkauflösung wird durch kohlensauren Kalk nicht zerlegt, wohl aber Eisenoxydsalze. Enthält es daher solche, so kann Eisenoxyd dadurch abgeschieden werden, wenn man beide zusammen kocht. Es nimmt aber alsdann dafür Kalk auf. Dieser Kalkgehalt schadet in vielen Fällen nicht, z. B. bei Anwendung des Chlorzinks als Reservage in der kalten Küpe. Dagegen muss der

Kalk, wo es sich bei einer chemischen Untersuchung um Genauigkeit handelt, beseitigt werden. Diess geschieht mit Hülfe der Oxalsäure folgendermassen:

Oxalsaures Zinkoxyd ist in Ammoniak auflöslich. Daher kann man Kalk vom Zinkoxyd sehr leicht trennen, wenn man die Auflösung beider mit Ammoniak im Ueberschuss versetzt und oxalsaures Ammoniak hinzufügt. Es fällt aller Kalk als oxalsaurer Kalk nieder. Die Mutterlauge, welche das oxalsaure Zinkoxyd enthält, wird bei rascher Hitze mit Ueberschuss an kohlensaurem Natron zur Trockne verdunstet, und der Rückstand ausgewaschen. Er ist kohlensaures Zinkoxyd. Dieses wird auf seinen Zinkgehalt nach der S. 30 angegebenen Weise geprüft.

Zink ist, wie man sieht, dasjenige Metall, dessen Verbindungen fast alle weiss oder farblos sind. Es unterscheidet sich dadurch sehr von allen übrigen, welche in diesem Buche abgehandelt werden.

Indem ich diess schreibe, finde ich in einem Volkskalender den Rath, anstatt der gewöhnlichen thönernen oder gläsernen Milchgefässe sich zinkener zu bedienen. Als ein Hauptvortheil wird ihre Haltbarkeit und der Umstand hervorgehoben, dass die Milch in solchen Gefässen viel weniger säuere. Beides ist wahr, aber die Milch wird ein Brechmittel, indem sich milchsaures Zinkoxyd bildet. Um dem Säuern der Milch vorzubeugen, giebt es ein viel besseres und unschädlicheres Mittel: einige Tropfen kohlensaure Natronauflösung!

Vom Kadmium und seinen Verbindungen.

Dieses erst in neuerer Zeit entdeckte Metall ist nicht nur ein treuer Begleiter des Zinks, sondern auch in vieler Hinsicht sein chemisches Ebenbild, wie sich vielfältig in der folgenden Beschreibung seines chemischen Verhaltens ergeben wird. Ich werde dieses, so wie die Unterschiede möglichst klar herauszuheben suchen.

Die Darstellung des Kadmiums beruht, wie die des Zinks, auf seiner Flüchtigkeit in starker Hitze. Es kann daher, wie dieses, aus reinem Zinkoxyd (S. 3) ebenso aus reinem Kadmiumoxyd durch Glühen mit Kohle dargestellt werden.

Es wird im Grossen als Nebenproduct bei der Zinkdestillation gewonnen, indem das Kadmium flüchtiger ist, als das Zink, daher die Kadmiumdämpfe den Zinkdämpfen vorhergehen, und für sich aufgefangen werden. Sehr viel Zink befindet sich noch bei diesem Kadmium. Daher löst man es in Salzsäure auf und stellt Zinkstangen in die klare Auflösung. Diese schlagen das Kadmium im metallischen Zustande nieder, das nach dem Waschen und Trocknen durch eine nochmalige Destillation gereinigt wird.

Eine technische Anwendung des Kadmiums ist noch nicht gefunden, vielleicht noch nicht einmal versucht, weil es zu hoch im Preise steht. Es wäre wirklich zu wünschen, dass es wohlfeiler wäre, da es manches vor dem Zink voraus hat. So z. B. ist es nicht so spröde wie dieses (S. 4) sondern bei jeder Temperatur walz- und hämmerbar. Ferner wird es an der Luft nicht blind, da es nicht so leicht wie das Zink (S. 26) in ein Suboxyd übergeht. Auch ist es nicht so leicht auflöslich in Säuren wie das Zink, aber seine Salze sind eben so wie die Zinksalze schädlich und Erbrechen erregend.

Da im Neusilber das Zink einen wesentlichen Bestandtheil ausmacht, und das Kadmium, nach den eben angegebenen Eigenschaften, gleichsam als ein verbessertes, veredeltes Zink betrachtet werden kann, so ist kein Zweifel, dass es als Zusatz zum Neusilber, dieses beträchtlich verbessern würde. Es wird also die Ausbringung dieses Metalls im Grossen und zu wohlfeileren Preisen immer wünschenswerther.

Die Eigenschwere des Kadmiums ist = 8677 für das geschmolzen gewesene Metall. Sie übertrifft die des Zinks (S. 3) bedeutend, so dass in ein Gefäss, welches 1000 Pfund Wasser zu fassen vermag, vom Kadmium 1816 Pfund mehr hineingehen, als vom Zink.

Das Mischungsgewicht des Kadmiums ist = 56, d. h. in allen Verbindungen, die es eingeht, kehrt die Zahl 56 wieder.

Es reduzirt alle diejenigen Metalle aus ihren Auflösungen, welche das Zink reduzirt, nur nicht dieses, und zwar in demselben Mengenverhältniss wie es oben S. 6 beim Zink angegeben ist. Die Wirkung erfolgt aber langsamer, als beim Zink, da das Kadmium sich schwieriger in Säuren auflöst.

Das Zink aber scheidet, wie schon gesagt, das Kadmium aus seinen Auflösungen ab, und wie es zu erwarten steht, nach dem Verhältniss ihrer Mischungsgewichte, so dass aus einem neutralen Kadmiumsalze durch

$32\frac{2}{10}$ Gran Zink
56 Gran Kadmium

gefällt werden können.

Kadmium und Sauerstoff.

Das Kadmium hat, wie das Zink, nur zwei Sauerstoffungsstufen, die man unter den Namen Kadmiumoxyd und Suboxyd unterscheidet. Sie sind ebenfalls in der Hitze nicht flüchtig, obwohl es das Metall im noch höhern Grade als Zink ist.

Kadmiumoxyd

bildet sich, wie das Zinkoxyd (S. 27) durch Verbrennen, indem man das Metall in einem Tiegel erhitzt. Ebenso kann man es aus reinem kohlensauren Kadmiumoxyd durch Glühen darstellen. Es hat alsdann die Farbe von № 8. Auch salpetersaures Kadmiumoxyd wird durch Glühen so zersetzt, dass reines Oxyd übrig bleibt. Dieses besitzt meistens eine dunklere, oft ins schwärzliche nüanzirte Farbe, ohne darum chemisch verschieden zu sein, denn das eine wie das andere besteht aus

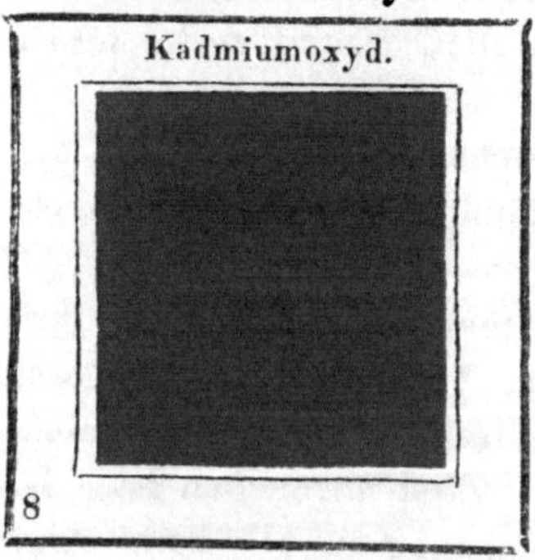

1 M.G. oder 56 Pfund Kadmium und
1 M.G. oder 8 Pfund Sauerstoff

demnach ist 64 das M.G. des Kadmiumoxyds.

Um dieses Oxyd in einer grössern Menge rein darzustellen, übergiesst man Schwefelkadmium № 11 mit starker Chlorwasserstoffsäure. Diese bildet unter Abscheidung von Schwefelwasserstoff Chlorkadmium, aus welchem durch kohlensaures Natron das Oxyd im kohlensauren Zustande gefällt werden kann. Nach dem Auswaschen, Trocknen und Glühen erhält man № 8.

Mit Wasser bildet es ein Hydrat, welches aus jedem auflöslichen Kadmiumsalze durch reines Kali oder Natron gefällt werden kann. Es löst sich, wie das Zinkoxydhydrat, in Ammoniak auf, unterscheidet sich aber dadurch, dass es in Kali- u. Natronauflösung nicht auflöslich ist. Daher man auf diese Weise die Trennung beider Oxyde leicht bewirkt.

Kadmiumoxydsalze.

Das Kadmiumoxyd ist eine starke Basis, die mit Säuren neutrale Salze bildet, welche alle farblos sind, wenn die Säuren keine Farbe haben. Ich werde mich nicht lange dabei aufhalten, da sie für meine Leser von sehr geringem Interesse sind.

Kohlensaures Kadmiumoxyd.

Diess ist durch Fällung eines Kadmiumsalzes

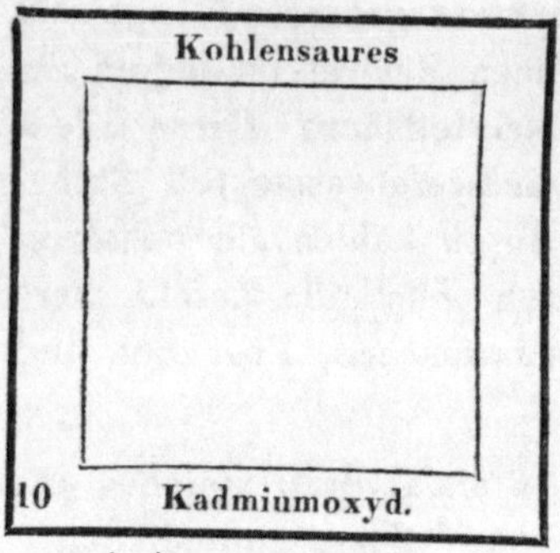

mittelst kohlensauren Natrons dargestellt, ein neutrales Salz, zum Unterschied vom kohlensauren Zinkoxyd (S. 34) welches nicht mit Kohlensäure gesättigt ist. Daher entwickelt sich auch keine Kohlensäure wie dort, wenn man die Auflösungen beider Salze zusammengiesst. Es besteht im wohlgewaschnen und gut getrockneten Zustande aus

1 M.G. oder 64 Pfund Kadmiumoxyd und
1 M.G. oder 22 Pfund Kohlensäure

und wird durch Glühen unter Verlust der Kohlensäure zu reinem Kadmiumoxyd № 8. S. 50.

Man benutzt dieses Verhalten bei Analysen, um den Kadmiumgehalt irgend einer Verbindung aus der Menge reinen Kadmiumoxyds, welches man nach dem Glühen erhält, berechnen zu können, da nach S. 50 in

64 Gran Kadmiumoxyd
56 Gran Kadmium

enthalten sind.

Es fragt sich, ob nicht auch hier, wie ich es S. 30 für die Mengenbestimmung des Zinks vorgeschlagen, die Marmorprobe anwendbar wäre, um so mehr, da man genöthigt ist, das kohlensaure Kadmiumoxyd behufs des Glühens vom Filter herunter zu nehmen, weil sonst die Papierkohle etwas Oxyd zu Metall reduziren und sich dieses verflüchtigen würde. Für technische Zwecke wird die Marmorprobe gewiss genügen, indem

$50\frac{1}{2}$ Gran Marmor
56 Gran Kadmium

anzeigen, nur möchte man nicht oft in den Fall kommen, sie in Anwendung zu bringen.

Schwefelsaures Kadmiumoxyd.

Das Kadmium löst sich in verdünnter Schwefelsäure, wie das Zink, unter Wasserstoffgasentwickelung auf, nur langsamer. Metalle wie Kupfer Silber oder Platin beschleunigen diese Auflösungen aus denselben Gründen, die oben S. 10 beim Zink angegeben sind.

Am zweckmässigsten stellt man dieses Salz dar, indem man verdünnte Schwefelsäure so lange mit kohlensaurem Kadmiumoxyd erwärmt, bis kein Aufbrausen von Kohlensäure mehr statt findet. Die klare Flüssigkeit wird abgedampft, und krystallisirt in grossen durchsichtigen Säulen. Sie bestehen aus

1 M.G. oder 64 Pfund Kadmiumoxyd
1 M.G. oder 40 Pfund Schwefelsäure und
4 M.G. oder 36 Pfund Wasser,

daher ist 140 das M.G. des schwefelsauren Kadmiumoxyds.

Man hat sich dieses Salzes zum Gelbfärben der Kattune bedienen wollen, indem man mit seiner Auflösung die Kattune tränkt, trocknen lässt und dann in eine Schwefelkaliumauflösung eintaucht, um Schwefelkadmium № 11 zu bilden. Man erhält ein recht schönes Gelb, aber lange nicht so gleichförmig, wie das mit Chromsäure und Bleisalz dargestellte. Auch sind, wie bereits öfter bemerkt, die Kosten zu hoch.

Schwefel und Kadmium.

Es gehört zu den ausgezeichnetsten Eigenschaften des Kadmiums, dass es selbst aus Auflösungen, welche viel freie Säure enthalten, durch Schwefelwasserstoff gefällt werden kann. Hierdurch unterscheidet es sich sehr vom Zink, welches aus sauern Auflösungen nicht gefällt wird. Die Trennung beider Metalle kann dadurch am leichtesten bewirkt werden. Der auf diesem Wege erhaltene Niederschlag ist № 11. Er hat, wie man sieht, viel Aehnlichkeit mit Schwefelarsenik, und wurde auch, vor der Entdeckung des Kadmiums, dafür gehalten, indem bis dahin Arsenik das einzige Metall war, welches unter gleichen Umständen mit gelber Farbe gefällt wird.

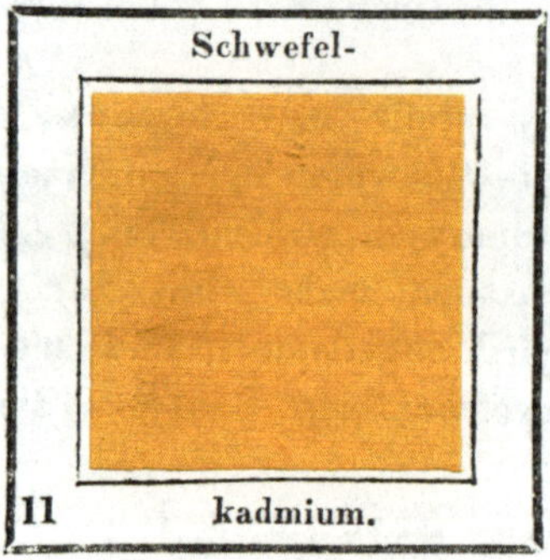

Schwefel-kadmium. 11

Auch durch Glühen von Kadmiumoxyd mit Schwefel erhält man dieselbe Verbindung, die sich aber in der Farbe oft mehr dem Orange nähert. Sie besteht aus

1 M.G. oder 56 Pfund Kadmium und

1 M.G. oder 16 Pfund Schwefel,

und wird nur sehr schwierig durch verdünnte Säuren zerlegt. Starke Chlorwasserstoffsäure dagegen thut es vollständig, es entwickelt sich Schwefelwasserstoff, und Chlorkadmium bleibt zurück. Diess wird zur Darstellung des kohlensauren Kadmiumoxyds benutzt (vergl. S. 52).

Da das glänzende Gelb dieser Verbindung ein Product des Schwefels ist, so wird es durch schwefelhaltige Ausdünstungen nicht verändert, wie das chromsaure Bleioxyd oder Chromgelb. Man hat es daher in der Oelmalerei anzuwenden gesucht und gefunden, dass es sich, ohne Aenderung zu erleiden oder zu bewirken, mit Cremserweiss, Neapelgelb, Ocker, Zinnober, Krapplack, Kobaltblau sehr wohl mischen lässt, und so schön ist wie Chromgelb. Nur Kupferfarben verträgt es nicht, diese entziehen ihm Schwefel.

Diese Erfahrungen sind sehr gut, aber der Nutzen davon geringe, so lange diese Farbe in so hohem Preise steht. Auch ist es Thorheit, sich ängstlich nach einem bleioxydfreien Gelb umzusehen, wenn man es doch mit Kremserweiss und Neapelgelb, die beide veränderliche Bleifarben sind, vermischt. So lange es unseren Malern an einem Weiss fehlt, das nicht nachdunkelt, und durch schwefelhaltige Ausdünstungen nicht verändert wird, so lange mögen sie auch immerhin mit Chromgelb malen, das jetzt so schön als wohlfeil zu haben ist. Wenn zu manchen Farbenmischungen das Chromgelb wegen seines Bleigehalts nichts taugen sollte, so ist vielleicht chromsaures Zinkoxyd № 64 anwendbar, da es durch Schwefel keine Aenderung in der Farbe erleidet. Nur ist zu merken, dass es weniger deckt.

Vom Mangan und seinen Verbindungen.

Dieses in vieler Hinsicht merkwürdige Metall kommt im Mineralreich nie im rein metallischen oder gediegenen Zustande vor. Am häufigsten ist es mit Sauerstoff verbunden in verschiednen Verhältnissen. Das Graubraunsteinerz, welches im Handel den Namen Braunstein führt, ist ein solches Sauerstoffmangan, dessen Strichpulver unter № 12 beigefügt ist.

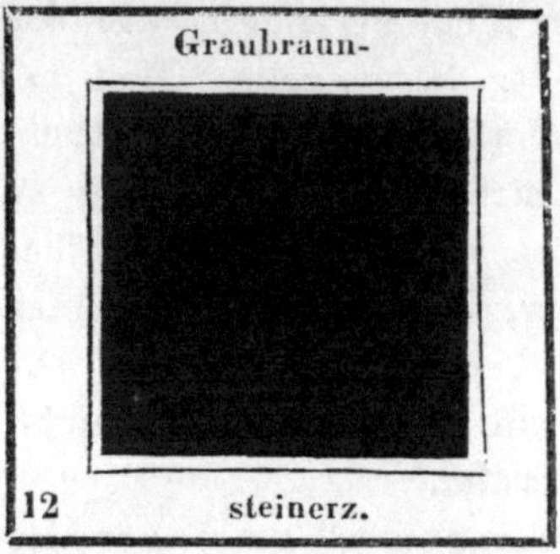

Der Braunstein wurde schon in ältern Zeiten zum Entfärben des Glases gebraucht, daher sein Name: Glasmacherseife. Da aber hier nur sein Sauerstoff thätig ist, so hatte man keine Ahnung von seinem Metallgehalt. Nun fand man aber auch, dass der Braunstein unter Umständen violette und Amethyst-Farben dem Glase mittheilte, und so wurde man auf eine eigenthümliche metallische Grundlage aufmerksam, die Braunsteinmetall oder Mangan genannt wird.

Das Manganmetall kann durch heftiges Glühen dieser Mineralien mit Kohle dargestellt werden. Es ist grauweiss, sehr spröde und schwierig schmelzbar, und sehr veränderlich in Luft und Wasser, daher als solches ohne Werth für die Technik. Mit Kupfer soll es jedoch eine Verbindung geben, die silberweiss und dehnbar ist. Sie wird dargestellt aus:

10 Loth fein gekörntem Kupfer
20 Loth geglühtem Braunstein und
1 Loth Kohle.

Diess wird wohl mit einander vermischt und im Tiegel gut eingedrückt, damit die Kupferkörner nicht zusammenfliessen können. Eine zwölfstündige Einwirkung des stärksten Essenfeuers ist nicht nur erforderlich, sondern auch die Wiederholung desselben Processes mit eben so viel Kohle. Man erhält alsdann durch diese umständliche und theure Procedur ein Mangankupfer, welches zwar leicht rostet, allein mit $\frac{1}{4}$ Zink zusammengeschmolzen, eine schöne, polirfähige, nicht rostende Composition giebt.

Die Wirkungen dieses Metalls auf andere Metalle sind noch nicht genug erforscht, da es aber das Eisen, mit dem es sich ziemlich leicht verbindet, zwar weisser, aber spröder macht, und ebenso den Stahl, so ist von seiner Anwendung in dieser Beziehung nicht viel zu erwarten.

Das Mischungsgewicht des Mangans ist = 28,5 d. h. die Zahl $28\frac{1}{2}$ drückt das Verhältniss aus, in welchem sich das Mangan mit einem oder mehreren Mischungsgewichten der anderen Stoffe verbindet.

Die Eigenthümlichkeiten dieses Metalles lassen sich am besten aus seinen Verbindungen mit dem Sauerstoff, mit dem Schwefel und dem Chlor erkennen; auch sind es gerade diese Verbindungen, wodurch es in der chemischen Technik sich als nützlich bewährt.

Bei einer nähern Betrachtung der diesem Kapitel beigefügten Muster wird man als die Grundfarben der Manganverbindungen besonders Grün, Braun und Schwarz bemerken. Roth ist seltener und Gelb kommt gar nicht vor.

Mangan und Sauerstoff.

Das Manganmetall besitzt eine grosse Anziehung für den Sauerstoff. Das was Eisen erst in der Glühhitze bewirkt, nämlich die Zerlegung des Wassers, das bewirkt das Mangan schon bei gewöhnlicher Temperatur; es verbindet sich mit dessen Sauerstoff unter Wasserstoffgasentwicklung. Kein anderes schweres Metall hat diese leichte Oxydirbarkeit im Wasser.

Die verschiedenen Verbindungen, welche das Mangan mit dem Sauerstoff bildet, sind sehr merkwürdig, da sich in ihnen die chemischen Verbindungsgesetze so recht deutlich erkennen lassen. Man kennt deren sechs, die wir jetzt unter den Namen: Manganoxydul, Manganhyperoxyd, Mangansäure, Uebermangansäure, Manganoxyd und Manganoxydoxydul näher betrachten werden.

Vom Manganoxydul.

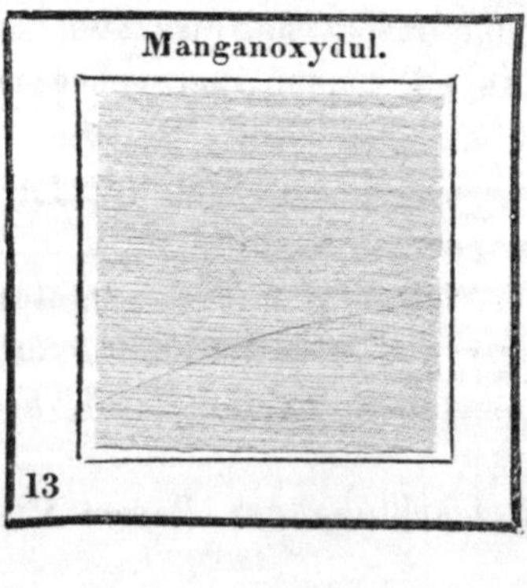

Diese niedrigste Sauerstoffungsstufe des Mangans ist die Basis der meisten Mangansalze und kann besonders leicht aus dem kohlensauren Manganoxydul № 15 dargestellt werden, wenn man es bei Ausschluss der Luft oder in einer Atmosphäre von Wasserstoffgas glüht. Es entwickelt sich alsdann die Kohlensäure, und das Oxydul bleibt unverändert zurück.

Wird bei diesem Glühen die Luft nicht vollständig abgehalten, so erhält man statt eines grünlichen ein mehr oder minder braunes Pulver, und bei ungehindertem Zutritt der Luft entsteht Manganoxydoxydul № 36, worin das Manganoxydul immer übergeht, wenn es in der Glühhitze mit Sauerstoff zusammenkommt. Diess Verhalten dient, das Manganoxydul von den Oxydulen und Oxyden anderer Metalle zu unterscheiden.

Das Manganoxydul ist ein Einfach-Sauerstoffmangan, welches aus

1 M.G. oder 28,5 Pfund Mangan und

1 M.G. oder 8 Pfund Sauerstoff besteht und demnach die Zahl 36,5 zum M.G. hat, d.h. alle Manganoxydulsalze enthalten das Manganoxydul stets in dem Verhältniss von 36,5 und weichen nie davon ab. Auch ist von den Basen, welche die Manganoxydulsalze zerlegen, stets 1 M.G. hinlänglich um 1 M.G. Oxydul abzuscheiden.

Von einem directen Nutzen für die Technik ist dieses Manganoxydul nicht. Aber indirect ist er gross, indem es durch Aufnahme von 1 M.G. Sauerstoff das Hyperoxyd № 23 bildet, das wegen der Leichtauflöslichkeit des Manganoxyduls in Säuren wieder schnell zerlegt wird, und das eine M.G. Sauerstoff fahren lässt, worauf z. B. seine Wirkung bei der Chlorbereitung beruht.

Das Manganoxydul kann auch in Verbindung mit Wasser oder als weisses Hydrat dargestellt

Manganoxydulhydrat

14 und Lufteinwirkung.

werden. Dies geschieht wenn man z. B. zu schwefelsaurer Manganoxydulauflösung Kaliauflösung mischt. Der Niederschlag ist weiss, verändert aber an der Luft rasch seine Farbe und geht durch Sauerstoffaufnahme in № 14 über welches Manganoxydhydrat ist.

Hierin ähnelt das Manganoxydul dem Eisenoxydul, welches ebenfalls durch Sauerstoffanziehung aus dem weissen Oxydulhydratzustand bald in den rothbraunen Oxydhydratzustand übergeht. Man hat daher gemeint, das Manganoxydulhydrat könne das Eisenoxydulhydrat bei der Entsauerstoffung des Indigs in der s. g. kalten Küpe ersezzen. Versuche im Grossen haben diese Meinung nicht bestätigt.

Manganoxydulsalze.

Das Manganoxydul ist eine Basis im engern Sinne; es tritt nie als Säure auf, neutralisirt dagegen die andern Säuren vollkommen, und bildet die Manganoxydulsalze, unter denen das kohlensaure und schwefelsaure Salz uns jetzt beschäftigen sollen.

Manganoxydulsalze werden nicht durch Ammoniak gefällt, wenn sie eine hinlängliche Menge Salmiak enthalten. Diess Verhalten dient dazu, vom Manganoxydul solche Stoffe zu trennen, die trotz der Gegenwart des Salmiaks durch Ammoniak niedergeschlagen werden, z. B. Thonerde.

Kohlensaures Manganoxydul.

Diese Verbindung findet sich im Mineralreich und heisst Manganspat. Künstlich wird sie aus

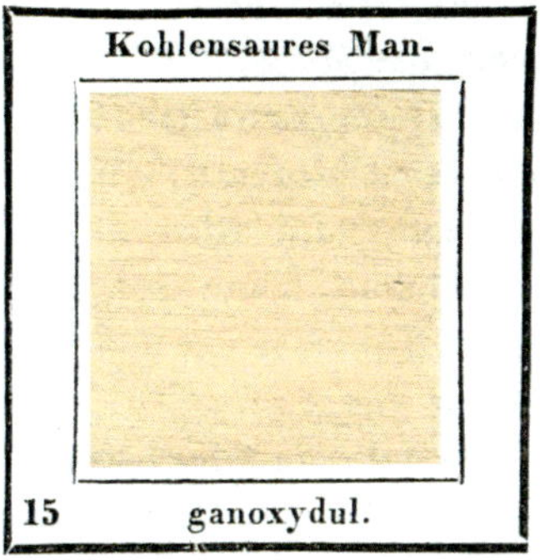

reinem Chlormangan oder auch aus schwefelsaurem Manganoxydul und kohlensaurem Natron dargestellt. — Man löst jenes in Wasser auf und setzt alsdann die Natronauflösung zu, bis sie schwach vorwaltet. — Den Niederschlag lässt man sich setzen und wäscht ihn hernach gut aus. № 15 ist auf diese Weise dargestellt. Er enthält auf

1 M.G. oder 36,5 Pfund Manganoxydul
1 M.G. oder 22 Pfund Kohlensäure,

womit so viel Wasser verbunden ist, dass es auf das Doppelte, oder auf 2 M.G. berechnet, 1 M.G. Wasser ausmacht.

Wenn es sich bei einer Analyse darum handelt, alles Mangan aus einer Auflösung als kohlensaures Oxydul zu fällen, muss es kochend geschehen, weil sich in der Kälte zweifach kohlensaures Manganoxydul bilden würde, welches im Wasser auflöslich ist. Auch ist es nöthig, die vom niedergefallenen kohlensauren Manganoxydul getrennte Flüssigkeit bis zur Trockne einzukochen, und mit heissem Wasser auszulaugen, wobei man noch etwas kohlensaures Manganoxydul erhalten wird.

Die auf diese Weise erhaltene Verbindung spielt mehr ins Braune als № 15, und löst sich auch nicht mehr ganz in kalter Chlorwasserstoffsäure auf, wie es № 15 thut. Es bleibt vielmehr ein brauner Rückstand von durchs Kochen gebildetem Manganoxydoxydul. Beim Erwärmen verschwindet endlich dieses unter Chlorentwicklung.

Das kohlensaure Manganoxydul wird in der Hitze sehr leicht zersetzt. Schon lange vor dem Rothglühen verliert es seine Kohlensäure und sein Wasser, und geht, wenn man das gelinde Erhitzen unter Umrühren lange fortsetzt, in das braunschwarze Pulver № 16 über. Erhitzt man dagegen rasch in einem Tiegel bis zur Rothgluth, so entsteht № 17 mit hellerer Farbennüanze.

Kohlensaures Manganoxydul.	
Schwach und lange	Stark und schnell

16 erhitzt.	erhitzt. 17

Schon durch ein scharfes Trocknen erleidet das kohlensaure Manganoxydul eine ähnliche Umänderung, wie die bräunliche Farbe beweist, die es annimmt.

Es wird in allen diesen Fällen Sauerstoff aus der Luft aufgenommen und Manganoxydoxydul gebildet.

Diess Verhalten könnte zu Unrichtigkeiten Anlass geben, wenn man nach dem Gewicht eines scharf getrockneten kohlensauren Manganoxyduls den Mangangehalt einer Verbindung berechnen wollte. Man verwandelt es daher lieber durch Rothglühhitze in Manganoxydoxydul № 36, und berechnet nach diesem den Mangangehalt nach dem Verhältniss, wie es bei diesem selbst angegeben ist.

Bei Mengenbestimmungen in technischer Hinsicht, wo es nicht auf grosse Genauigkeit ankommt, kann man sich, gerade so wie es bei der Zinkprobe (Vergl. S. 30 bis 32) beschrieben ist, des Marmors bedienen. Man bringt das kohlensaure Manganoxydul zugleich mit dem Filter, nachdem es wohl ausgewaschen worden, in die Probesäure und thut, nachdem alles aufgelöst ist, ein gewogenes Stück Marmor hinein, und wiegt es wieder, wenn die Säure sich völlig mit Marmor gesättigt hat. Das Weniger, was hierbei der Marmor an Gewicht verliert (als er in der unvermischten Probesäure verlieren sollte), kommt auf Rechnung des in der Probesäure aufgelösten Manganoxyduls, dergestalt, dass

50½ Gran Marmor
36½ Gran Manganoxydul oder
28½ Gran Mangan

anzeigen. — Es ist bei dieser Prüfungsweise die Anwendung einer gelinden Wärme zulässig, um die Auflösung des Marmors zu beschleunigen, da das Chlormangan nicht durch denselben zerlegt wird. Die beigefügte Tabelle kann hier ebenso, wie die auf S. 31 befindliche bei chemischen Analysen benutzt werden.

Tabelle für die Manganprobe mittelst Marmor.

Marmor	Mangan	Marmor	Mangan
50,5	28,5	25,5	14,4
49,5	27,9	24,5	13,8
48,5	27,3	23,5	13,2
47,5	26,8	22,5	12,7
46,5	26,2	21,5	12,1
45,5	25,6	20,5	11,5
44,5	25,1	19,5	11,0
43,5	24,5	18,5	10,4
42,5	23,9	17,5	9,8
41,5	23,3	16,5	9,3
40,5	22,8	15,5	8,7
39,5	22,2	14,5	8,1
38,5	21,6	13,5	7,6
37,5	21,0	12,5	7,0
36,5	20,5	11,5	6,4
35,5	20,0	10,5	5,9
34,5	19,4	9,5	5,3
33,5	18,9	8,5	4,7
32,5	18,3	7,5	4,2
31,5	17,7	6,5	3,6
30,5	17,2	5,5	3,0
29,5	16,6	4,5	2,5
28,5	16,1	3,5	1,9
27,5	15,5	2,5	1,3
26,5	14,9	1,5	0,8

Das kohlensaure Manganoxydul zerlegt das Anderthalb-Chloreisen im Kochen, indem sich Chlormangan unter Abscheidung von Eisenoxyd bildet. Diess Verhalten kann dazu benutzt werden, eine Chlormanganauflösung, welche mit viel Chloreisen verunreinigt ist, von letzterem zu befreien, und ganz in Chlormangan umzuwandeln. Man setzt während dem Kochen so lange kohlensaures Manganoxydul hinzu, als in der abfiltrirten Flüssigkeit noch Spuren von Eisen durch Cyaneisenkalium zu entdecken sind.

Hat man kein kohlensaures Manganoxydul vorräthig, und kommt es nicht darauf an, ob die Auflösung mit etwas Chlornatrium verunreinigt wird, so setzt man während des Kochens kohlensaures Natron hinzu, diess erzeugt sogleich kohlensaures Manganoxydul und der Erfolg ist derselbe.

Schwefelsaures Manganoxydul.

Das schwefelsaure Manganoxydul, auch *Manganvitriol* genannt, welches bei der Chlorbereitung mit Glaubersalz gemengt erhalten wird, kann von letzterem durch Winterkälte geschieden werden. Schon bei 0° R. scheidet sich der grösste Theil des Glaubersalzes in grossen Krystallen ab, und der Manganvitriol, als viel leichter auflöslich bleibt in der Mutterlauge. Diese wird noch einmal zum Auflösen von frischem Chlorrückstand verwendet, und von neuem der Kälte ausgesetzt. Nachdem das Glaubersalz herauskrystallisirt ist, wird die nun an Manganvitriol viel reichere Mutterlauge so weit eingekocht, bis Salz zu Boden zu fallen beginnt. Dann bringt man die Lauge in Krystallisirgefässe. Nach längerer Zeit wird man den Vitriol in rosenrothen, durchsichtigen, 4 oder 6seitigen Säulen angeschossen finden, die aus

1 M.G. oder 36,5 Pfund Manganoxydul,
1 M.G. oder 40 Pfund Schwefelsäure und
4 M.G. oder 36 Pfund Wasser bestehen,
und die Zahl 112,5 zum M.G. haben.

Der nach obiger Weise dargestellte Vitriol

kann Glaubersalz enthalten, was jedoch seiner technischen Anwendung nicht schadet.

Mit weniger Umständen erhält man Manganvitriol bei der Chlorbereitung, wenn man statt des Kochsalzes und der Schwefelsäure, Salzsäure und Schwefelsäure zugleich zum Zerlegen des Braunsteins anwendet, wie es unten beim Chlormangan angegeben ist. Hier hat man sich mit der Scheidung des Glaubersalzes nicht zu befassen, und die mit einem Ueberschuss an Braunstein bereitete, und hernach stark gekochte Auflösung kann sehr leicht von anderen fremdartigen metallischen Beimischungen durch Schwefelwasserstoff geschieden werden.

Es ist nämlich eine Eigenschaft des Manganoxyduls, aus der Verbindung mit den stärkern Säuren nicht durch Schwefelwasserstoff gefällt zu werden, wohl aber durch Schwefelwasserstoffammoniak, wie № 19 beweist,

Schwefelsaures Manganoxydul.	
mit Schwefelwasserstoff allein.	mit Schwefelwasserstoff-Ammoniak.
18 nichts	19 

welches ein Schwefelmanganhydrat ist. Man kann daher das Manganoxydulsalz von allen denjenigen Metallen reinigen, die durch Schwefelwasserstoff allein fällbar sind, wie z. B.

Kupfer, Wismuth, Antimon etc., wenn man in die Auflösung desselben Schwefelwasserstoffgas einströmen lässt.

Wird eine Auflösung dieses Salzes mit Kalilauge vermischt, so entsteht ein **bräunlich weisser** Niederschlag, der nach dem Auswaschen und Trocknen in die Farbe von № 20 übergeht. Diese Veränderung beruht darauf, dass das Kali anfangs fast reines Manganoxydulhydrat niederschlägt, das aber beim Auswaschen durch den Sauerstoff der Luft in Oxydhydrat übergeht.

Manganvitriol

20 durch Kali gefällt.

Hat man Kattun mit einer Auflösung von
10 Pfund Manganvitriol und
40 Pfund Wasser
getränkt, und passirt ihn nach dem Trockengewordensein durch eine starke Kalilauge, so erhält man diess Oxydhydrat so innig mit der Faser verbunden, dass es Licht, Luft und Seife widersteht, und daher vielfältig zum Färben benutzt wird.

Durch eine längere Einwirkung des Kalis kann man diesem Manganoxydhydrat das Wasser entziehen, und es in Oxyd verwandeln, wodurch die braune Farbe in die schwarze übergeht. Diess geschieht, wenn man das Zeug, nach-

Manganvitriol

21 mit Kali und Luft.

dem es durch die Kalilauge genommen worden, nicht so bald auswäscht, sondern es mehrere Tagelang an einem luftigen Ort hängen lässt.

Auch durch Kalk wird der Manganvitriol zerlegt. Wenn man

1 M.G. oder $112\frac{1}{2}$ Pfund Manganvitriol und
1 M.G. oder $28\frac{1}{2}$ Pfund Kalk

Manganvitriol

22 durch Kalk zersetzt.

bei Siedhitze auf einander einwirken lässt, indem man in die kochende Auflösung des Vitriols den zum Brei gelöschten Kalk einträgt, so erfolgt eine vollständige Zersezzung. Es scheidet sich Manganoxydul ab, unter gleichzeitiger Bildung von Gyps. Dieser ist mit dem Manganoxydul gemengt, das beim Trocknen bald in Oxydhydrat übergeht.

Wendet man zur Darstellung dieser Farbe, die zum Häuserabputz dienen kann, gewöhnlichen Kalk an, so muss man mehr Kalk nehmen, als oben angegeben ist, wegen der darin enthaltenen Unreinigkeiten.

Durch schwaches Brennen verliert der in diesem Niederschlage enthaltene Gyps sein Wasser, und erhält dadurch die Fähigkeit, hernach mit Wasser angerührt zu erharten.

Das Manganoxydul bildet mit Borax geschmolzen ein farbloses Glas, zum Unterschiede vom Oxydoxydul, welches ein amethystfarbenes giebt. Dasselbe ist der Fall mit wirklichem Glase.

Hieraus erklärt sich die doppelte Wirkung des Braunsteins: einmal das Glas zu entfärben, wobei er in Oxydul übergeht, indess sein Sauerstoff auf andere das Glas färbende Stoffe sich wirft, und ihre Farbe zerstört, und zweitens das Glas zu färben, wobei er nur zum Oxydoxydul reducirt wird. Willkührlich kann man diese beiden entgegengesetzten Erscheinungen mittelst der Löthrohrflamme hervorrufen. Ein gefärbtes Manganglas wird nämlich im I n n e r n der Löthrohrflamme e n t f ä r b t, und ein farbloses f ä r b t s i c h in der ä u s s e r n Flamme. Im Innern der Flamme wird nämlich das Oxydoxydul zu Oxydul, welches nicht färbt, im äussern derselben wird dagegen das Oxydul zu Oxydoxydul, welches färbt.

V o m M a n g a n h y p e r o x y d.

Dieses Oxyd des Mangans ist der erwähnte Braunstein. Es wird auch M a n g a n s u p e r o x y d genannt. Z w e i f a c h - S a u e r s t o f f m a n g a n ist die beste Bezeichnung für dasselbe, weil damit zugleich sein Bestandtheilverhältniss ausgedrückt ist, indem es aus

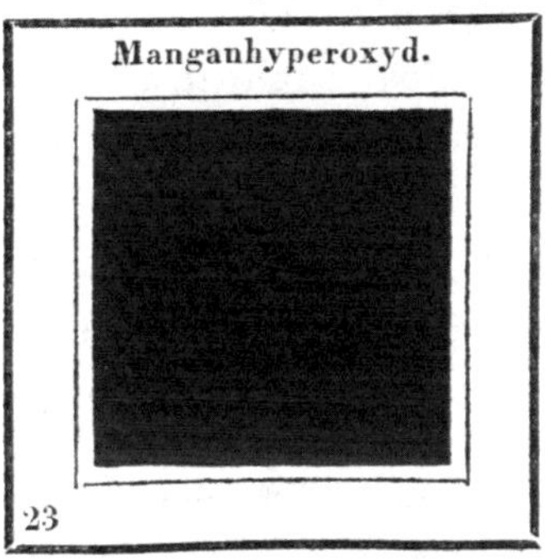

1 M.G. oder 28 Pfund Mangan und
2 M.G. oder 16 Pfund Sauerstoff

besteht und also 44 zum M.G. hat.

Künstlich kann diese Verbindung dadurch er-

Künstliches

24 Manganhyperoxyd

halten werden, dass man kohlensaur. Manganoxydul mit chlorsaurem Kali mengt und erhitzt. Diess muss mit Vorsicht geschehen, damit keine Verpuffung eintritt. Nach dem Auswaschen mit Wasser bleibt das Hyperoxyd zurück, welches, wie № 24 beweist, von dem natürlichen, № 23, in Farbe und Ansehen verschieden ist.

Der im Handel vorkommende Braunstein ist, einige Unreinigkeiten abgerechnet, dasselbe Oxyd, und seine vielfache Anwendung beruht vorzugsweise auf dem 1 M.G. Sauerstoff, welches er verglichen mit dem Oxydul, mehr enthält.

Dieses 1 M.G. Sauerstoff kann ihm durch Hitze zum Theil, durch manche Säuren ganz entzogen werden.

Wird der Braunstein in einer gusseisernen Retorte einer starken Hitze in einem Windofen, ausgesetzt, so entwikkelt sich der Sauerstoff als Gas, das über Wasser aufgefangen, zu einer Menge chemischer Experimente dient. (vergl. Einl. S. 56 ff.) Der Rückstand

Braunstein

25 nach dem Glühen.

in der Retorte ist № 25. Er ist, wenn gleich dem Ansehen, doch nicht dem Sauerstoffgehalte nach verschieden von № 36, dem Manganoxydoxydul.

Man hat sich des Glühens wohl bedient, um die Güte eines käuflichen Braunsteins nach dem Gewichtverlust zu beurtheilen, welchen er dabei erleidet. Allein diess trügt. Es ist nicht immer der Sauerstoff des Braunsteins, der hierbei ausgetrieben wird. Auch das Eisenoxyd entwickelt, in Tiegeln geglüht, Sauerstoffgas, und kohlensaurer Kalk wird zu reinem, wodurch ebenfalls ein Gewichtsverlust bedingt werden kann.

Besser bedient man sich der Hitze, um zu erfahren, ob ein für Braunstein ausgegebenes Mineral wirkliches Hyperoxyd ist, oder ob es nicht vielleicht Oxydhydrat sei oder enthalte. Diess erfährt man durch Erhitzen in einer an einem Ende zugeschmolzenen Glasröhre. Sammeln sich Wassertropfen in der Röhre, so ist diess ein Beweis von dem Dasein des Oxydhydrats. Auch die Farbe des Strichpulvers giebt ein gutes Unterscheidungszeichen ab, wie es unten beim Manganoxydhydrat durch Muster versinnlicht ist.

Der Braunstein hat für die Chemie sowohl, als auch für die chemische Technik eine Art von historischem Interesse. Ein chemisches Experimentiren mit demselben hat im vorigen Jahrhundert zu der Entdeckung des Chlors geführt, eines Körpers, dessen nähere Erforschung eine grosse Umwälzung in der chemischen Wissenschaft und Technik hervorbrachte.

Es ist von grosser Wichtigkeit für viele Gewerbe sich die Wirkung der verschiedenen Säuren auf den Braunstein recht deutlich zu machen. Um diess zu können, muss man sich stets erinnern, dass er 2 M.G. Sauerstoff enthält, und demnach betrachtet werden kann als eine Verbindung von

1 M.G. oder 36,5 Pfund Manganoxydul und
1 M.G. oder 8 Pfund Sauerstoff.

Dieses M.G. Manganoxydul vertritt hier gleichsam nur die Stelle eines Gefässes, welches den Sauerstoff enthält, und ist sein Festmacher und Festhalter, wodurch es möglich wird, mit ihm in der bequemsten Form, nämlich im gepülverten Zustande, zu experimentiren.

Schwefelsäure und Chlorwasserstoffsäure oder Salzsäure sind nun diejenigen Säuren, welche vorzugsweise den Braunstein zersetzen. Die Schwefelsäure bemächtigt sich seines einen Bestandtheils, des Manganoxyduls, und setzt dadurch den Sauerstoff in Freiheit. Dieser entweicht dabei entweder als Gas, oder verbindet sich mit andern Stoffen, die gleichzeitig gegenwärtig sind, und bedingt dadurch die Abscheidung oder Entstehung mehrerer werthvollen Producte.

Wenn man in einem gusseisernen Tiegel ein inniges Gemenge aus

49 Loth Schwefelsäure und
$44\frac{1}{2}$ Loth Braunstein

anfangs langsam, hernach stärker erhitzt und endlich mehrere Stunden lang gelinde glüht, so entweichen

8 Loth Sauerstoffgas und
$76\frac{1}{2}$ Loth schwefelsaures Manganoxydul

bleiben zurück. Man kann also auf diese Weise,

wenn man statt des Tiegels eine gusseiserne Retorte nimmt, auf wohlfeile und leichte Art Sauerstoffgas gewinnen.

Wendet man anstatt der starken Schwefelsäure verdünnte, und statt der Glühhitze nur Siedhitze an, so findet keine Zerlegung des Braunsteins, also auch keine Abscheidung des Sauerstoffs statt. Beides ist aber sogleich der Fall, wenn ein andrer Stoff hinzu gebracht wird, der ein Bestreben hat, sich mit dem Sauerstoff zu verbinden. Dieser leitet alsdann die Zersetzung ein, und entzieht dem Braunstein 1 M.G. Sauerstoff, indess sich gleichzeitig die Schwefelsäure mit dem dadurch entstehenden Oxydul verbindet.

Vermöge dieses Verhaltens kann man mehrere überraschende Stoffumbildungen bewirken, z. B. Zucker in Ameisensäure verwandeln. Man erhitzt in einer kleinen Blase

2 Pfund Zucker
4 Pfund Wasser und
6 Pfund Braunsteinpulver

bis zu 60° R. und fügt dann ein Gemisch aus

1 Pfund Schwefelsäure und
1 Pfund Wasser

hinzu, und rührt alles so lange, bis das Aufwallen vorüber ist. Nun setzt man den Helm auf die Blase und giesst noch

2 Pfund Schwefelsäure und
2 Pfund Wasser

hinzu und destillirt bis zur Trockne, wo alsdann die Ameisensäure übergeht. Der Rückstand enthält schwefelsaures Manganoxydul.

Stärke und Gummi erleiden und bewirken eine

dem Zucker ähnliche Veränderung, wenn sie auf gleiche Weise mit Schwefelsäure und Braunstein behandelt werden.

Auch viele Farbstoffe, sofern sie nicht mit einer Faser, wie z. B. Wolle oder Baumwolle verbunden sind, können auf diese Weise in andere Stoffe umgeändert und in farblose verwandelt werden.

Ein auffallendes Beispiel giebt hier der schwefelsaure Indig, dargestellt durch Auflösen von 1 Loth Indig in 5 Loth Vitriolöl. Wird dieser in wässriger Verdünnung mit Braunsteinpulver digerirt, so entfärbt er sich vollständig, d. h. der aufgelöste Indig wird zerstört unter Entwicklung von Kohlensäure und unter Bildung von schwefelsaurem Manganoxydul.

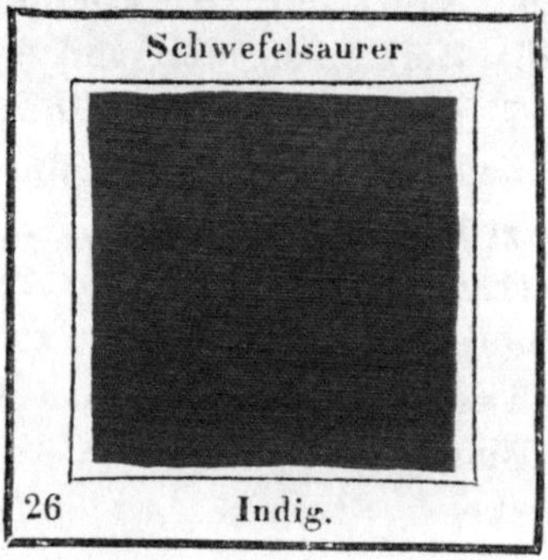

Schwefelsaurer Indig. 26

Aehnlich verhalten sich andere Farbstoffe. Ja selbst solche, die mit fetten Oelen verbunden sind, kann man fast vollständig zerstören. Das Bleichen des orangefarbenen Palmöls beruht hierauf. Werden 4 Pfund Braunsteinpulver mit 100 Pfund Palmöl wohl gemengt und darauf mit einem Gemisch aus 8 Pfund Schwefelsäure und 4 Pfund Wasser innig vereint und längere Zeit gerührt, so verschwindet die dunkelgelbe Farbe und das Oel erscheint nach dem Aufschmelzen mit Wasser hell gelb.

Ganz anders sind die Resultate, wenn Chlorwasserstoffsäure auf den Braunstein einwirkt. Es erfolgt hierbei eine Zerlegung der Säure selbst, neben der des Braunsteins, was bei der Schwefelsäure nicht der Fall war.

Erwärmt man nämlich in einer Retorte ein Gemenge aus

1 M.G. oder $44\frac{1}{2}$ Loth Braunstein und

2 M.G. oder soviel Chlorwasserstoffsäure,

dass 101 Loth Marmor

davon aufgelöst werden können, so entwickeln sich

1 M.G. oder 35,4 Loth Chlor und

1 M.G. oder 63,9 Loth Chlormangan

bleiben in der Retorte zurück. Von den

2 M.G. Sauerstoff des Braunsteins, und den

2 M.G. Wasserstoff der Chlorwasserstoffsäure

kommt bei diesem Prozess nichts zum Vorschein, indem sie sich in aller Stille zu 2 M.G. Wasser vereinigen. Statt dessen erscheint aber das Chlor theils frei, theils als Chlormangan.

Macht man den obigen Versuch mit ganz reinem Braunstein, und nimmt, um ihn genauer anstellen und beendigen zu können, statt der Lothe Grane, so leitet er auf eine sehr genaue **Braunsteinprobe** die für den Chlorfabrikanten von Wichtigkeit ist.

Es handelt sich dabei vorzüglich um zweierlei:

1) wieviel Chlor ein käuflicher Braunstein, verglichen mit reinem, giebt und
2) wieviel Chlorwasserstoffsäure man, um ihn aufzulösen, gebraucht, indem kohlensaurer

Kalk, Baryt und Eisenoxyd im Braunstein enthalten sein können, die bloss Säure aufnehmen, ohne der Chlorproduction förderlich zu sein.

Um die Menge Chlor, welche ein Braunstein zu erzeugen im Stande ist, genau messen zu können, benutzt man am zweckmässigsten die Eigenschaft desselben, schwefelige Säure in Schwefelsäure zu verwandeln, und giebt der letzteren Gelegenheit, sich mit Baryt zu verbinden, um sie in der Form des schwefelsauren Baryts genau wägen zu können. Wenn demnach

$44\frac{1}{2}$ Gran Braunstein

mit einem Ueberschuss an Chlorwasserstoffsäure in einer Retorte erwärmt werden, und man das sich entwickelnde Chlor mittelst einer rechtwinklicht gebogenen Glasröhre, welche durch Kautschuk mit dem Retortenhals verbunden ist, in eine Auflösung leitet, welche

Schwefelige Säure und
Chlorbarium

enthält, so bildet sich auf der Stelle schwefelsaurer Baryt, dessen Menge mit der Menge des hineingeleiteten Chlors in einem solchen Verhältniss steht, dass

$116\frac{6}{10}$ Gran schwefelsaurer Baryt
$35\frac{4}{10}$ Gran Chlor entsprechen, also genau so viel, als sich aus
$44\frac{1}{2}$ Gran Braunstein

entwickeln müssen, wenn er ganz rein ist.

Stellt man diesen Versuch mit irgend einem käuflichen Braunstein an, so wird man finden, dass man nie die eben angegebene Menge schwefslsauren Baryts erhält, weil er nie rein ist. Kieselerde und Schwerspat, als Verunreinigung, sind hierbei nicht von Bedeutung, weil sie keine Säure in Beschlag nehmen. Mehr kommen Eisenoxyd und kohlensaurer Kalk in Betracht, weil diese Säure sättigen. Jedoch sind sie selten in grosser Menge vorhanden. Am schlimmsten ist es, wenn der s. g. Braunstein grösstentheils oder gar ganz aus Manganoxydhydrat besteht, denn diess erzeugt bei Anwendung der doppelten Säuremenge nicht mehr Chlor, als das Hyperoxyd mit der einfachen.

Da Kalk und Eisenoxyd sich in Chlorwasserstoffsäure auflösen, ohne dabei Chlor zu erzeugen, so hat man, wenn der Braunstein viel davon enthält, grossen Verlust an Säure. Um nun also im Grossen nicht mit Nachtheil zu arbeiten, muss man auch in dieser Hinsicht den Braunstein prüfen, was am besten mit Hülfe des Marmors geschieht. Um mittelst

$44\frac{1}{2}$ Gran reinem Braunstein so viel Chlor zu entwickeln, dass

$116\frac{6}{10}$ Gran schwefelsaurer Baryt gebildet werden können, gebraucht man genau nur so viel Chlorwasserstoffsäure, als hinreichend ist, um

101 Gran Marmor

aufzulösen. Findet man daher bei einem Versuch, dass man dieses Quantum Säure nöthig hatte, den Braunstein völlig zu zerlegen, ohne die entsprechende Menge schwefelsauren Baryts zu erhalten, so kann man auf die Gegenwart der genannten Stoffe schliessen. Um ihre Menge annäherungsweise zu bestimmen, müsste man jetzt zu dem Rückstande noch einen Ueberschuss an *reinem* Braunstein thun, und das sich entwickelnde Chlorquantum ebenfalls mittelst Chlorbarium und schwefeliger Säure bestimmen. Der hierbei erhaltene schwefelsaure Baryt zeigt nun an, wie viel Chlorwasserstoffsäure noch unbenutzt im Rückstande war. Je *grösser* daher die Menge des erhaltenen Barytsalzes ist, desto *weniger* Säureraubendes enthält der Braunstein. Es ist jedoch bei diesem äusserst wohlfeilen Mineral nicht nöthig, so scrupulös zu Werke zu gehen, wenn man nämlich durch den S. 71 angegebenen Versuch: Erhitzen in einer Glasröhre, sich überzeugt hat, dass er frei von Manganoxydhydrat ist, und wenn man ferner beim Uebergiessen mit kalter Chlorwasserstoffsäure kein Aufbrausen bemerkt. Das Letztere würde kohlensauren Kalk anzeigen.

Mit Wasser bildet das Hyperoxyd das *Manganhyperoxydhydrat*, welches am leichtesten

Manganhyper-

27. oxydhydrat.

durch Zersetzung des mangansauren Kali's mittelst einer Säure erhalten wird, wie es weiter unten angegeben ist. Man sieht, dem Aeussern nach kann es mit Oxydoxydul verwechselt werden, es unterscheidet sich aber wesentlich, dass es mit starker Salpetersäure übergossen, sich nicht wie dieses schwarz färbt, sondern seine braune Farbe behält, und dass es umgekehrt in schwacher Glühhitze sich unter Wasserverlust schwarz färbt, indess unter gleichen Umständen das Oxydoxydul seine braune Farbe beibehält.

Kommt Braunstein mit schmelzendem Glase in Berührung, so ist der Erfolg je nach der Menge und den dabei obwaltenden Umständen verschieden. Hat das Glas eine schwärzliche Farbe von beigemengter Kohle, so wird es durch Zusatz von Braunstein farblos, indem sein Sauerstoff mit der Kohle Kohlenoxyd- und Kohlensäuregas bildet, die entweichen. Das gleichzeitig entstandene Manganoxydul vereinigt sich nun mit dem farblosen Glase. Je weniger Eisen der Braunstein enthält, um desto besser thut er seine Wirkung. Ein solches manganoxydulhaltiges Glas zeigt nicht selten ein eigenthümliches Verhalten zum Sonnenlicht. Es wird nämlich violett. Da diess die Farbe ist, welche Gläser von Manganoxydoxydul erhalten, so ist es wahrscheinlich, dass das Oxydul durch den Lichteinfluss in dieses übergeht.

Wenn sich der Braunstein unzersetzt mit Glasflüssen verbindet, färbt er dieselben schwarz. Damit diess erfolge, müssen sie sehr leichtflüssig sein, also viel Bleioxyd enthalten. Ein Gemenge aus 21 Pfund Bleiweiss,
5 Pfund Kieselsteinen und
3 Pfund Braunstein
giebt eine schöne schwarze Glasur. Da das Bleiweiss, welches im Handel vorkommt, selten ein reines, kohlensaures Bleioxyd ist, sondern meistens Schwerspat und schwefelsaures Bleioxyd enthält, so muss man es sich entweder selbst be-

reiten, oder es von Bleiweissfabriken direct beziehen.

Mangansäure und Uebermangansäure.

Mangansäure
28. und Baryt.

Die Mangansäure, die dritte Sauerstoffungsstufe dieses merkwürdigen Metalls, entsteht, wenn das Manganhyperoxyd, durch Umstände begünstigt, noch 1 M.G. Sauerstoff aufnimmt. Diese Umstände sind: Glühen mit starken Basen, entweder unter Luftzutritt oder bei Gegenwart von Salpetersäure. Werden z. B.

$19\frac{1}{2}$ Loth salpetersaurer Baryt mit
$4\frac{1}{2}$ Loth Manganhyperoxyd

wohl vermengt in einem Tiegel zwischen Kohlen so lange erhitzt, bis die Masse zu fliessen aufhört, so bildet sich mangansaurer Baryt № 28, dessen Farbe zugleich als Muster für alle mangansaure Verbindungen gelten kann, weil sie alle grün sind.

Wie die Mangansäure sich nur durch die säurende Anforderung von Basen bildet, ebenso besteht sie auch nur in Verbindung mit ihnen, und wie man es versucht, durch eine andere Säure die Basis abzuscheiden, so zerfällt sie. Man kennt sie also nicht in reiner Gestalt, hat jedoch genau ermittelt, dass sie aus

1 M.G. oder 28,5 Pfund Mangan und
3 M.G. oder 24 Pfund Sauerstoff besteht,

und demnach 52,5 zum M.G. hat. Hiernach gebührt der Mangansäure die Benennung: Dreifach-Sauerstoffmangan, als einem Pendant zu dem Dreifach-Sauerstoffchrom, welches wir unter dem Namen Chromsäure bald näher kennen lernen werden.

Mit dem Kali bildet die Mangansäure eine dem mangansauren Baryt № 28 entsprechende Verbindung von fast gleicher Farbe. Sie entsteht durch Zusammenschmelzen von 1 Pfund Braunstein mit 2 Pfund Pottasche. Sie ist auflöslich im Wasser und war schon den ältern Chemikern unter dem Namen des mineralischen Chamäleons bekannt.

Dieser Name wurde ihm wegen des Farbenwechsels gegeben, dem seine wässrige Auflösung beim Einfluss der Luft unterworfen ist. Sie ist nämlich anfangs dunkelgrün, hierauf wird sie bald violett, dann roth unter Absatz von braunen Flokken, und später fast farblos. Die Ursache hiervon ist die Kohlensäure der Luft, die sich mit dem Kali verbindet, was eine Zersetzung der Mangansäure in Uebermangansäure und Manganhyperoxydhydrat zur Folge hat. Jede andere Säure thut dasselbe, aber schneller, wie diess S. 82 bei der Uebermangansäure näher erörtert ist.

Solche grüne Verbindungen bildet die Mangansäure mit allen Basen und da das Manganmetall nebst seinen Oxyden stets in Mangansäure übergeht, wenn es mit starken Basen, z. B. Kali oder Natron, stark geglüht wird, so dient diess dazu, die *kleinsten Mengen Mangan* zu entdecken. Man wendet dazu am besten das zerfallene kohlensaure Natron an, indem man es auf Platinblech mit der zu prüfenden Substanz vor dem Löthrohr schmilzt. Meistens ist hiezu schon die Hitze einer gewöhnlichen Weingeistflamme hinreichend.

Im Fall man statt des kohlensauren *boraxsaures* Natron anwendet, erhält man ein *amethystfarbenes* Glas.

Da aber noch andere Substanzen, z. B. Kupferoxyd und Eisenoxydul ein Alkali im Glühen grün färben können, so vergewissert man sich von dem Dasein des Mangans durch einen Tropfen verdünnte Schwefelsäure, welche man auf die geschmolzene grüne Salzmasse bringt. Es entsteht alsdann ein Fleck mit *rothem* Umkreis, indem sich Uebermangansäure bildet.

Durch diesen Versuch kann man sehr schnell den Beweis führen, dass die im Handel vorkommenden blaugrün gefärbten Pottaschen manganhaltig sind.

Setzt man zum mangansauren Kali eine entsprechende Menge Schwefelsäure, so müsste, weil sich diese mit dem Kali verbindet, die Mangansäure abgeschieden werden, diess ist aber nicht der Fall. Es kommt gar keine Mangansäure im freien Zustande zum Vorschein, sondern sie zerfällt, und ihre Bestandtheile vereinigen sich zu zwei neuen Verbindungen: einem unauflöslichen Niederschlag, welcher *Manganhyperoxydhydrat* ist, und

Manganhyperoxydhydrat

29

einer rothen Flüssigkeit welche man *Uebermangansäure* genannt hat.

Die Uebermangansäure hat ein so merkwürdiges Bestandtheilverhältniss, dass 3 M.G. Mangansäure (oder 3 M.G. Mangan und 9 M.G. Sauerstoff) zu ihrer Bildung erforderlich sind, und zwar geschieht es dadurch, dass sich von denselben Mangan und Sauerstoff in einem solchen Verhältniss trennen, als nöthig ist um 1 M.G. Manganhyperoxyd zu bilden. Von 3 M.G. Mangan geht also 1 M.G. ab für das Hyperoxyd, und ebenfalls werden für dasselbe von den 9 M.G. Sauerstoff 2 M.G. in Beschlag genommen, so dass

2 M.G. oder 57 Pfund Mangan und
7 M.G. oder 56 Pfund Sauerstoff

übrigbleiben um 113 Pfund Uebermangansäure zu bilden, deren M.G. demnach = 113 ist.

Sie ist in der eben erwähnten rothen Flüssigkeit im Wasser gelöst enthalten, und bildet mit Basen *rothe* Salze, wodurch sie sich von der Mangansäure unterscheidet, deren Salze *grün* sind. Im freien Zustande lässt sie sich aber nicht durch Verdunsten entwässert darstellen, indem sich der Sauerstoff entwickelt und Manganhyperoxyd zurückbleibt. Sind gleichzeitig organische Stoffe vorhanden, so verbindet sich mit diesen der Sauerstoff anstatt sich zu entwickeln, und jene werden dadurch in ihrer Mischung umgeändert oder zerstört. Daher bleicht sie manche Farben so schnell wie Chlor. Diess Verhalten erklärt manche Wirkungen des mangansauren Kalis, z. B. die auf fuselhaltigen Branntwein. Werden

150 Pfund Branntwein mit
2 Pfund mangansaurem Kali
in gepülvertem Zustande gemengt, 2 Tage unter Umschütteln in Berührung gelassen und dann destillirt, so geht der Branntwein fuselfrei über. Leider hat derselbe aber einen andern unangenehmen Geruch, nämlich den nach Sauerstoffäther, so dass man schwerlich von diesem Mittel Gebrauch machen wird. Auch erhält man weniger Spiritus, weil einige Prozente zerstört werden.

Die grüne Auflösung des mangansauren Kali's wird, wie schon S. 81 angeführt, auch durch die Kohlensäure der Luft zerlegt, daher erscheint eine damit auf Leinzeug gemachte Zeichnung bald braun gefärbt. Da dieses Braun Laugen, Seife und schwachen Säuren widersteht, so hat man das mangansaure Kali zum Zeichnen der Wäsche vorgeschlagen. Diesem steht aber entgegen: Erstens ist die Auflösung nicht gut ohne Zersetzung aufzubewahren, und zweitens kann man mit einer Auflösung von Zinn in Salzsäure die Farbe vollständig hinwegnehmen. Es ist daher besser sich der salpetersauren Silberauflösung zum Zeichnen der Wäsche zu bedienen.

Zweckmässiger wäre es, diese Verbindung zum Tafeldruck anzuwenden, nur waltet die Schwierigkeit ob, womit sie verdickt werden soll, da sie auf alle organische Verdickungsmittel zersetzend einwirkt und dadurch selbst zersetzt wird.

Diese zersetzende Wirkung beruht auf Sauerstoffung der organischen Substanz, wodurch die Mangansäure wieder aufs Hyperoxyd oder Oxyd zurückgeführt wird. Daher hat die grüne Auflösung des mangansauren Kalis die sonderbare Eigenschaft, gleichzeitig zu bleichen und zu färben. Taucht man nämlich ein Stück Zeug hinein, welches mit Indig blau gefärbt ist, so verschwindet in wenig Minuten das Blau und nach dem Auswaschen hat das Zeug eine hellbraune Farbe. Diese ist Hyperoxydhydrat, welches sich bei Zersetzung der Mangansäure auf die Faser niedergeschlagen hat. Durch Einlegen in Salzsäure wird es unter Chlorentwicklung aufgelöst, und das Zeug bleibt nun weiss zurück, ist aber mürbe.

Manganoxyd.

Das schwarze Manganoxyd entsteht, wenn Manganoxydul und Manganhyperoxyd sich mit einander verbinden. Auf directem Wege, durch Zusammenmischen beider, ist diess zu bewirken nicht möglich. Man muss einen Umweg machen und gelangt am besten dazu, dass man einer andern Verbindung, die ähnlich zusammengesetzt ist, nur dass sie mehr Oxydul enthält, dieses Mehr entzieht. Diess ist das Manganoxydoxydul № 36. Durch Behandeln mit verdünnter Schwefelsäure tritt es 1 M.G. Manganoxydul an diese ab, und verändert dadurch seine braune Farbe in die schwarze des Oxyds, das gehörig ausgewaschen und getrocknet ein schweres, höchst feines Pulver darstellt.

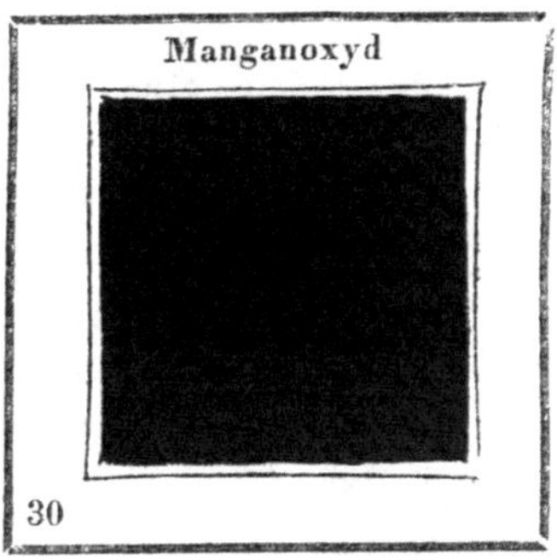

Das Manganoxyd ist diesem nach eine zusammengesetztere Sauerstoffungsstufe des Mangans, als die bisher abgehandelten (Oxydul, Hyperoxyd und Säure). Es besteht nicht, wie diese, aus Mangan und Sauerstoff geradezu, sondern ist die Verbindung ihrer Verbindungen und enthält auf

1 M.G. oder 36,5 Pfund Manganoxydul

1 M.G. oder 44,5 Pfund Manganhyperoxyd,

worin das Oxydul die Basis, das Hyperoxyd die Stelle der Säure vertritt.

Hyperoxyd

31 aus Manganoxyd.

Dieses merkwürdige Bestandtheilverhältniss lässt sich durch die Einwirkung beweisen, welche Salpetersäure darauf ausübt. Behandelt man 81 Gran Manganoxyd mit einem Ueberschuss an Salpetersäure in gelinder Wärme, so nimmt dieselbe $36\frac{1}{2}$ Gran Manganoxydul auf, indem nämlich $44\frac{1}{2}$ Gran unaufgelöst zurückbleiben, die wirkliches Manganhyperoxyd sind. Die Farbe von № 31 weicht etwas von der des natürlichen Hyperoxyds oder des Braunsteins № 23 ab, was theils in seiner Reinheit, theils in der feineren chemischen Zertheilung seinen Grund hat.

Die richtige chemische Benennung für das Manganoxyd ist: Anderthalb-Sauerstoffmangan, denn es enthält auf

2 M.G. Mangan

3 M.G. Sauerstoff,

und entspricht so in seiner Zusammensetzung einem Oxyde des Chroms, Urans, Antimons, Kobalts und Eisens, die wir künftig betrachten werden.

Von der technischen Anwendung des Manganoxyds im Grossen kann ich keine Erfahrungen beibringen. Es ist in seinen Wirkungen dem Hyperoxyd so ähnlich, dass es keinen Vorzug verdient, und wegen seines geringen Sauerstoffgehalts unvortheilhaft ist.

Man hat es jedoch als Oelfarbe angewendet, wobei es sehr viel Körper zeigt. Es giebt ein sehr dunkles Eisengrau und zeigt mit Weiss verdünnt, ein sehr grosses Färbevermögen. Wodurch es sich aber vorzüglich auszeichnet, ist, dass es selbst mit kaltgepresstem Leinöl abgerieben, in sehr kurzer Zeit trocknet. Es verdient also wohl die Aufmerksamkeit der Maler.

Mit Wasser bildet das Manganoxyd ein Hydrat, welches ein unter dem Namen Manganit bekanntes Mineral ist. Es nimmt unsere Aufmerksamkeit darum besonders in Anspruch, weil es als ein grosser Feind der Chlorfabrikanten betrachtet werden muss, denen es oft anstatt des Braunsteins verkauft wird. Denn da es das Doppelte an Säure gebraucht als der Braunstein, um zersetzt zu werden, und man dabei nicht mehr Chlor erhält, so ist bei seiner Anwendung grosser Verlust. Erkennungsmittel sind daher sehr wichtig. Ein sehr einfaches ist die Farbe des Strichpulvers auf unglasirtem Porzellan, die von der des Braunsteins so abweicht, wie es hier zu sehen ist.

Strichpulver

32 vom Manganit.

Strichpulver

vom Braunstein. 33

Ferner: Erhitzen in einer Glasröhre um zu sehen, ob sich Wasser entwickelt, wie es schon S. 71 angegeben.

Das künstliche Manganoxydhydrat verdient hier noch eine Erwähnung, weil die Mode es meinen Lesern täglich unter die Augen führt, ohne dass sie sich dabei vielleicht seines Namens und seiner Bereitungsart bewusst geworden sind.

Manganoxyd-

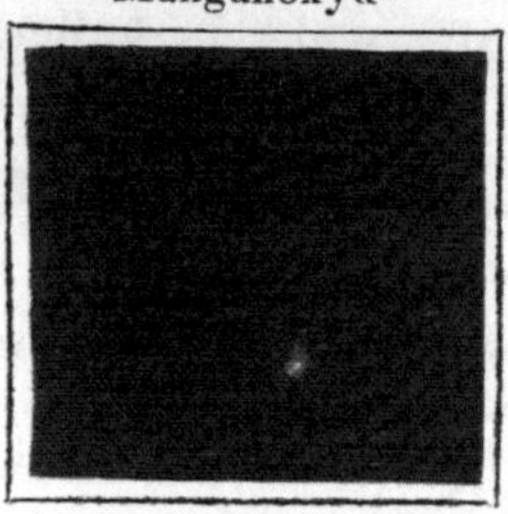

34 hydrat.

Das schöne Bister, welches man jetzt vielfältig auf Kleider- und Möbelkattunen sieht, ist dieses Hydrat. Es entsteht, wenn Manganoxydulhydrat aus der Luft Sauerstoff aufnehmen kann. Wird demnach ein Stück Zeug mit einer Auflösung von Chlormangan getränkt, und nach dem Trockengewordensein in Kalilauge getaucht, so schlägt sich anfangs Oxydulhydrat auf die Faser nieder, das nach und nach in Oxydhydrat übergeht, und sich dadurch noch inniger mit der Faser verbindet.

Es würde diese Farbe zu keinem so allgemeinen Gebrauche gekommen sein, wenn sie nicht, neben ihrer Echtheit gegen Licht, Luft und Seife, auch wiederum leicht zu zerstören und vom Zeuge zn entfernen wäre. Ihr Verhalten zur Chlorwasserstoffsäure und dem Zinn macht diess möglich. Wird ein Stück Kattun, welches mit Manganbister gefärbt ist, in Chlorwasserstoffsäure getaucht, so verliert es bald seine Farbe und wird weiss. Es entsteht nämlich Chlormangan unter gleichzeitiger Entwickelung von Chlor. Dasselbe geschieht, wenn man starke Salzsäure, mit Gummi verdickt, aufdruckt. Die bedruckten Stellen werden weiss und bleiben es auch nach dem Auswaschen. Man wird aber bald bemerken, dass sie sehr mürbe sind und zerreissen. Diess ist die Wirkung des Chlors Man sieht also, welch einen Fehler ein Kattundrucker begeht, wenn er auf diese Weise weisse Muster auf dem braunen Grunde ausätzen will. Zum Glück beseitigt ein Zusatz von Zinn alle Gefahr und erleichtert den Prozess.

Wenn man sich nämlich eine Beize bereitet, die aus gleichen Gewichtstheilen Einfach-Chlorzinn, Wasser und Salzsäure besteht, und mit dieser, nachdem sie mit Tragant verdickt worden, druckt, so erhält man ein schönes scharfbegrenztes weisses Muster und ohne Nachtheil für die Haltbarkeit des Zeuges, wenn es nur bald nach dem Drucke ausgewaschen wird. Es wird hier nämlich kein Chlor frei, das Zinn verbindet sich damit zu Zweifach-Chlorzinn. Durch Vermischen der Zinnbeize mit den Absuden von Fernambuk, Blauholz und persischen Beeren erhält man anstatt der weissen farbige Muster.

Manganoxydoxydul.

Manganoxyd-

36 oxydul.

Alle bisher abgehandelten Sauerstoffmangane gehen in diese Verbindung über, wenn man sie der Glühhitze aussetzt. Das Manganoxydul nimmt dabei Sauerstoff auf, indess ihn das Hyperoxyd und das Oxyd in einem solchen Verhältniss abgeben, dass dieses Oxydoxydul entsteht.

Am leichtesten stellt man es dar durch Rothglühen des kohlensauren Manganoxyduls № 15 S. 61 in einem leicht bedeckten irdenen Tiegel. Da die hierbei sich entwickelnde Kohlensäure einen Ausweg haben muss, so muss das Oxydul möglichst locker sein und darf den Tiegel nur zu $\frac{2}{3}$ erfüllen. Ein festes Einstampfen würde ein Herausschleudern der Masse zur Folge haben, auch könnte alsdann die Aufnahme des Sauerstoffs aus der Luft nicht gut erfolgen.

Durch das Behandeln mit verschiedenen Säuren lässt es sich beweisen, dass das Manganoxyd-oxydul eine noch zusammengesetztere Verbindung ist, als das Manganoxyd, denn es ist dieses in Verbindung mit Manganoxydul und besteht aus

1 M.G. oder 36,5 Pfund Manganoxydul und
1 M.G. oder 81,0 Pfund Manganoxyd
= 117,5.

Werden daher $117\frac{1}{2}$ Gran Manganoxydoxydul mit erwärmter verdünnter Schwefelsäure behandelt, so bleiben 81 Gran Rückstand, die Manganoxyd sind, indem die Säure $36\frac{1}{2}$ Gran Manganoxydul aufgenommen hat, die man durch Kali daraus fällen kann.

Da das Bestandtheilverhältniss des Manganoxyds (S. 86)

2 M G. Mangan und
3 M.G. Sauerstoff

ist, und das Oxydoxydul sich von diesem nur dadurch unterscheidet, dass es noch die Bestandtheile von 1 M.G. Manganoxydul enthält, so besteht es aus

3 M.G. Mangan und
4 M.G. Sauerstoff

und entspricht in seiner Zusammensetzung den gleichnamigen Oxyden des Eisens und Bleis.

In der Technik findet dieses Oxydoxydul keine Anwendung, weil es durch den wohlfeileren Braunstein vollständig ersetzt wird. Auch da, wo es gerade diese Sauerstoffungsstufe des Mangans sein muss, um bestimmte Producte zu erzielen, z. B. Glasflüssen und Gläsern eine amethystrothe Farbe zu geben, verwandelt schon die Hitze den Braunstein in dieses Oxydoxydul. Der Amethyst verdankt demselben seine schöne Farbe.

Aber bei chemischen Analysen ist es von grossem Werth. Da alle Manganoxyde sich durch Glühen in dieses verwandeln lassen, besonders aber das kohlensaure Manganoxydul schon bei Rothgluth darin übergeht, und es sich nicht weiter verändert, so dient es um den Mangangehalt zu berechnen, indem

1 M.G. oder 117½ Gran Manganoxydoxydul
3 M.G. oder 85½ Gran Mangan anzeigen.

Um die bewundernswürdige Gesetzmässigkeit in der stufenweisen Bildung der verschiedenen, bis jetzt besprochenen Sauerstoffmangane mit einem Blick zu übersehen, stelle ich sie hier auf S. 93 noch alle zusammen meinen Lesern vor Augen.

Die Sauerstoffung beginnt mit dem kleinsten Felde, dem Oxydul, und schreitet alsdann durch das Hyperoxyd und die Mangansäure bis zur Uebermangansäure fort, womit der höchste Grad erreicht ist. Zwischen diesen beiden letzteren liegt eine bis jetzt noch unbekannte Sauerstoffungsstufe, deren Abscheidung und Darstellung freilich nicht gelungen ist; dessenungeachtet muss sie doch als möglich und als in der Uebermangansäure vorhanden, betrachtet werden. Aus diesem Grunde, und weil der Uebermangansäure der eine Anhaltspunkt fehlen würde, ist ihr Feld mitgezeichnet.

Dann beginnt gleichsam eine neue Formation, in welcher das Metall wiederum das Uebergewicht gewinnt. Das Oxydul und Hyperoxyd vereinigen sich nämlich zum schwarzen Manganoxyd, und dieses bildet dann mit demselben Oxydul noch das braune Oxydoxydul.

Meine Leser werden jetzt unverzüglich meine

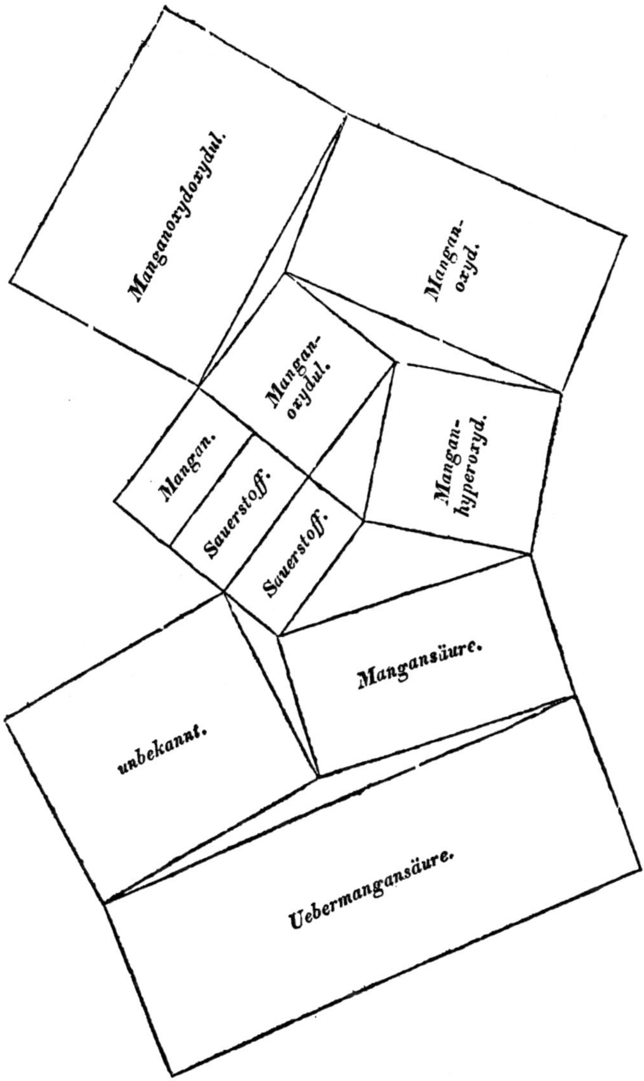
Manganoxydoxydul.
Mangan-
oxyd.
Mangan-
oxydul.
Mangan.
Sauerstoff.
Sauerstoff.
Mangan-
hyperoxyd.
Mangansäure.
unbekannt.
Uebermangansäure.

Einl. in die techn. Chemie, 1836. S. 27 nebst Titelbild nachsehen, weil sie sich danach die Sauerstoffungsstufen des Mangans in einem andern Schema eingeprägt haben. Sie werden aber finden, dass beide gleich, nur dass hier noch die beiden Felder mit »unbekannt« und »Uebermangansäure« hinzugekommen sind. Die Beifügung dieser war hier nöthig, wo speciell von dem Verhältniss des Mangans zum Sauerstoff die Rede ist, dort aber handelte es sich bloss um die Nachweisung der Gesetzmässigkeit in den Verbindungen.

Bei der technischen Anwendung der Manganoxyde handelt es sich darum, aus denselben möglichst viel Sauerstoff mit möglichst wenig Aufwand an Säure zu scheiden, denn mit der Sauerstoffmenge steht die Menge Chlors, welche man erhält, im geraden Verhältniss. Da nun, wie wir gesehen haben, die Säuren nur in sofern den Sauerstoff aus den Manganoxyden frei machen, als sie das darin enthaltene Manganoxydul auflösen, so wird dasjenige Manganoxyd bei seiner Anwendung den Vorzug verdienen, welches am wenigsten Manganoxydul enthält. Nun besteht

Manganhyperoxyd № 23 S. 69 aus
1 M.G. Sauerstoff und
1 M.G. Manganoxydul,

Manganoxyd № 30 S. 85 aus
1 M.G. Sauerstoff und
2 M.G. Manganoxydul,

Manganoxydoxydul № 36 S. 90 aus
1 M.G. Sauerstoff und
3 M.G. Manganoxydul,

woraus unläugbar folgt, dass es am vortheilhaftesten ist, das Manganhyperoxyd anzuwenden, indem sein 1 M.G. Manganoxydul auch nur 1 M.G. Säure in Anspruch nimmt, um davon das 1 M.G. Sauerstoff abzuscheiden, indess bei Anwendung des Oxyds und Oxydoxyduls 2 und 3 M.G. Säure erfordert werden, um dieselbe Menge Sauerstoff zu erhalten.

Es kann also nicht vortheilhaft sein, was ein französischer Chemiker empfohlen hat: das Chlormangan, welches man bei der Chlorbereitung als Rückstand erhält, mit Kalk zu zerlegen, und das nach dem Auswaschen und Trocknen erhaltene Manganoxydoxydul wiederum anstatt des Braunsteins zur Chlorbereitung anzuwenden. 1 M.G. Salzsäure kostet mehr als 1 M.G. Braunstein, und hier sind noch 2 M.G. Säure mehr erforderlich, und durch Aufopferung dieser Säuremenge spart man nur 1 M.G. Braunstein.

Mangan und Schwefel.

Bis dahin ist es nicht gelungen, so vielfache Verbindungen des Schwefels mit dem Mangan darzustellen, als es Sauerstoffverbindungen giebt, höchstens lassen sich zwei unterscheiden.

Einfach-Schwefel-

37 mangan.

Das Einfach-Schwefelmangan entspricht dem Einfach - Sauerstoffmangan oder dem Manganoxydul № 13 S. 58 und entsteht, wenn der Sauerstoff des Letzteren gegen Schwefel ausgetauscht wird. Diess geschieht wenn man über erhitztes Manganoxydul Schwefelwasserstoffgas leitet. Der Wasserstoff des Gases verbindet sich hier mit dem Sauerstoff des Oxyduls zu Wasser, und der Schwefel bleibt mit dem Mangan vereinigt zurück.

Man erhält dieselbe Verbindung, wenn man schwefelsaures Manganoxydul mit $\frac{1}{6}$ Kohlenpulver heftig glüht. Die Kohle entsauerstofft hier gleichzeitig die Schwefelsäure und das Manganoxydul, und als Product bleibt Schwefelmangan, dem jedoch meistens Manganoxydul-Schwefelmangan beigemengt ist.

Diese Verbindung ist nicht sehr beständig, da sie an der Luft bald sich bräunt, wenn sie nicht wie № 37 durch einen elastischen Firniss geschützt ist. Das Mangan geht dabei in Oxydoxydul über. Schneller erfolgt diess beim Erhitzen, wobei der Schwefel zur schwefeligen Säure verbrennt und entweicht, und das Manganoxydoxydul mit der eigenthümlichen Farbennüanze von № 38 zurück bleibt. Es ist frei von Schwefelsäure und kann zu alledem gebraucht werden, wozu man vielleicht Manganoxydoxydul anzuwenden für zweckmässig erachten möchte.

Schwefelmangan

38 nach dem Verbrennen.

Von diesem Verhalten des Schwefelmangans liessen sich vielleicht technische Nutzanwendungen machen. Wenn man z. B. behufs des Wollebleichens schwefelige Säure oder ihre Verbindungen mit Alkalien im Grossen darstellt, so ist die wohlfeilste Methode Braunstein und Schwefel zu glühen, wie es (Einleitung etc. S. 166) angegeben ist. Hier bleibt ein Schwefelmangan zurück, das an der Luft oder im Schwefelsäureofen erhitzt, unter Entweichung von schwefeliger Säure (welche in die Schwefelsäure-Kammern geleitet wird) zu Manganoxydoxydul verbrennt, das nun anstatt des Braunsteins zur Darstellung der schwefeligen Säure dienen kann. Wird der Rückstand wieder verbrannt, so erhält man wieder dasselbe Oxydoxydul zu demselben Zweck u. s. w.

Das Schwefelmangan wird durch kohlensaures Natron nicht zerlegt. Diess Verhalten kommt den Natronfabrikanten zu Statten, welche Chlorrückstände auf Natron verarbeiten. Sie ersparen sich die Mühe, das schwefelsaure Manganoxydul vom schwefelsauren Natron durch Auflösen und Krystallisation zu scheiden, indem sie den ganzen Rückstand mit Kohle und Kalk gerade so im Sodaofen behandeln, wie es (Einl. etc. S. 455) beschrieben ist. Beim Auflösen der geschmolzenen Masse in Wasser bleibt alsdann das Schwefelmangan mit dem Schwefelkalium und den übrigen unlöslichen Theilen zurück.

So recht vortheilhaft will mir jedoch diese Procedur darum nicht scheinen, weil der Aufwand an Kohlenpulver sowohl als an Brennmaterial doppelt so gross ist, als bei der Zerlegung von schwefelsaurem Natron allein. Das schwefelsaure Manganoxydul muss ja gleichzeitig mit zerlegt werden, und vermehrt unnützerweise die Masse im Ofen, ohne ein werthvolles Produkt zu geben.

Mit Wasser verbindet sich das Schwefelmangan zum fleischfarbenen Hydrat, welches bereits S. 66 № 19 vorgekommen ist.

Ein andres Schwefelmangan erhält man durch gelindes Glühen von gleichen Gewichtsmengen Braunstein, kohlensaurem Kali und Schwefel. Nach dem Auswaschen der geschmolzenen Masse mit Wasser bleibt ein braunes Pulver, welches in einer Glasröhre erhitzt, unter Entwickelung von Schwefel zu grünem Einfach-Schwefelmangan № 37 S. 95 wird.

Mangan und Chlor.

Mangan und Chlor haben keine solche Anziehung zu einander, wie Mangan und Sauerstoff. Daher giebt es nicht so viele Chlorverbindungsstufen, als es Sauerstoffverbindungsstufen des Mangans giebt. Es ist bis jetzt nur gelungen zwei darzustellen, das Einfach- und das Anderthalb-Chlormangan, die man auch mit den Namen Manganchlorür und Manganchlorid belegt hat.

Einfach-Chlormangan.

Es entspricht in seiner Zusammensetzung dem Einfach-Sauerstoffmangan, oder dem Manganoxydul. Daher entsteht aus diesem jenes, wenn 1 M.G. Chlor gegen 1 M.G. Sauerstoff ausgetauscht wird. Diess wird mit Hülfe der Chlorwasserstoffsäure bewirkt. Sättigt man diese Säure mit kohlensaurem Manganoxydul, so wird die Kohlensäure ausgetrieben und das Manganoxydul in der Art zersetzt, dass sich sein Sauerstoff mit dem Wasserstoff der Chlorwasserstoffsäure zu Wasser vereinigt, und das entsauerstoffte Mangan sich mit dem entwasserstofften Chlor zu Chlormangan vereinigt, das nach dem Abdampfen der Auflösung und Erhitzen beim Ausschluss der Luft als rosenrothe Masse zurückbleibt. Es besteht demnach aus

1 M.G. oder 28,5 Pfund Mangan und

1 M.G. oder 35,4 Pfund Chlor

und hat die Zahl 63,9 zu seinem M.G.

Das Chlormangan zerfliesst an der Luft, indem es Wasser anzieht. Es ist daher in allen Verhältnissen in Wasser auflöslich.

Gewöhnlich gewinnt man es als Nebenprodukt. Wird nämlich Braunstein mit Salzsäure behufs der Chlorbereitung in einer Retorte so lange erhitzt, bis bei einem Ueberschuss an Braunstein sich kein Chlor mehr entwickelt, so enthält der Rückstand Chlormangan, das man durch Wasser von dem Unauflöslichen trennt.

Dieses Chlormangan ist eisenhaltig, aber zu technischen Zwecken, besonders zum Färben sehr brauchbar, um damit Manganbister № 34 S. 88 darzustellen. Es passt dazu besser als der Manganvitriol S. 65, weil sich der Kattun gleichförmiger damit beizen lässt.

Soll es jedoch dazu verwendet werden, chemisch reine Manganpräparate darzustellen, so muss es zuvor von den fremden Metallen gereinigt werden, welche es gewöhnlich enthält. In Folgendem wird man dafür die Richtschnur finden.

Die wässrige Auflösung des reinen Chlormangans erleidet durch Kochen keine Veränderung. Ist es dagegen mit Chloreisen verunreinigt, so erscheinen sehr bald gelbbraune Flocken von Eisenoxyd, so dass bei einem längern Kochen sehr kleiner Portionen alles Chloreisen zerlegt und das Mangansalz eisenfrei wird. Um diess im Grossen vollständig zu erreichen, ist es nöthig, dass die Auflösung keine freie Säure enthalte, die aber bei Abscheidung des Eisenoxyds immer entsteht. Daher setzt man während des Kochens von Zeit zu Zeit kohlensaures Natron hinzu, oder was noch besser ist, kohlensaures Manganoxydul.

Schüttelt man eine lauwarme Auflösung von reinem Chlormangan mit kohlensaurem Kalk, so erfolgt keine Veränderung oder Zerlegung. Wenn man jedoch diesen Versuch mit einem im Grossen dargestellten Chlormangan anstellt, so wird man das Gegentheil bemerken, und den kohlensauren Kalk sich gelb oder gelbbraun färben sehen, indess die vorher gelbliche Flüssigkeit nach der Klärung farblos erscheint. Nun bringt frischer kohlensaurer Kalk keine Veränderung mehr hervor. Der Grund dieser Erscheinung war eine Verunreinigung des Chlormangans mit Anderthalb-Chloreisen, welches von kohlensaurem Kalk zerlegt wird, unter Abscheidung von Eisenoxyd. Da er das Eisen vollständig abscheidet, so benutzt man dieses wohlfeile Mittel, bei welchem das Kochen erspart wird, Chlormangan eisenfrei zu machen. Zu bemerken ist jedoch, dass gleichzeitig eine entsprechende Menge Kalk aufgenommen wird.

Die bereits erwähnte Wirkungslosigkeit des

kohlensauren Kalks auf Chlormanganauflösung lässt die Behauptung eines französischen Chemikers sehr bezweifeln, nach welcher Chlormangan anstatt der Salzsäure zur Zerlegung der Knochen dienen soll (Einleitung etc. S. 295). Er führt als Thatsache an, dass innerhalb 25 — 30 Tagen der phosphorsaure Kalk aufgelöst sei, mit Hinterlassung der Gallerte. Ich habe es kalt und warm versucht, aber vergebens. Diese Angabe muss also auf Täuschung beruhen. Vielleicht war das Chlormangan nicht neutral, so dass die freie Säure die Auflösung bewirkte.

Chlormangan bleibt im Wasserstoffgas geglüht unverändert, indess andere Chlormetalle z. B. Chlorkobalt unter Chlorwasserstoffgasentwickelung zu Metall reduzirt werden. Diess benutzt man, um Kobalt von Mangan zu reinigen.

Schwefelwasserstoff - Ammoniak fällt aus Chlormanganauflösung Schwefelmanganhydrat, welches anfangs fleischfarben und später nach dem Trocknen so gefärbt erscheint, wie es hier zu sehen ist. Diese Verbindung ist für denjenigen interessant, welcher bei einer Analyse Manganoxydul von Kalk und Bittererde trennen will. Die Auflösung beider in Chlorwasserstoffsäure wird alsdann mit so viel Salmiak versetzt, dass Ammoniak keinen Niederschlag mehr macht. Nun fügt man Schwefelwas-

Chlormangan und Schwefel-

39. Wasserstoff-Ammoniak.

serstoff-Ammoniak so lange hinzu, als noch von № 39 niedergeschlagen wird. Die Mutterlauge enthält alsdann die Bittererde frei von Mangan.

Durch Schwefelsäure wird das Chlormangan sehr leicht zersetzt. Es entsteht schwefelsaures Manganoxydul, und Chlorwasserstoffsäure scheidet sich ab. Diess Verhalten ist für solche Chlorfabrikanten wichtig, die sich zur Chlorbereitung der Salzsäure und des Braunsteins bedienen. Sie erhalten Chlormangan als Rückstand, dessen sie sich gerade so wie des Kochsalzes zur Darstellung der Salzsäure bedienen können, ohne wie bei diesem Salze genöthigt zu sein, 2 M.G. Schwefelsäure anzuwenden; das Chlormangan wird schon durch 1 M.G. Schwefelsäure vollständig zersetzt.

Da es sich hier aber nicht um die Darstellung der Salzsäure, sondern nur um die des Chlors aus der Salzsäure handelt, so kann man die Bildung des Chlors mit der Zersetzung des Chlormangans vereinigen, indem man

1 M.G. Schwefelsäure,
1 M.G. Salzsäure mit
1 M.G. Braunstein

in den Chlorentwickelungsapparat bringt, und wie sonst verfährt. Hier wird alle Salzsäure in Chlor verwandelt, und schwefelsaures Manganoxydul bleibt zurück.

Da man bei diesem Process recht gut eine bloss in Blei abgedampfte Schwefelsäure anwenden kann, und eben so ganz gewöhnliche Salzsäure, so muss wegen der veränderlichen Stärke dieser Säuren ihr M.G. mittelst Marmor bestimmt werden. (Vergl. Einleitung etc. 1836 S. 191 und S. 288.)

Die zweite Chlorverbindungsstufe des Mangans ist für meine Leser von einem geringeren Interesse als die erste. Man nennt sie Manganchlorid und stellt sie dar, dass man in eine kalte Auflösung von Chlormangan Chlorgas strömen lässt. Ihrer Zusammensetzung nach muss sie Anderthalb-Chlormangan heissen, entsprechend dem Anderthalb-Säurestoffmangan oder Manganoxyd. Daher fällt kohlensaures Kali dieses aus der Auflösung im Hydratzustande, indess es aus dem Einfach-Chlormangan kohlensaures Oxydul niederschlägt wie es hier nebeneinander

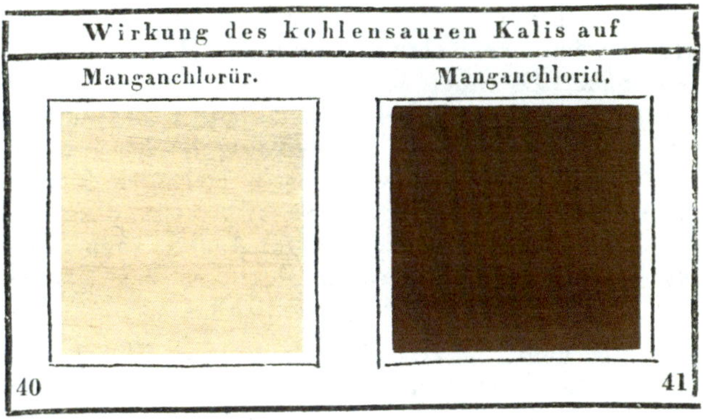

gestellt ist.

Auch durch zweifach kohlensaures Kali ist das Manganchlorid vollständig zerlegbar, indem auch Manganoxydhydrat niedergeschlagen wird. Diess Verhalten benutzt man bei chemischen Analysen, um Manganoxydul von Bittererde zu trennen.

Man löst beide in Chlorwasserstoffsäure auf und lässt Chlorgas im Uebermass einströmen. Es bildet sich nun Manganchlorid, das durch zweifach kohlensaures Kali vollständig zerlegt wird, indem

№ 41 oder Manganoxydhydrat niederfällt. Die Bittererde dagegen bleibt aufgelöst.

Bei der Entwickelung des Chlorgases geht sehr häufig Anderthalb-Chlormangan mit über. Oft ist diess sehr bedeutend, wie man sich dadurch überzeugen kann, dass man in dem Raum, worin das Chlorgas tritt, ein Gefäss mit Wasser anbringt. In diesem sammelt sich ein braunes Pulver, welches Manganoxyd ist, entstanden durch Zersetzung des mit übergegangenen Chlormangans. Beim Bleichen von Lumpen mit Chlorgas kann diess zu Färbungen Veranlassung geben.

Es ist noch nicht ermittelt, welche Rolle das Mangan im Vegetationsprocess der Pflanzen spielen mag. Es übt, im oxydirten Zustande dem Boden beigemengt, keine nachtheilige Wirkungen auf die Pflanzen aus. Es wird vielmehr von ihnen aufgenommen, aber in sehr geringer Menge. Diese Aufnahme ist jedoch so allgemein, dass fast alle Pflanzen eine manganhaltige Asche geben. Hier ist das Mangan ein treuer Begleiter des Eisens, das auch fast in keiner Asche fehlt.

Mit dem Thierreich scheint das Mangan in keiner Beziehung zu stehen. Es gehört zu den wenigen Metallen, die in geringer Menge keine auffallend schädliche Wirkungen auf den thierischen Organismus ausüben, und stellt sich dadurch dem Eisen an die Seite.

Welche Bedeutung dieses Metall für die thierische Ernährung haben mag, wissen wir nicht, es ist aber auffallend, dass es einen Bestandtheil der Knochen und der Zähne ausmacht.

Die Manganoxydulsalze äussern specifische Wirkungen auf die Leber, die der Arzt zu studiren um so mehr Ursache hat, da ihm bei der Krankheit dieses Organs noch so viele Heilmittel fehlen.

Vom Chrom und seinen Verbindungen.

Das Chrommetall, welches, wie Mangan, nie gediegen, sondern nur im oxydirten Zustande im Mineralreich vorkommt, interessirt uns nicht als solches; vielmehr sind es seine Verbindungen mit Sauerstoff und anderen Stoffen, denen es auf eine, wie wir sehen werden, sehr auffallende Weise seine chemischen Eigenthümlichkeiten einprägt.

Sibirisch rothes

42 Bleierz.

Es wurde von seinem Entdecker zuerst in dem schönen Mineral, dem sibirischen rothen Bleierz, dessen Strichpulver ich hier unter № 42 beifüge, aufgefunden und seinem allgemeinen chemischen Verhalten nach untersucht, das ihm, wegen der viel und schönfarbigen Verbindungen, welche es bildet, den Namen Chrom, von *chroma*: Farbe, zuzog.

Chromeisen-

43 stein.

Sehr lange Zeit war es bloss ein Gegenstand von rein wissenschaftlichem Interesse, bis man endlich so glücklich war, im Chromeisenstein dasselbe Metall und jenen so reichlich aufzufinden, dass eine technische Bearbeitung zulässig wurde. Jetzt begann die Darstellung der Chromsäure im Grossen und vervollkommnete sich so schnell, dass die beiden Salze, welche sie mit Kali bildet, zu äusserst wohlfeilen Preisen im Handel zu haben sind.

Das Chrommetall hat ein Mischungsgewicht = 28, d. h. die Zahl 28 drückt das Verhältniss aus, in welchem sich das Chrom mit einem oder mehreren Mischungsgewichten von andern Stoffen verbindet. Die Beispiele, welche im Folgenden vorkommen, werden diess bestätigen.

Erhitzt man Chlorchrom in einer Glasröhre, und treibt gleichzeitig einen Strom von Ammoniakgas darüber, so erfolgt eine Zersetzung. Es bildet sich nämlich Salmiak und Stickgas, und das vom Chlor befreite Chrom bleibt in Form eines braunen Pulvers zurück. Es ist für die chemische Technik noch ohne Interesse.

Chrom und Sauerstoff.

Chrom und Mangan zeigen so manche Aehnlichkeiten in ihren einzelnen Verbindungen, dass die Abweichungen, welche sie in ihrem allgemeinen Verhalten zum Sauerstoff offenbaren, besonders merkwürdig erscheinen müssen.

Das Mangan hat 6 Sauerstoffungsstufen, das Chrom nur 3, und von diesen nur zwei mit dem Mangan gemein, nämlich: die Chromsäure, welche der Mangansäure № 28 S. 80, und das grüne Chromoxyd, welches dem schwarzen Manganoxyd № 30 S. 85 entsprechend zusammengesetzt ist. Von einer dem Manganoxydul № 13 S. 58 und dem Manganhyperoxyd № 23 S. 69 entsprechenden Verbindung ist beim Chrom nicht die Rede, wenigstens ist es noch nicht gelungen, diese Uebergänge, die doch auch da sein müssen, im isolirten Zustande abzuscheiden.

Auch giebt es weder ein Chromoxydoxydul, noch eine Ueberchromsäure wie beim Mangan; dagegen aber etwas Neues: das *chromsaure Chromoxyd*, womit alsdann die Endschaft erreicht ist.

Ich beginne hier mit der Chromsäure, weil sie mit ihren ausgezeichneten chemischen Eigenschaften den Hauptrepräsentanten der Chromverbindungen bildet, und man erst Chromsäure haben muss, ehe man auf practischem Wege zum Chromoxyd gelangen kann.

Chromsäure.

Die Bildung der Chromsäure entspricht der der Mangansäure; sie erfolgt nur durch die säurende Anforderung starker Basen. Daher bildet sich durch Glühen von Baryt mit Chromoxyd ebenso ein *chromsaurer Baryt* № 44, als sich durch Glühen von Manganoxyd mit Baryt ein *mangansaurer Baryt* № 28 S. 80 bildet. Es wird hierbei ebenfalls so viel Sauerstoff aus der Luft aufgenommen, als zur Säuerung des Chromoxyds erforderlich ist, oder wenn man Baryt anwendet in Verbindung mit Salpetersäure, so giebt diese den Sauerstoff her.

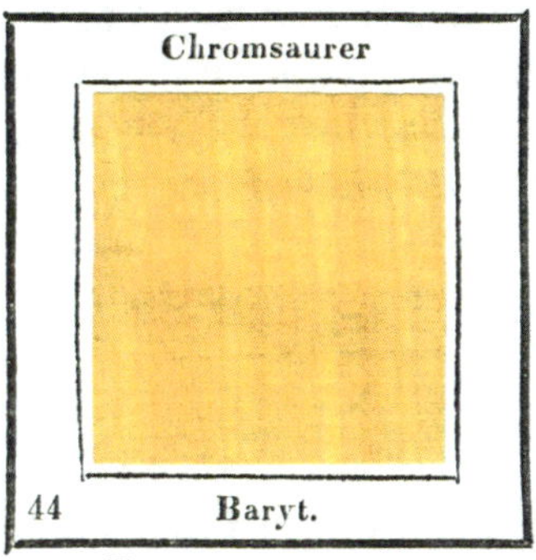

Durch eine etwas weitläufige Procedur kann aus dieser Verbindung die Chromsäure in Gestalt einer dunkelrothen Masse abgeschieden werden, die an feuchter Luft zerfliesst. Da sie jedoch in dieser Form keine Anwendung findet, so übergehe ich die nähere Angabe davon und ersuche nur meine Leser sich zu merken, dass die Chromsäure ein Dreifach-Sauerstoffchrom ist, da sie nach genauen chemischen Untersuchungen aus

1 M.G. oder 28 Pfund Chrom und

3 M.G. oder 24 Pfund Sauerstoff besteht und mit einem M.G. = 52 sich mit den Basen zu chromsauren Salzen vereinigt.

Die eben beschriebene Bildungsweise der Chromsäure benutzt man jedoch nicht im Grossen zu ihrer Darstellung. Der chromsaure Baryt ist im Wasser unauflöslich, also untauglich zu den meisten Anwendungsarten. Ferner ist das reine Chromoxyd nicht zu haben und das unreine, welches als Chromeisenstein vorkommt, muss wegen des darin enthaltenen Eisenoxyduls mit einer Basis behandelt werden, welche ein auflösliches chromsaures Salz giebt. Diese Basis ist das Kali in der Pottasche.

Da aber die Pottasche selbst keinen Sauerstoff an das Chromoxyd abgeben, und man im Grossen den Zutritt der Luft nicht so begünstigen kann, wie es erforderlich ist, so setzt man auf

12 Centner Chromeisenstein und

3 Centner Pottasche

1 Centner Salpeter

hinzu, mengt alles wohl durch einander und füllt es in verglühte Töpfe und brennt diese in einem

Töpferofen, wo ein Topf über dem andern gestellt ist und die Zwischenräume mit Koks ausgefüllt sind.

Es gehört auch hier, wie bei allen Arbeiten im Grossen, eine lange Uebung und viele Erfahrung dazu, bis man dahin gelangt, alle Verhältnisse auszumitteln, die ein immer sich wiederholendes, vortheilhaftes Gelingen des Prozesses bedingen. Vorzüglich kommt es auf den Hitzgrad und die Zeit des Glühens an, und dann besonders auf den Gehalt des Chromeisensteins an Chromoxyd. Da derselbe viel fremde Beimengungen, besonders Thon- und Kieselerde enthalten kann, so muss er zuvor gepocht und geschlemmt werden. Die leichteren Thon- und Kieseltheile werden alsdann entfernt, und das schwerere Chromoxyd-Eisenoxydul bleibt zurück. Versäumt man dieses Schlemmen, so erleidet man grossen Verlust, da das Kali sich mit jenen Erden zu unauflöslichen Verbindungen vereinigt.

Das Product der Auslaugung des wohl gebrannten Gemenges ist eine gelbgefärbte Flüssigkeit, die ausser dem chromsauren Kali besonders kohlensaures Kali enthält. Sie wird bis zur sich bildenden Salzhaut abgedampft, und hierauf der Krystallisation überlassen. Es schiesst einfach-chromsaures Kali an, welches gut abgewaschen wird, um die Mutterlauge zu entfernen.

Es ist bei diesem Fabrikationszweige sehr darauf zu sehen, dass man einen recht reichhaltigen Chromeisenstein verarbeite. Dieser ist der amerikanische, der schlesische enthält beträchtlich weniger Chrom. Am zweckmässigsten bleibt es jedoch, dem Namen nicht zu trauen, sondern das im Handel vorkommende Erz einer Prüfung zu unterwerfen. Es geschieht durch Glühen eines innigen Gemenges von

1000 Gran Chromeisenstein mit
500 Gran Salpeter

in einem irdenen Tiegel. Man kocht alsdann die geglühte Masse zu wiederholten Malen mit Wasser aus, dampft die zusammengegossenen Laugen etwas ab, und setzt so lange Essigsäure hinzu, bis das Aufbrausen aufhört und die gelbe Flüssigkeit eine rothgelbe Farbe annimmt. Das sich hierbei Abscheidende (Kiesel- oder Thonerde) trennt man durch ein Filter und verdunstet die Flüssigkeit so weit bis dass sie krystallisirt. Es schiesst rothes chromsaures Kali an, nach dessen Menge die Güte des Chromeisensteins geschätzt wird.

Behandelt man den Rückstand von der geglühten ausgekochten Masse noch einmal auf dieselbe Weise, indem man ihn noch mit 250 Gran Salpeter schmelzt, auslaugt u. s. w., so erhält man noch etwas chromsaures Kali. Ein Beweis, dass der Chromeisenstein nicht auf einmal zu erschöpfen ist. Dieser Rückhalt an Chrom muss aber vom Fabrikanten unberücksichtigt bleiben, weil er ihn auch im Grossen nicht herausbringt, also als für ihn nicht daseiend betrachtet werden kann.

Chromsaures Kali.

Es giebt ein einfach- und ein zweifach-chromsaures Kali, die sich durch den verschiedenen Gehalt an Chromsäure unterscheiden. Das einfach-chromsaure Kali besteht nämlich aus

1 M.G. oder 47,2 Pfund Kali und
1 M.G. oder 52,0 Pfund Chromsäure,

hat also die Zahl 99,2 zum Mischungsgewicht und besitzt eine hellgelbe Farbe, ungefähr wie die des chromsauren Baryts № 44 S. 107. Es ist jetzt fast gänzlich aus dem Handel verdrängt worden durch das zweifach chromsaure Kali, welches aus

1 M.G. oder 47,2 Kali und
2 M.G. oder 104,0 Chromsäure besteht

und die Zahl 151,2 zum Mischungsgewicht hat. Diess hat eine fast rothe Farbe, ähnlich der des halbchromsauren Bleioxyds № 69.

Da man beide Salze nur um der Chromsäure willen kauft und anwendet, und die Menge Chromsäure in

198 Pfund einfach-chromsaurem Kali nicht
grösser ist, als in
151 Pfund zweifach-chromsaurem Kali,

so ist es schon aus diesem Grunde vortheilhafter, das zweifachsaure oder rothe Salz zu kaufen. Bei der Anwendung, besonders zum Färben, ergiebt sich aber noch ein anderer Vortheil. Will man nämlich Chromgelb auf Kattun darstellen, so ist das Kali des Chromsalzes ein Hinderniss, und es muss durch eine andere Säure unwirksam gemacht werden, wenn die Chromsäure frei werden und ihre Wirkung thun soll. Nun enthält aber nach obigem, bei gleicher Menge Chromsäure, das gelbe Salz noch einmal so viel Kali als das rothe, daher gebraucht man auch noch einmal so viel Säure, um jenes gleich diesem zum Färben geschickt zu machen. Wenn also der Preis des rothen Salzes nur einigermassen mit dem des gelben im Verhältniss steht, ist es vortheilhafter jenes zu kaufen.

Auch wird es selbst im Fall, wo man einfach-chromsaures Kali anwendet, wie z. B. beim Orangefärben, vortheilhaft sein, zweifach-chromsaures Kali zu kaufen und es durch ein M.G. kohlensaures Natron in neutrales oder einfach-saures zu verwandeln, indem man in eine Auflösung von

151 Pfund zweifach-chromsaurem Kali

143 Pfund krystallisirtes kohlensaures Natron

nach und nach, unter gleichzeitiger Erwärmung, einträgt. Das Natron verbindet sich alsdann mit der Chromsäure, und die Kohlensäure entweicht unter Aufbrausen. Da das Natron hier dem Kali ganz gleich wirkt, so ziehe ich diess der Pottasche vor, weil es reiner und von einem bestimmteren Alkaligehalt zu haben ist.

Ist dagegen das Salz für den Handel bestimmt, so muss Kali zum Sättigen angewendet werden. Dieser Fall wird aber selten eintreten, indem der Fabrikant ohnehin zuerst sein Salz aus einer Lauge mit Kaliüberschuss erhält.

Für den Chromsalz-Fabrikanten ist hier noch zu bemerken, dass eine völlig neutrale chromsaure Kaliauflösung nach dem Abdampfen bis zur Salzhaut, kein neutrales oder einfachsaures Salz liefert, sondern die Auflösung zerfällt in saures und basisches Salz. Daher erhält man zuerst rothe Krystalle von zweifach-chromsaurem Kali, und hernach erscheinen gelbe des einfachsauren Salzes. Die Mutterlauge enthält nun so viel Kali, als den rothen Krystallen fehlt, um in neutrales, einfach-chromsaures Kali verwandelt zu werden. Ein Reinigen des gelben Salzes von der Mutterlauge durch Umkrystallisiren ist also nicht möglich.

Das Verhalten der Chromsäure gegen andere Stoffe und die daraus herfliessenden Nutzanwendungen lassen sich am besten am zweifach-chromsauren Kali betrachten, ich führe sie daher jetzt an, ehe ich zu der Beschreibung der andern chromsauren Salze übergehe.

Wo die Chromsäure keine Verbindungen eingeht, wird sie in ihre Bestandtheile zerlegt. Die Fälle, wo dies geschieht, sind sehr häufig, und das Produkt ist, je nach den aufeinander wirkenden Körpern verschieden. Sie selbst verliert dabei immer nur so viel Sauerstoff, dass sie in das grüne Chromoxyd übergeht, und dieses wird alsdann entweder 1) rein, oder 2) in Verbindung mit Wasser, oder 3) in Verbindung mit Säuren, oder 4) mit einem andern Oxyd erhalten.

Chromsaures Kali

45. und Salmiak.

Ein Fall der ersteren Art, wo man durch Entsauerstoffung der Chromsäure das *reine grüne Chromoxyd* erhält, tritt ein, wenn sie an Kali gebunden mit chlorwasserstoffsaurem Ammoniak oder Salmiak in der Glühhitze zusammentrifft. Es entsteht hier anfangs durch Austausch der Bestandtheile Chlorkalium und *chromsaures Ammoniak*. Dieses Salz wird nun beim ferneren Erhitzen zersetzt. Der Wasserstoff des Ammoniaks entsauerstofft alsdann die Chromsäure zum Chromoxyd, unter Bildung von Wasser und Entwickelung von Stickgas.

Auf diesem Zersetzungsprocess beruht eine vortheilhafte Darstellungsweise des Chromoxyds zur Porzellan- und Oelmalerei. Man bewerkstelligt sie durch inniges Vermengen von

2 Pfund einfach-chromsaurem Kali mit
3 Pfund Salmiak

und Glühen in einem irdenen Tiegel. Das Chlorkalium, womit das Product hier gemengt ist, kann sehr leicht durch Auswaschen mit Wasser entfernt werden.

Anstatt des einfach-chromsauren Kalis ist es vortheilhafter zweifach-chromsaures anzuwenden, man ist alsdann aber genöthigt, Pottasche hinzuzusetzen und zwar in dem Verhältniss, dass auf

2 Pfund zweifach-chromsaures Kali und
3 Pfund Salmiak,
2 Pfund Pottasche

kommen.

Der zweite Fall, wo aus Chromsäure Chromoxyd in Verbindung mit Wasser oder Chromoxydhydrat gebildet wird, tritt ein, wenn der Schwefel, auf nassem Wege, der Chromsäure Sauerstoff entzieht. Diess erfolgt z. B. wenn man in eine siedende Auflösung von einfach-chromsaurem Kali eine Auflösung von Fünffach-Schwefelkalium giesst.

Chromsaures Kali und

46 5fach Schwefelkalium.

Es scheidet sich sogleich № 46 ab. Hierbei geht, wie gesagt, die Chromsäure durch Sauerstoffverlust in Chromoxyd über, und dagegen der Schwefel durch Sauerstoffaufnahme in Schwefelsäure, welche vom Kali aufgenommen als schwefelsaures Kali in der Mutterlauge bleibt.

Dieselbe Zersetzung erfolgt, wenn man chromsaures Kali in Kalilauge auflöst, und unter dem Sieden dieser Auflösung nach und nach Schwefel hinzusetzt. Hier bildet sich 5fach Schwefelkalium welches so wirkt, wie es oben beschrieben.

Wenn man das geglühte Gemenge von Chromeisenstein, Salpeter und Pottasche (vergl. S. 109) mit Wasser auslaugt, so erhält man eine kalihaltige Auflösung von chromsaurem Kali. Auch diese kann durch Kochen mit Schwefel zerlegt werden, und man bekommt solchergestalt das Chromoxydhydrat auf die möglichst wohlfeilste Weise.

Kommt eine Säure mit der Chromsäure in Wechselwirkung, die leicht Sauerstoff aufnimmt, wie z. B. die schwefelige Säure, so erfolgt eine recht interressante Zersetzung und Umänderung des chemischen Charakters. Die schwefelige Säure wird zur vollkommenen, zur Schwefelsäure, indess die Chromsäure umgekehrt aufhört, Säure zu sein, und sich in eine Basis verwandelt, nämlich in das grüne Chromoxyd, die dann beide sich vereinigen und schwefelsaures Chromoxyd bilden.

Stellt man diesen Versuch mit zweifach-chromsaurem Kali an, dem zur Abscheidung des Kali 1 M.G. Schwefelsäure zugefügt worden, so verwandeln sich mittelst der schwefeligen Säure

2 M.G. oder 101 Gran Chromsäure in:
1 M.G. oder 80 Gran Chromoxyd, wodurch aus der schwefeligen Säure
3 M.G. oder 120 Gran Schwefelsäure

entstehen, also gerade so viel als erfordert wird, um 1 M.G. oder 80 Gran Chromoxyd zu sättigen, so dass also alles neutral bleibt.

Fast noch kräftiger als schwefelige Säure wirken organische Stoffe, besonders **Weingeist**, wenn sie im Verein mit Schwefelsäure auf die Chromsäure einwirken. Reibt man in einer Reibschale

1 M.G. oder 151 Gran zweifach-chromsaures Kali mit einem noch etwas warmen Gemisch
von 2 M.G. oder 98 Gran Schwefelsäure mit
300 Gran Wasser, und fügt alsdann eine sorgfältig bereitete Mischung von
2 M.G. oder 98 Gran Schwefelsäure mit
100 Gran starkem Weingeist

nach und nach hinzu, so tritt ein starkes Aufbrausen ein, und die Farbe geht vom rothgelben ins Braune über, bis sie zuletzt dunkelgrün erscheint. Die Erhizzung steigt hierbei bis zum Sieden und wenn man anstatt mit Granen, mit Lothen oder Pfunden arbeitet, muss

Chromsaures Kali mit

47 Weingeist u. Schwefelsäure

man sehr vorsichtig mit dem Zusetzen des Gemisches von Schwefelsäure mit Weingeist verfahren, weil sonst alles überbrausen und umherspritzen kann.

Im flüssigen Zustande ist diese Verbindung, welche auf

1 M.G. oder 80 Gran Chromoxyd
3 M.G. oder 120 Gran Schwefelsäure,
und ausserdem noch
1 M.G. oder 87,2 Gran schwefelsaures Kali

enthält, von ausnehmend schöner grüner Farbe und deshalb mag man sie als grüne Dinte empfohlen haben. Allein sie taugt hierzu nicht. Sie ist sehr klebrig, trocknet schwierig und hat, was das schlimmste ist, nach dem Trocknen nicht Lustre genug, wie № 47 hinlänglich beweist.

Sehr interressant ist auch die Wechselwirkung zwischen der Chromsäure und der Weinsteinsäure. Legt man neben einen Krystall von zweifach chromsaurem Kali einen Weinsteinsäurekrystall, und übergiesst beide mit Wasser, so erfolgt bei der geringsten Erwärmung ein Aufsteigen von Gasblasen. Diese sind Kohlensäure, gebildet aus dem Kohlenstoff der Weinsteinsäure und dem Sauerstoff der Chromsäure. Die letztere geht dabei zugleich, wie bei allen bereits erwähnten Zersetzungsversuchen, in Chromoxyd über, das anfangs mit Chromsäure verbunden braun erscheint, hernach aber, wenn man das Erwärmen fortsetzt, mit der Farbe von № 48 auftritt, die, wie man sieht, sehr von № 47 S. 116 in der Schönheit abweicht. — Die Farbe ist aber nur dann so abweichend und dunkel, wenn man auf

Chromsaures Kali

48 und Weinsteinsäure.

6 Loth zweifach-chromsaures Kali nur
9 Loth Weinsteinsäure

nimmt und so lange kocht, bis alles Aufbrausen aufgehört hat. Vermehrt man aber die Säure um das Doppelte, so nähert sich, wenn die wechselseitige Einwirkung aufgehört hat, die Farbe der Flüssigkeit der von № 47 S. 116.

Verdünnt man etwas von dieser Flüssigkeit mit Wasser, und fügt einige Tropfen Chlorbariumauflösung hinzu, so erfolgt eine schwache Trübung und Niedersohlag, die aber auf Zusatz von wenig Salpetersäure sogleich wieder verschwinden. Ist der Niederschlag bedeutender und findet kein Wiederauflösen durch Salpetersäure statt, so folgt daraus, dass das Chromsalz nicht rein, sondern mit schwefelsauren Salzen verfälscht war. Diese Verfälschung kann sich beim einfachchromsauren Kali sehr leicht ereignen, da es sich mit schwefelsaurem Kali zu einem Doppelsalz vereinigt, welches 56 o/o von letzterem enthält, und welches jetzt öfter im Handel vorkommt. Einen Gehalt an Chlormetallen kann man gleichfalls in dieser Flüssigkeit durch Silberauflösung entdecken.

Behufs dieser Chromsalzprobe ist es durchaus nöthig, das Salz mit so viel Weinsteinsäure, wie oben angegeben, zu kochen, sonst bleibt etwas Chromsäure unzersetzt, die schon für sich Baryt und Silberoxyd fällen würde.

Eine Zersetzung und neue Vereinigung ganz eigenthümlicher Art erfolgt, wenn Chromsäure und Eisenoxydul unter günstigen Umständen zusammen kommen. Die Chromsäure tritt dann an das Eisenoxydul so viel Sauerstoff ab, dass es selbst zu

Anderthalb-Sauerstoffchrom oder grünem Chromoxyd wird, und ebenfalls gleichzeitig sich das Eisenoxydul in Anderthalb-Sauerstoffeisen oder rothes Eisenoxyd verwandelt, die nun als zwei sich in ihrer Zusammensetzung entsprechende Sauerstoffmetalle zu einer neuen Verbindung zusammentreten.

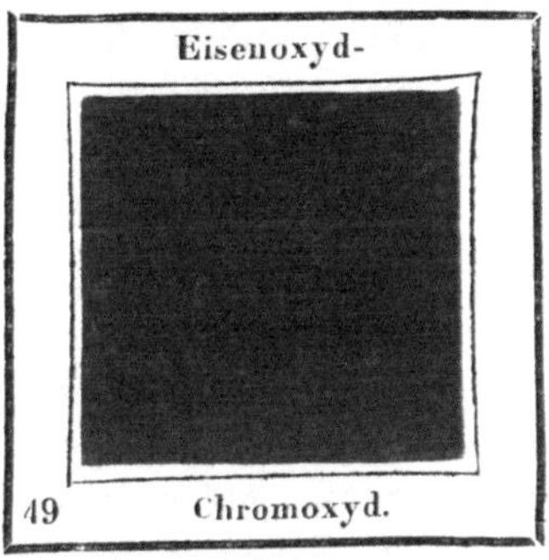

Man stellt dieselbe dar, wenn man die Auflösungen von 1 M.G. oder 129 Loth schwefelsauren Eisenoxyduls mit 1 M.G. oder 99 Loth einfach chromsaurem Kali zusammenmischt und den erhaltenen Niederschlag gut auswäscht. Die Schwefelsäure des Eisensalzes vereinigt sich hier zuerst mit dem Kali des Chromsalzes, dadurch werden Eisenoxydul und Chromsäure in nähere Berührung und Wechselwirkung gebracht, und die oben erwähnte Vertheilung des Sauerstoffs und die Vereinigung der Producte zu № 49 ist die Folge davon.

Der Beweis, dass diese Ansicht die richtige ist, dass also diese Verbindung weder Chromsäure noch Eisenoxydul enthält, lässt sich dadurch führen, dass man durch Erhitzen mit Kaliauflösung keine Chromsäure ausziehen kann, was im Gegentheil bei allen unauflöslichen Verbindungen, welche Chromsäure enthalten, der Fall ist.

Legt man in eine Auflösung von Einfach-Chlormangan die gelben Krystalle des Einfach-

Chromsaures Kali

50 und Chlormangan

chromsauren Kali, so überziehen sie sich alsbald mit einer braunen Haut und verwandeln sich nach und nach in das Pulver № 50, welches Chromsäure, Chromoxyd und Manganoxyd enthält, und durch eine theilweise Wechselzersetzung des Manganoxyduls und der Chromsäure entsteht.

Frisch gefälltes, bereits an der Luft etwas gebräuntes Manganoxydulhydrat erleidet mit chromsaurem Kali dieselbe Veränderung, daher ist das letztere ein gutes Mittel, dem Manganbister auf dem Kattun mehr die Nüanze von № 50 zu geben,

Dagegen erfolgt keine Veränderung, wenn man die Krystalle von zweifach-chromsaurem Kali mit Einfach-Chlormanganauflösung übergiesst. Es bildet sich eine rothe Auflösung, die noch nach 12 Stunden klar und von derselben Farbe ist, wie zuvor. Es ist demnach keine Zersetzung vor sich gegangen. Durch Zusatz von einem Alkali, z. B. Ammoniak, kann man dieselbe jedoch sogleich einleiten. Es entsteht nämlich auf der Stelle ein brauner Niederschlag, und zwar durch eine chemische Wechselwirkung zwischen Manganoxydul und Chromsäure, wie oben bei № 50. So wie nämlich das Ammoniak mit der Mischung in Berührung kommt, wird Manganoxydulhydrat abgeschieden, und in demselben Augenblick auf Kosten des Sauerstoffs der Chromsäure höher oxydirt. Diese geht gleichzeitig in grünes Chromoxyd über, das, Chromsäure genug vorfindend, sich mit dieser zum chromsauren Chromoxyd № 61 vereinigt.

Ich führe diesen Versuch darum an, weil er dazu dienen kann, sich rasch von der Gegenwart eines Manganoxydulsalzes in einer Flüssigkeit zu überzeugen. Im Fall zugleich Eisenoxydul vorhanden ist, welches eine Täuschung veranlassen könnte, wird diess zuerst, schon ohne Zusatz von Ammoniak gefällt, wie bereits S. 119 № 49 angeführt worden.

Nicht minder zersetzend als die mineralischen Stoffe wirken die organischen auf die Chromsäure. Da sie jedoch langsamer erfolgt, so wird nicht sogleich alle Chromsäure zerlegt, sondern es bildet sich das braune chromsaure Chromoxyd № 61. Diess ist z. B. der Fall, wenn man zweifach-chromsaures Kali mit Zucker kocht. Das schöne Rothgelb der Auflösung verschwindet und ein schmutziges Braun tritt an die Stelle, bis sich endlich № 51 als Niederschlag absondert. Ganz ähnlich wirken Holzspähne, nur langsamer. Auch Holzgefässe, worin man die Auflösung längere Zeit aufbewahrt, wirken so verändernd und zersetzend auf diese, dass man damit kein reines Chromgelb № 70 mehr erhält. Der Färber darf daher nie seine s. g. Chrombrühe in hölzernen Farbegefässen bereiten oder aufbe-

wahren, sondern muss sich irdener oder verzinnter Gefässe bedienen, oder das Holz mit einem Anstrich aus 2 Theilen Wachs und 1 Theil Colophonium bestehend, versehen.

Trotz aller dieser Vorsicht kann aber doch sein Chromgelb auf dem Zeuge nicht so schön ausfallen, als es sein sollte. Es sind alsdann entweder die organischen Verdickungsmittel Schuld, welche die Bleisalzbeize enthielt, und die nicht gehörig durch Reinigen in Kochsalz- oder Glaubersalzauflösung hinweggeschafft worden sind, (denn auch jene zersetzen die Chromsäure) oder das Wasser, welches zum Auflösen des Chromsalzes diente, enthielt organische Theile. In manchen Flusswässern ist oft sehr viel davon. Hier tritt also der seltene Fall ein, wo der Färber anstatt des Flusswassers Brunnenwasser anwenden muss.

Da sowohl diese als die früher angeführten Erscheinungen darauf beruhen, dass der Chromsäure Sauerstoff entzogen wird, und dass dieser Sauerstoff sich mit den andern Stoffen verbindet, so müssen diese Stoffe dadurch nothwendig verändert oder vielmehr zerstört werden. Auch erfolgt meistens eine völlige Zerlegung in Kohlensäure und Wasser. Es ist auch hier, wie beim Chlor, ganz gleich, ob die Stoffe gefärbt sind oder nicht, und die Chromsäure könnte in vielen Fällen das Chlor beim Bleichen vertreten, wenn sie nicht zu theuer zu stehen käme.

Eine schöne Anwendung für den letzteren Zweck hat man in der Kattundruckerei gemacht, um auf blauem Indiggrund weisse Muster darzustellen. Man tränkt ein in der kalten Indigküpe gefärbtes Zeug mit zweifach-chromsaurem Kali und druckt nach der Trocknung eine Aetzbeize auf, welche aus Weinsteinsäure, Kleesäure und etwas Salpetersäure besteht, und mit Stärkegummi verdickt ist. So wie diese Beize aufgedruckt wird, ist auch die Veränderung bemerklich: die blaue Farbe verschwindet, und die Stelle wird weiss.

Indigblau durch

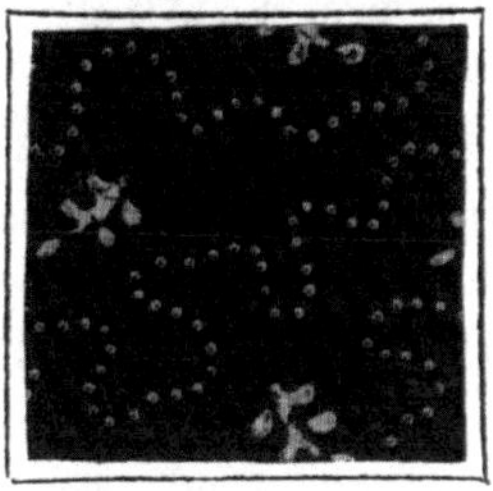

52 Chromsäure gebleicht.

Die Erklärung für diesen Vorgang ist in dem Obigen enthalten. Die Säuren zersetzen das Chromsalz und treiben die Chromsäure aus. Diese wirkt nun auf den Indig durch Sauerstoffabtretung und zerstört oder bleicht ihn unter Entwickelung von Kohlensäure. Das hierbei gleichzeitig entstehende grüne Chromoxyd wird von den Säuren aufgelöst und geht beim Spülen mit fort.

Das Unvortheilhafte dieser Fabrikationsweise besteht in der Nothwendigkeit, das Zeug durchaus mit dem Chromsalz zu tränken. Diess geht nachher beim Spülen verloren. Vielleicht könnte man es aber dadurch wiedergewinnen und zum Chromgelb benutzen, wenn man die Zeuge vor dem Spülen durch Kreidewasser nähme, welches das Salz auflösen, die überschüssigen Säuren entfernen, und ihre schädliche zersetzende Wirkung auf das Chromsalz aufheben würde. Besser als alles dieses wäre freilich eine Beize, welche die Chromsäure in einem solchen Zustande enthält, dass sie druckbar ist, und die geforderte bleichende Wirkung äussert. Vielleicht treffen wir noch auf eine solche.

Nach alle diesem kann es nun nicht auffallen, wenn das chromsaure Kali wie Salpeter wirkt und das Verbrennen der Stoffe beschleunigt. Tränkt man Löschpapier mit einer kaltbereiteten Auflösung von zweifach-chromsaurem Kali, so geht nach dem Trocknen die gelbe Farbe bald in bräunliche über und, angezündet, verbrennt es sehr rasch und ohne Flamme. Es bleibt grünes Chromoxyd, mit der Asche des Papiers gemengt, zurück.

Lose Baumwolle mit derselben Auflösung getränkt, ausgedrückt und getrocknet, verhält sich ebenso. Legt man sie kugelförmig zusammengerollt auf ein Brett, und zündet diese Kugel oben an, so verglimmt sie und hinterlässt auf dem Brett ein Brandmal. Diess kann der Chirurg zur Darstellung einer sehr wirksamen Moxa benutzen, die gleichmässig und ohne Unterlass brennt und keines Anfachens durch Blasen bedarf. Besonders empfiehlt sie sich durch das ruhige, fast unbemerkbare Verbrennen, indess Moxen, die mit Salpeter, oder chlorsaurem Kali, oder Schiesspulver dargestellt sind, den Kranken durch das verpuffende Geräusch erschrecken.

Wie die meisten Metallsalze, so conservirt chromsaures Kali Thier- und Pflanzenkörper, wenn man sie in die Auflösung legt oder damit bestreicht. Wie man aber, auf diese Erfahrung sich stützend, es als ein Mittel gegen den Trockenmoder des Holzes vorschlagen konnte, ist mir unbegreiflich. Zwar mag es den Trockenmoder verhüten, allein ist ein Tränken des Holzes mit demselben nicht gerade so gut, wie ein Tränken mit Salpeter? Zum Glück ist das Salz zu theuer, als dass Jemand diese Vorschrift befolgen sollte, und Eisenvitriol wird es in dieser Hinsicht sicher ganz entbehrlich machen, ohne gleichzeitig Feuersgefahr herbeizuführen.

Chromoxyd.

Wie diese Sauerstoffungsstufe des Chroms gebildet wird, haben wir bereits vielfältig bei der Chromsäure einzusehen Gelegenheit gehabt. Es handelt sich hier jetzt nur darum, die besten Methoden anzugeben, nach welchen das Chromoxyd zum technischen Gebrauche am zweckmässigsten und wohlfeilsten dargestellt werden kann.

Da das Chromoxyd ein Anderthalb-Sauerstoffchrom ist, indem es aus

2 M.G. oder 56 Pfund Chrom und
3 M.G. oder 24 Pfund Sauerstoff

besteht, so wird es am wohlfeilsten aus zweifach-chromsaurem Kali dargestellt, weil dieses

2 M.G. Chrom mit
6 M.G. Sauerstoff verbunden

enthält, man ihm also nur 3 M.G. Sauerstoff zu entziehen braucht, um das Chromoxyd zu erhalten.

Ein Chromoxyd, welches durch Glühen von

2 Pfund zweifach-chromsaurem Kali mit
3 Pfund Salmiak

in einem irdenen Tiegel dargestellt worden, ist verschieden nach dem angewendeten Hitzgrad. Es fällt desto dunkler und zarter aus, je geringer die Hitze war. Ein Zusatz von mehr Salmiak als nöthig ist, um die Chromsäure zu zersetzen, nützt daher insofern, als sein Verdunsten die Temperatur niedriger hält. Das in hoher Temperatur dargestellte, oder lange derselben ausgesetzt gewesene, deckt nicht gut unter der Glasur, auch zeigen gemalte Flächen dunkele und helle Streifen.

Chromoxyd	Chromoxyd

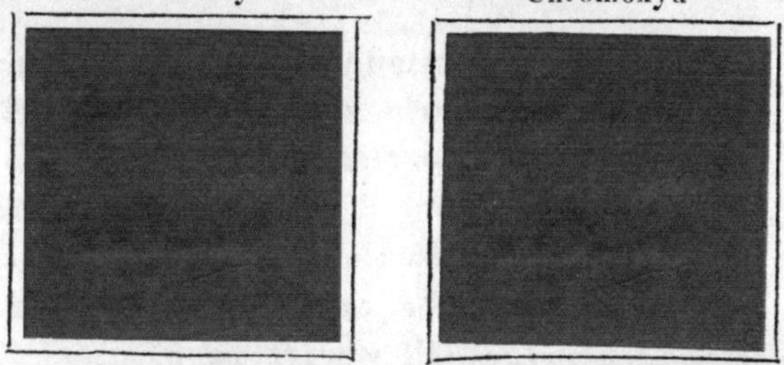

53 schwach erhitzt. stark erhitzt. 54

Diese beiden Proben sind ganz dasselbe Chromoxyd nach obiger Vorschrift mit Salmiak dargestellt, nur mit dem Unterschied, dass mit № 53 weiter nichts vorgenommen, № 54 dagegen in einem Töpferofen 60 Stunden lang geglüht worden ist.

Dann ist aber auch der Stoff, welcher zur Entsauerstoffung der Chromsäure angewendet wird, von grossem Einfluss, da seine mehr oder minder leichte Zersetzbarkeit, seine grössere oder geringere Flüchtigkeit in der Hitze, einen verschiedenen Grad der Zertheilung der kleinsten Theile des Products zur Folge haben, und besonders bei der Porzellanmalerei andere Nüanzen bedingen kann. Ich werde diess durch Anführung glaubwürdiger Erfahrungen zu beweisen suchen.

Ein sehr dunkles Chromoxyd wird mittelst des Schwefels erhalten. Wenn man ein inniges Gemenge aus

3 Pfund zweifach-chromsaurem Kali und
2 Pfund Schwefelblumen

auf einer gusseisernen Platte ausbreitet und anzündet, so verbrennt es mit violett-rother Flamme und unter Ausstossen von schwefeliger Säure. Der Rückstand, welcher hauptsächlich aus Chromoxyd und schwefelsaurem Kali besteht, ist hart und blasig. Er wird zerstossen und gelinde erhitzt, um den noch überschüssigen Schwefel fortzutreiben. Hierauf wird er ganz fein gerieben, und mit Wasser ausgelaugt. — Das Reiben geschieht darum, um das Chromoxyd feiner zu zertheilen, was um so leichter erfolgt, wenn es noch mit schwefelsaurem Kali gemengt ist.

Chromoxyd

55 mit Schwefel dargestellt.

Wendet man anstatt des Schwefels Arsenik zur Zersetzung der Chromsäure an, so erhält man wiederum ein Chromoxyd von anderem Ton. Es ist sehr zart und besitzt eine lebhaft grüne Farbe.

Noch anders verhält sich ein Chromoxyd, welches aus Anderthalb-Chlorchrom durch Erhitzen an freier Luft erhalten wird. (Vergleiche № 80.)

Am vorzüglichsten aber zur feinen Porzellanmalerei eignet sich dasjenige, welches durch Glühen von chromsaurem Quecksilberoxydul

№ 78 entsteht. Es ist unter der Glasur sehr dunkel, hat viel Glanz und ist sehr vorzüglich zum Schattiren eines helleren Grüns.

Es wird von diesem Chromgrün behauptet, dass es ganz andere und noch mehr zur feineren Malerei passende Eigenschaften bekomme, wenn es von neuem in Chromsäure verwandelt, und diese in Verbindung mit Quecksilberoxydul von Neuem durch Glühen zu Chromoxyd reducirt werde. Es soll also zweimal derselbe Process wiederholt werden, was allerdings von Einfluss sein mag, wenn gleich die Chemie für jetzt noch keine erklärende Gründe dafür beizubringen weiss.

Da beim Erhitzen des chromsauren Quecksilberoxyduls sich neben Sauerstoffgas Quecksilberdämpfe entwickeln, so muss man sich vor diesen in Acht nehmen, und folglich sich einer Retorte nebst Vorlage bedienen, um das Quecksilber aufzufangen.

Der chemische Charakter des Chromoxyds ist vorzugsweise ein basischer, und es zeigt viel seltener saure Eigenschaften, als andere ihm entsprechende Oxyde, z. B. Thonerde und arsenige Säure. Da es aber wie diese ein Anderthalb - Sauerstoffmetall ist, so erfordert es auch 3 M.G. Säure zu seiner Sättigung, und bildet alsdann die neutralen Chromoxydsalze. Sie sind an sich von keinem technischen Werthe, und nehmen nur in sofern unsere Aufmerksamkeit in Anspruch, als die Chromsäure bei ihren Zersetzungen auf nassem Wege sich stets darin verwandelt. Sie zeichnen sich durch ihre schöne grüne Farbe aus, und viele davon sind in Wasser auflöslich. Diese Auflösung hat das eigene, dass sie bei durchfallendem Kerzenlicht nicht grün, sondern violett aussieht.

Unter № 47 S. 116 und № 48 S. 117 sind bereits das schwefelsaure und weinsteinsaure Chromoxyd vorgekommen und ihre Darstellungsweisen angegeben.

Mit dem Wasser bildet das Chromoxyd eine Verbindung, die man Chromoxydhydrat nennt. Es ist bei weitem blässer als das wasserfreie, und wird immer erhalten, wenn man ein Chromoxydsalz mit einem Alkali zusammenbringt. Da aber Kali und Natron etwas Chromoxyd auflösen, was Ammoniak nur höchst unbedeutend thut, so wendet man bei genauen chemischen Arbeiten das Letztere zum Fällen an, und erwärmt hernach noch die Flüssigkeit, um alles abzuscheiden.

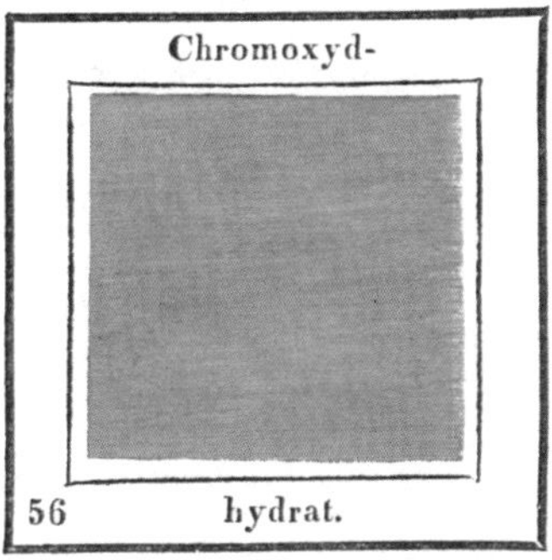

Dieser Niederschlag zeigt beim Abendlicht anstatt der grünen eine violette Farbe, was, wenn man ihn zur Zimmermalerei anwenden wollte, erst erwogen werden muss. Mancher wird vielleicht gerne ein solches doppeltfarbiges Zimmer besitzen.

Ich bitte meine Leser, dieses Hydrat mit dem zu vergleichen, welches durch Kochen von chromsaurem Kali mit Schwefel (№ 46 S. 114) dargestellt worden. Dieses hat, bei Licht betrachtet, keine violette sondern eine grüne Farbe, und beweist, dass ein und derselbe Körper auf verschiedenen Wegen dargestellt, von verschiedener Beschaffenheit erhalten werden kann.

Wird dem Chromoxydhydrat durch eine gelinde Hitze sein Wasser entzogen, so verwandelt es sich in Chromoxyd, mit der Farbe von № 57. Setzt man das Erhitzen bis zum Glühen fort, so

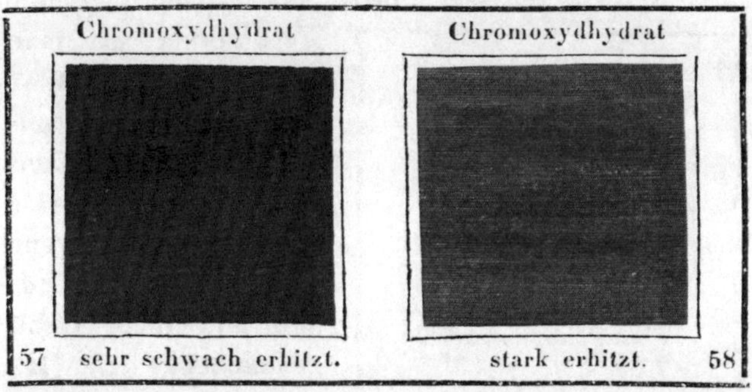

kommt ein Moment, wo bei einer gewissen Temperatur das Oxyd plötzlich gleichsam in Brand geräth und verglimmt, wobei es die Farbe von № 58 annimmt. Es findet hierbei weder eine Zu- noch Abnahme des Gewichts, auch überhaupt keine chemische Veränderung Statt, indem das Bestandtheilverhältniss dasselbe bleibt. Der einzige Unterschied, der sich hervorthut, ist ausser der Farbe dieser, dass № 58 in Folge dieses Verglimmens unauflöslich in Säuren ist, indess № 57 sich mit Hülfe der Wärme noch fast so gut auflöst, wie das Hydrat.

Das Unauflöslichwerden in Säuren erklärt einigermassen diese auffallende Erscheinung. Es ist nämlich nach dem Schema, wo die Sauerstoffverbindungen des Chroms zusammengestellt sind (S. 138), augenscheinlich, dass das Chromoxyd aus zwei anderen noch unbekannten Chromoxyden besteht. Wenn diese lose mit einander verbunden sind, haben sie die Farbe von № 57 und lösen sich in Säuren. Verbinden sie sich aber inniger, wie es bei einer bestimmten Hitze unter den Erscheinungen des Verglimmens zu geschehen scheint, so ändern sich gleichzeitig einige Eigenschaften, wie z. B. Farbe und Auflöslichkeit. Beim antimonigsauren Kupferoxyd ist ein ganz ähnlicher Fall aufgeführt, den ich hiermit in Verbindung zu setzen bitte.

Da diess eben erwähnte Verglimmen des Chromoxyds plötzlich eintritt, und mit einem Herumschleudern der Masse vergesellschaftet ist, so macht diess Verhalten das ungeglühte Oxyd oder das Hydrat unbrauchbar zur Porzellanmalerei, obwohl es sich, wegen seiner höchst feinen Zertheilung, sehr gut aufmalen lässt. Man sieht an den damit gemalten Blättern, nach dem Einbrennen, die Pinselstriche und nicht selten auch ein s. g. Aufbraten und Abblättern der Glasur.

In einem bedeckten Platintiegel kann jedoch dieses Hydrat geglüht und wasserfrei gemacht werden ohne Verlust. Man macht diese Operation theils um sich reines Oxyd darzustellen, theils aber auch behufs der Mengenbestimmung des Chroms bei Analysen, denn nach S. 125 zeigt

1 M.G. oder 80 Gran Chromoxyd

2 M.G. oder 56 Gran Chrommetall

an, welchen wiederum

2 M.G. oder 104 Gran Chromsäure

entsprechend sind.

Da man eine Auflösung von Chromoxydhydrat in Chlorwasserstoffsäure oder Anderthalb-Chlorchrom ebenso wie Chlorzink- und Chlormanganauflösung mit einem Stück Marmor in Berührung bringen kann, ohne dass eine Einwirkung erfolgt, so kann man sich auch hier, behufs der Mengenbestimmung des Chroms oder Chromoxyds die Sache leicht machen, indem man wie S. 30 und S. 63 angegeben, verfährt. Man bringt das gut ausgewaschene Chromoxydhydrat zugleich mit dem Filter in die Probesäure, erwärmt es so lange gelinde, bis alles aufgelöst ist, und legt nun nach dem Erkalten ein genau gewogenes Stück Marmor hinein. Von diesem wird ein Theil in der überschüssigen Probesäure aufgelöst. Wenn alle Einwirkung aufgehört hat, trocknet und wägt man es. Da man nun weiss, wieviel die unvermischte Probesäure an Marmor aufgelöst haben würde, so zieht man den Gewichtsverlust des Marmors davon ab und bringt dieses Weniger auf Rechnung des Chromoxyds, welches von der Probesäure in Beschlag genommen worden, indem

3 M.G. oder $151\frac{1}{2}$ Gran Marmor
1 M.G. oder 80 Gran Chromoxyd, und diese
2 M.G. oder 56 Gran Chrommetall

anzeigen. Die folgende Tabelle wird für die meisten Fälle ausreichen.

Der Marmor nimmt hierbei eine grünliche Farbe an, die sich nicht abwaschen lässt. Diess ist ein Beweis, dass etwas Chlorchrom zersetzt worden. Die Menge ist aber so geringe, dass sie nicht in Betracht kommt, vorausgesetzt, dass man keine Wärme angewendet. Im letztern Fall wird mehr zersetzt und der Marmor färbt sich dunkelgrün.

Tabelle für die Chromprobe mittelst Marmor.

Marmor	Chrom	Marmor	Chrom
151,5	56,0	76,5	28,2
148,5	54,8	73,5	27,0
145,5	53,6	70,5	26,0
142,5	52,6	67,5	24,8
139,5	51,4	64,5	23,8
136,5	50,4	61,5	22,6
133,5	49,2	58,5	21,6
130,5	48,2	55,5	20,4
127,5	47,0	52,5	19,4
124,5	46,0	49,5	18,2
121,5	44,8	46,5	17,0
118,5	43,8	43,5	16,0
115,5	42,6	40,5	14,8
112,5	41,6	37,5	13,8
109,5	40,4	34,5	12,6
106,5	39,2	31,5	11,6
103,5	38,2	28,5	10,4
100,5	37,2	25,5	9,4
97,5	36,0	22,5	8,2
94,5	34,8	19,5	7,2
91,5	33,8	16,5	6,0
88,5	32,6	13,5	5,0
85,5	31,6	10,5	3,8
82,5	30,4	7,5	2,8
79,5	29,2	4,5	1,6

Geringe Mengen Chromoxyd lassen sich mittelst des Löthrohrs sehr leicht entdecken. Man schmelzt die Probe mit phosphorsaurem Natron-Ammoniak zu einer Perle, die dadurch eine schön s m a r a g d g r ü n e F a r b e bekommt. Diese Farbe ist unveränderlich, es mag nun die äussere oder innere Löthrohrflamme darauf einwirken. Daher eignet sich das Chromoxyd sehr gut zur Porzellanmalerei, da es jede Hitze erträgt und demnach sowohl unter als über der Glasur eingebrannt werden kann.

Kohlensaures Chromoxyd.

Keins der Oxyde, welche zu den Anderthalb-Sauerstoffmetallen gehören, verbinden sich mit Kohlensäure. Das Chromoxyd macht hiervon eine

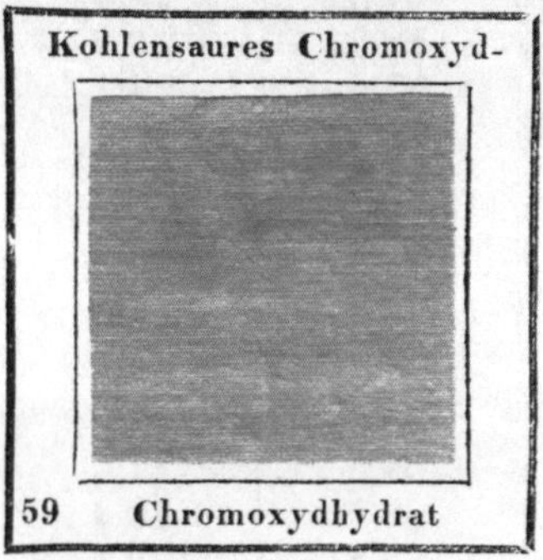

Ausnahme die beweist, dass es mehr basische Eigenschaften als die genannten Oxyde hat, aber auch weniger, als die eigentlichen Basen, da die Verbindung keine neutrale ist, sondern aus 1 M.G. kohlensaurem Chromoxyd und 1 M.G. Chromoxydhydrat besteht. Sie wird erhalten, wenn man Anderthalb-Chlorchrom in Wasser auflöst und kohlensaures Ammoniak so lange hinzusetzt, als noch ein Niederschlag erfolgt. es löst sich in kohlensaurer Kaliauflösung zu einer grasgrünen Flüssigkeit, woraus es durch Salmiak wieder abgeschieden werden kann. Vielleicht macht es diess Verhalten zum Tafeldruck geschickt.

Schwefelsaures Chromoxyd.

Dieses Salz wird, wie das schwefelsaure Eisenoxyd, am leichtesten dargestellt, dass man ein Gemenge aus Chromoxydhydrat und concentrirter Schwefelsäure so lange erhitzt, bis keine Einwirkung mehr Statt findet. Es vereinigen sich hierbei

1 M.G. oder 80 Pfund Chromoxyd mit
3 M.G. oder 120 Pfund Schwefelsäure

zu 200 Pfund schwefelsaurem Chromoxyd, dessen M.G. demnach durch die obige Zahl ausgedrückt ist.

An sich ist diess Salz von keiner Bedeutung für die Technik, wohl aber für die Wissenschaft, da es durch sein Verhalten die chemische Aehnlichkeit des Chromoxyds mit Thonerde und Eisenoxyd beweist. Es bildet nämlich mit schwefelsaurem Kali ein Salz, welches dem Thon- und Eisenalaun vollkommen entsprechend ist, sowohl in der Krystallform, als in dem Mengenverhältniss der Bestandtheile. Es geben nämlich:

1 M.G. oder 200 Pfund schwefels. Chromoxyd
1 M.G. oder 87,2 Pfund schwefelsaures Kali
24 M.G. oder 216 Pfund Wasser

503,2 Chromalaun.

Ich habe mich umsonst bemüht, diess Salz in der Färberei anzuwenden. Weder so, noch mit Bleizucker zersetzt, verbindet es sich mit der Lein- und Baumwollenfaser. Auch Wolle äussert selbst bei Siedhitze keine Wirkung.

Durch Kalkhydrat wird der Chromalaun, gleich den andern Alaunen und den schwefelsauren Metallsalzen überhaupt, zerlegt. Es bildet sich Gyps und Chromoxydhydrat, die man mit einander gemengt erhält. Auf 503 Pfund Chromalaun gebraucht man nur 85½ Pfund Kalk, wenn er ganz rein, von unreinem verhältnissmässig mehr. Der Kalk wird zu ei-

503 Chromalaun

60 mit 85½ Kalk.

nem dünnen Brei gelöscht, und dann zur warmen Alaunauflösung unter Umrühren hinzugethan. Das Gemisch wird, ohne dass man es auswäscht, getrocknet. Ich füge hier № 60 eine Probe bei, weil die Farbe sehr echt ist und allen äussern Einflüssen widersteht, und daher wohl zum Häuseranstrich dienen könnte, wenn sie anders nicht zu theuer zu stehen kommt. Durch Brennen wird sie dunkler.

Kieselsaures Chromoxyd.

Das chromsaure Kali schmilzt mit Glas zu einem durchsichtigen, smaragdgrünen Glase zusammen. Die modernen grünen Rheinweingläser enthalten Chromoxyd als Färbendes.

Die Chromsäure verwandelt sich hierbei in Chromoxyd. Wendet man jedoch das letztere für sich an, und sucht es mit dem Glase zusammenzuschmelzen, so erhält man kein gutes Resultat; es löst sich nicht im Glase auf und macht es daher trübe. Man muss also chromsaures Kali nehmen.

Das Chromoxyd ist auch das Färbende im Smaragd. Auch lässt es sich mit leichtflüssigen Gläsern zu einer Art von Email verbinden, das auf Blätter von Kupfer oder Silber gelegt, ihnen ein goldähnliches Ansehen giebt.

Chromsaures Chromoxyd.

Diese merkwürdige Verbindung, die auch braunes Chromoxyd genannt wird, entsteht, wenn eine Auflösung von Anderthalb-Chlorchrom

Chromsaures

61 Chromoxyd.

mit einer Auflösung von chromsaurem Kali vermischt wird; unter Bildung von Chlorkalium scheidet sich alsdann der Niederschlag № 61 ab. Auch wenn man Chromoxydhydrat mit Chromsäure zusammen erwärmt, wird diese Verbindung gebildet, die aus

1 M.G. oder 80 Pfund Chromoxyd und
1 M.G. oder 52 Pfund Chromsäure

besteht, also auf

3 M.G. Chrom
6 M.G. Sauerstoff

enthält. Diess gäbe das Verhältniss von 1 M.G. Chrom zu 2 M.G. Sauerstoff, eine Sauerstoffungsstufe des Chroms, die man bis dahin noch nicht kennt, weil die obige so angesehen werden muss, wie sie oben bezeichnet worden. Diess beweist nicht nur ihre Darstellungsweise, sondern auch die Producte ihrer Zerlegung durch Kali. Wird

Chromsaures Chrom-

62 oxyd mit Kali.

nämlich dieses braune Pulver mit Kaliauflösung gelinde erwärmt so entsteht bei viel Kali eine grüne Auflösung von Chromoxydkali, bei einer genau entsprechenden Menge dagegen scheidet sich ein blaugrüner Niederschlag von Chromoxydhydrat ab, von der Farbe, wie es unter № 62 S. 137 dargestellt ist, und die überstehende Flüssigkeit ist gelb vom gebildeten chromsauren Kali. Hieraus folgt also nothwendig, dass Chromsäure und Chromoxyd die Bestandtheile von № 61 sind.

Eine technische Anwendung des chromsauren Chromoxyds ist mir weder bekannt, noch habe ich eine auffinden können.

Versuchen wir nun die bis jetzt mit Worten erörterte Bildung und Beziehung der drei Sauerstoffungsstufen des Chroms auch bildlich mit einem Blick zu überschauen so erhalten wir diese Figur

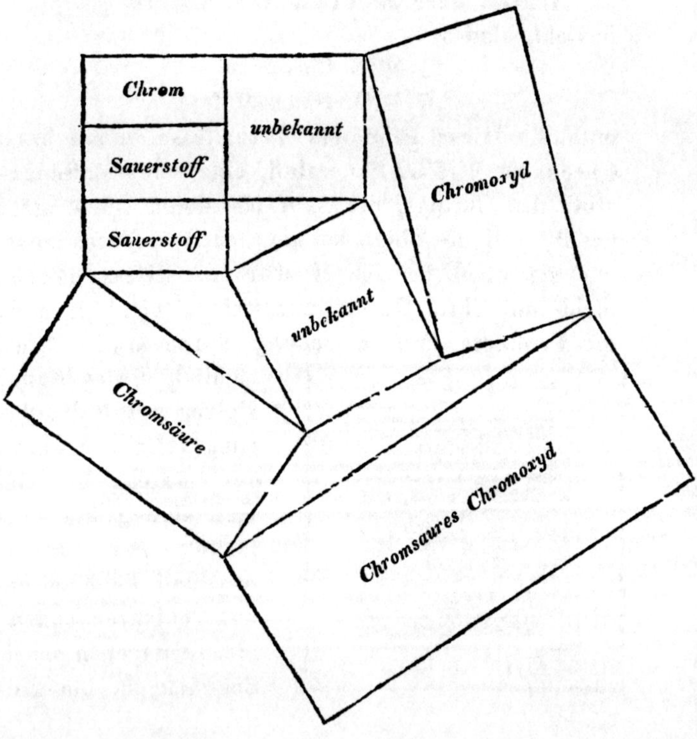

Es muss auffallen, dass die beiden ersten Verbindungsstufen des Chroms mit dem Sauerstoff, welche als »unbekannt« bezeichnet sind, bis dahin noch der chemischen Scheidekunst getrotzt haben, da sie nach Analogie mit anderen Metallen, z. B. Mangan S. 93 nothwendig in dem grünen Chromoxyd enthalten sein müssen. Dieses aber verhält sich stets als Ganzes und es ist noch kein Fall bekannt, der eine Zerlegung in diese beiden Oxyde hoffen liesse, die bei dem entsprechenden schwarzen Manganoxyd № 30 S. 85 so leicht erfolgt.

Die Chromsäure ist hier in diesem Schema an Bleioxyd gebunden vorgestellt, weil sie als im Wasser auflöslich nicht anders ans Zeug gebunden werden konnte.

Gegen Kali- oder Natronauflösung verhält sich das Chromoxydhydrat wie eine Säure, und sie verbinden sich zu einer grünen Flüssigkeit, die immer dann entsteht, wenn man ein Chromoxydsalz mit dem Alkali übersättigt, wodurch der vorher entstandene Niederschlag sich wieder auflöst. Schon blosses Kochen ist hinreichend, diese Verbindung wieder zu zersetzen. Es fällt № 63 heraus. Diess beweist, dass das Oxyd nur als eine sehr schwache Säure wirkt, da schon eine geringe Temperaturveränderung hinlänglich ist, es vom Kali etc. zu trennen. — № 63

Chromoxyd aus

63 der Kaliauflösung.

enthält, obwohl auf nassem Wege gebildet, kein Wasser.

Chromsaure Salze.

Diese für die Färberei sehr wichtig gewordenen Verbindungen theilen sich in zwei Abtheilungen, in auflösliche und unauflösliche. Von der ersteren ist schon S. 110 der Hauptrepräsentant, das chromsaure Kali, in zweifacher Gestalt abgehandelt worden. Die im Wasser unauflöslichen Verbindungen sind die mit den Oxyden der schweren Metalle. Sie zeichnen sich, wie der Augenschein lehren wird, durch schöne und glänzende Farben aus. Diess sowohl, als auch die Leichtigkeit ihrer Darstellung und die Wohlfeilheit ihres Preises, hat ihre Anwendung jetzt allgemein gemacht.

Chromsaures Zinkoxyd.

Wenn man die Auflösungen von
1 M.G. oder 143 Pfund schwefelsaurem Zinkoxyd und
1 M.G. oder 99 Pfund einfach-chromsaurem Kali

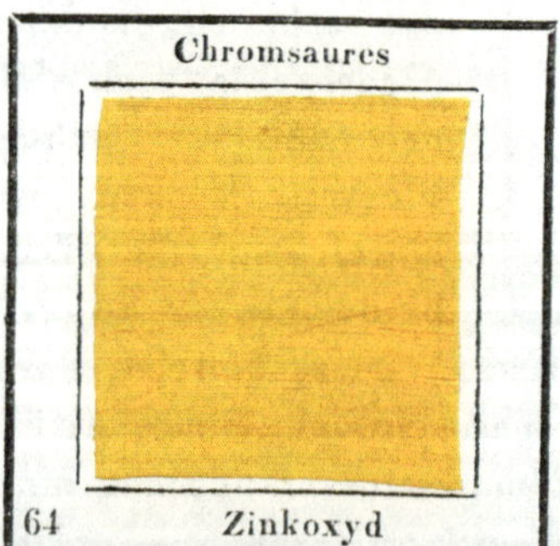

zusammengiesst, so entsteht sogleich ein gelber Niederschlag, der nach dem Auswaschen und Trocknen sich als № 64 darstellt. Die Mutterlauge und das Waschwasser sind hierbei nur höchst wenig gefärbt, vorausgesetzt, dass man das obige Verhältniss von

Zinkvitriol nahm. Ging man davon ab und fügte mehr hinzu, so wird nur wenig, vielleicht gar kein Niederschlag entstehen, indem das chromsaure Zinkoxyd sich in schwefelsaures Zinkoxyd auflöst.

Man darf sich zur Darstellung dieser Farbe nicht des zweifach-chromsauren Kalis bedienen, weil dann ein grosser Theil des schwefelsauren Zinkoxyds unzerlegt bleibt. Bei der Anwendung des einfach-sauren Chromsalzes ist diess nicht der Fall, weil alsdann sein 1 M.G. Kali sich mit dem 1 M.G. Schwefelsäure, welches im Zinksalz enthalten ist, zu schwefelsaurem Kali verbindet, wodurch Chromsäure und Zinkoxyd veranlasst werden sich ebenfalls zu vereinigen.

Die Farbe von № 64 ist nicht unangenehm, und hat das vor dem ähnlichen chromsauren Bleioxyd № 68 S. 145 voraus, dass Schwefelwasserstoff sie nicht schwärzt wie dieses. Denn Schwefelzink ist weiss, Schwefelblei dagegen schwarz. Daher eignet sie sich ganz besonders als Wasserfarbe bei der Zimmermalerei, Tapeten u. dgl. In Oel dagegen ist es nicht zu gebrauchen, weil es nicht deckt. Hierin wird das bleihaltige Chromgelb von keinem andern Gelb übertroffen.

Das chromsaure Zinkoxyd löst sich in Ammoniakflüssigkeit auf, um es also zum Färben der Kattune anzuwenden, müsste man eine solche Auflösung aufdrucken und scharf trocknen. Das überschüssige Ammoniak verfliegt und das chromsaure Zinkoxyd bleibt zurück.

Farben, die sich in dieser Art verhalten, eignen sich ganz besonders zum Tafeldruck. Leider ist aber das in Ammoniak Auflösliche auch in Seifenwasser löslich, und folglich nicht echt in der Wäsche. Diess ist nun mit obiger Farbe der Fall, die auch ausserdem auf dem Kattun nicht brillant genug erscheint, um den Tafelfarben aus persischen Beeren das Gleichgewicht zu halten. Also es ist nichts damit; aber es musste versucht werden um damit aufs Reine zu kommen, und erwähnt werden, um Andern unnütze Mühe zu sparen.

Chromsaures Kadmiumoxyd.

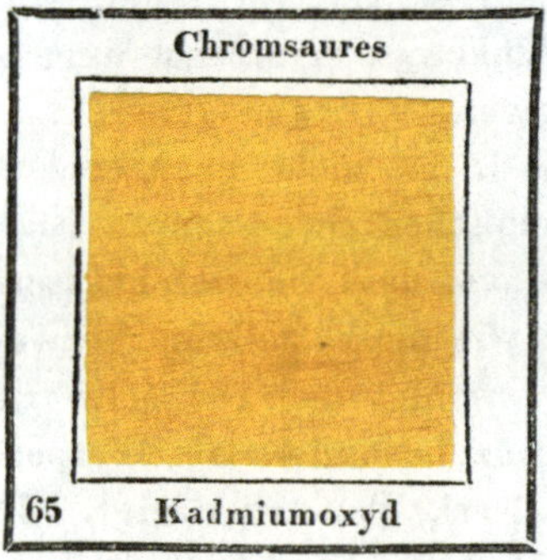

Diese Verbindung ist der Farbe nach, wie man sieht, kaum von der des Zinkoxyds mit der Chromsäure verschieden. Auch ist ihr chemisches Verhalten sehr ähnlich, da sie sich gleichfalls in Ammoniakflüssigkeit auflöst. Sie wird dargestellt, indem man einfach-chromsaure Kaliauflösung mit der Auflösung irgend eines neutralen Kadmiumsalzes mischt und den Niederschlag aussüsst. Mit zweifach-chromsaurem Kali erfolgt kein Niederschlag. Diess ist ein Beweis, dass diese Verbindung nur durch doppelte Wahlverwandtschaft darzustellen ist, und dass Kali genug vorhanden sein muss, um alle Säure des Kadmiumsalzes zu sättigen, in Folge dessen dann Chromsäure und Kadmiumoxyd sich zu № 65 vereinigen.

Technisch anwendbar ist das chromsaure Kadmiumoxyd schon wegen seines hohen Preises nicht, auch hat es, wie aus Obigem erhellt, vor dem Zinksalz nichts voraus.

Chromsaures Zinnoxydul und Oxyd.

Wenn man, um die erste Verbindung darzustellen, die Auflösungen von einfach-chromsaurem Kali und Einfach-Chlorzinn zusammengiesst, wird man zwei ganz entgegengesetzte Erscheinungen bemerken, in Folge der Bildung von verschiedenen Producten, deren Entstehung von der Art des Zusammengiessens abhängt. Tröpfelt man nämlich die Chromsalzauflösung in die Zinnsalzauflösung, so entsteht ein grüner Niederschlag; macht man es umgekehrt, und tröpfelt Zinnsalzauflösung in die Chromsalzauflösung, so ist der Niederschlag braun. Dasjenige Salz, welches im Ueberschuss ist, bestimmt also die Eigenthümlichkeit des Products.

Chromsaures Kali und Einfach-Chlorzinn.

Chlorzinn

66 im Ueberschuss.

Chromsaures Kali

im Ueberschuss. 67

№ 66 ist ein blosses Gemenge von grünem Chromoxydhydrat und Zinnoxyd, entstanden aus der Wechselzersetzung von Chromsäure und Zinnoxydul. Anstatt dass diese sich durch wahlverwandtschaftlichen Austausch der Bestandtheile der beiden Salze zu chromsaurem Zinnoxydul vereinigen sollten, erfolgt vielmehr ihre eigene Umwandlung durch eine Uebertragung des Sauerstoffs von der Säure auf die Basis, wodurch aus der Chromsäure Chromoxyd, und aus dem Zinnoxydul Zinnoxyd wird. Sie sind beide in Salzsäure auflöslich. Es ist diess ein ähnlicher Zersetzungsprozess, wie er unter № 50 S. 120 beim Zusammenbringen von chromsaurem Kali mit Chlormangan beschrieben ist, nur mit dem Unterschiede, dass sich dort die Producte: Chromoxyd und Eisenoxyd zu einer chemischen Verbindung, zu № 50, vereinigen, hier dagegen keine solche Statt findet.

Diese Thatsachen müssen besonders dem Kattunfabrikanten interessant sein. Er sieht nun den Grund ein, warum Zinnsalzauflösung auf Chromgelbkattun grünliche Muster ausätzt, und ferner warum diese weiss sind, wenn die Auflösung freie Salzsäure enthielt, denn diese löst das auf den Kattun niedergeschlagene grüne Chromoxyd wieder auf.

Was dagegen № 67 anlangt, dargestellt beim Vorhandensein eines grossen Ueberschusses an chromsaurem Kali, so ist darin kein wirkliches chromsaures Zinnoxydul enthalten, sondern vielmehr chromsaures Zinnoxyd.

Ein Theil Chromsäure wird auch hier entsauerstofft zu Chromoxyd, und eine ihm entsprechende Menge Zinnoxyd wird gebildet, womit sich nun eine andere Portion Chromsäure vereinigt. Aber das Chromoxyd ist gleichfalls mit in diesem Niederschlag enthalten.

Man sieht diess beim Uebergiessen mit Natronauflösung. Wäre es obiges Salz allein, so müsste es sich darin auflösen, was nicht ganz der Fall ist. Es bleibt nämlich grünes Chromoxyd zurück.

Chromsaures Bleioxyd.

Eine neutrale und eine basische Verbindung ist bekannt. Sie heissen:

Einfach-chromsaures

68 Bleioxyd.

Halb-chromsaures

Bleioxyd. 69

und viele meiner Leser werden mit Verwunderung vernehmen, dass № 69 trotz seiner Farbentiefe doch nur halb so viel Färbendes, das ist Chromsäure, enthält, als № 68. Dieses besteht nämlich aus 1 M.G. oder 112 Pfund Bleioxyd und
1 M.G. oder 52 Pfund Chromsäure; giebt
1 M.G. oder 164 Pfund einfach-chromsaures Bleioxyd.

№ 69 dagegen besteht aus diesem einfach chromsauren Bleioxyd und noch einem M.G. Bleioxyd, enthält also auf

1 M.G. oder 164 Pfund einfach-chromsaures Bleioxyd

1 M.G. oder 112 Pfund Bleioxyd, giebt

1 M.G. oder 276 Pfund halb-chromsaures Bleioxyd.

Das einfach-chromsaure Bleioxyd № 68 wird durch Wahlverwandtschaft dargestellt, indem man irgend ein in Wasser aufgelöstes Bleisalz durch einfach- oder zweifach-chromsaures Kali zerlegt und den Niederschlag gut auswäscht.

Wer nun an diese Arbeit sich macht, wird auf eine grosse Mannigfaltigkeit in den Farbenabstufungen stossen, die er erhält, jenachdem er dieses oder jenes Bleisalz, oder jenachdem er einfach- oder zweifach-chromsaures Kali anwendet, und ob er bei gewöhnlicher Temperatur oder bei Siedhitze die Fällung bewirkt.

Es ist am vortheilhaftesten für den Fabrikanten, und am vorzüglichsten für die Schönheit des Products, sich des zweifach-chromsauren Kalis zu bedienen, dann aber muss man nicht gleiche M.G. (wie bei Anwendung des einfach-sauren Salzes) sondern

2 M.G. Bleisalz auf

1 M.G. zweifach chromsaures Kali

zusammenmischen, also

2 M.G. oder 380 Pfund Bleizucker

oder

2 M.G. oder 278 Pfund Einfach-Chlorblei

oder

2 M.G. oder 332 Pfund salpetersaures Bleioxyd

auf

1 M.G. oder 155 Pfund zweifach-chroms. Kali.

Man erhält alsdann in allen 3 Fällen eine fast gleiche Menge Chromgelb, woraus folgt, dass es am vortheilhaftesten sein würde, das Chlorblei anstatt der andern Bleisalze anzuwenden, wenn nicht der bereits angegebene Unterschied in der Schönheit der Farben hier gebieterisch entgegenträte. Salpetersaures Bleioxyd giebt nämlich ein schöneres Gelb als Chlorblei, wie man aus Folgendem ersieht.

Chromgelb aus | Chromgelb aus

70 salpetersaurem Bleioxyd | Chlorblei 71

Der Grund dieser Verschiedenheit scheint ein chemischer zu sein. № 70 enthält eine geringe Menge Salpetersäure, die wohl im Stande sein kann, eine andere Farbennüanzirung hervorzurufen.

Ein durch Zusammengiessen von siedendheissen Auflösungen erzeugtes Chromgelb weicht von einem mit denselben Materialien, aber in der Kälte dargestellten noch mehr ab, als № 70 von № 71, hier ist die Ursache der Verschiedenheit auch eine chemische, wie sich aus einer Untersuchung ihrer Mutterlaugen ergiebt. Hat man in beiden Fällen Bleizucker und zweifach-chromsaures Kali im oben angegebenen Verhältniss angewendet, so ist die Mutterlauge von der kalten

Mischung, welche ein blosses Gelb giebt, nur sehr wenig gefärbt, dagegen die von der heissen, welche ein dunkleres Gelb giebt, ist dunkelgelb und fällt noch von neuem eine beträchtliche Menge Bleisalz, enthält also chromsaures Kali. Diess beweist, dass sich in der Hitze neben dem neutralen ein basisches Bleisalz bildet, daher auch der tiefere Farbenton.

Es lässt sich erwarten, dass dieses Gelb mit Blau gemischt, ein schönes Grün giebt. Um die färbende Kraft des Chromgelbs zu schäzzen, füge ich hier ein Grün bei, welches aus dem Pariser Blau von 1 M.G. Eisenvitriol und dem Chromgelb von 1 M.G. essigsaurem Bleioxyd dargestellt, gemischt ist.

Chromgelb und

72 Pariser Blau.

Es wurden in einem gusseisernen Gefäss
129 Pfund Eisenvitriol mit
25 Pfund Schwefelsäure und
400 Pfund Wasser

erhitzt, und nach und nach so viel Salpetersäure hinzugesetzt, als hinreichend gewesen wäre, $12\frac{1}{2}$ Pfund Marmor aufzulösen (vergl. Salpetersäureprobe, Einleitung etc. S. 324). Wenn die Gasentwickelung in Folge der zersetzten Salpetersäure aufgehört hat, ist alles Eisenoxydul in Oxyd verwandelt, es befindet sich also in dem Zustande, wo es mit Cyaneisenkaliumauflösung zusammengemischt, auf der Stelle Pariser Blau giebt. Jene wird im Ueberschuss zugesetzt, damit man sicher sei, dass wirklich alles Eisen gefällt werde. Hierauf wäscht man den Niederschlag aus, hütet sich aber etwas zu verschütten, und mengt ihn mit dem gleichfalls ausgewaschenen Chromgelb, welches durch Zusammengiessen der Auflösungen von

190 Pfund essigsaurem Bleioxyd und
75½ Pfund zweifach-chromsaurem Kali

dargestellt worden ist.

Dass man diese Verhältnisse vielfältig abändern und eine Unzahl von Nüanzen erzeugen kann, springt in die Augen.

Halbchromsaures Bleioxyd.

Wie sich das Kalkhydrat zum kohlensauren Kali verhält, so verhält sich das Bleioxyd im frisch gefällten Zustande zum chromsauren Kali. Jenes scheidet davon die Kohlensäure ab und bildet kohlensauren Kalk, indess das Kali in der Mutterlauge bleibt. Ebenso verbindet sich das Bleioxyd mit der Chromsäure zu chromsaurem Bleioxyd, und das Kali bleibt gleichfalls in der Mutterlauge. Um diess vollständig zu bewirken, müssen aber

2 M.G. Bleioxyd und
1 M.G. einfach-chromsaures Kali

mit hinlänglichem Wasser und Wärme aufeinander einwirken. Es bildet sich alsdann das halb-chromsaure Bleioxyd № 69 S. 145, welches im Handel den Namen Chromorange führt. Die Mutterlauge enthält das Kali des Chromsalzes, welches durch Auswaschen mit möglichst reinem Wasser entfernt wird.

Diese eben gegebene Darstellungsweise ist

nicht practisch, weil das Bleioxyd nicht nur sehr rein, sondern auch höchst fein zertheilt, im frisch gefällten Zustande, angewendet werden muss. Diess macht die Sache etwas umständlich. Besser verfährt man, diese Farbe aus dem Chromgelb № 70 und 71 S. 147 zu bereiten, indem man ihm durch Kochen mit Kali- oder Natronlauge $\frac{1}{2}$ M.G. Chromsäure entzieht. Es kann dazu ein solches Chromgelb angewendet werden, welches wie es nicht immer zu vermeiden ist, nicht ganz nach Wunsch ausgefallen, also nicht mit Vortheil zu verkaufen ist.

Befindet sich das Chromgelb auf der Kattunfaser befestigt, so kann es auch äusserst leicht in Orange umgewandelt werden, indem man bei der Siedhitze Alkalien darauf einwirken lässt. Hierzu bedient man sich aber nicht des Kalis, weil es zu viel Farbe von der Faser herunternimmt, sondern des Kalks, in der Form des klaren Kaliwassers. Wird diess siedend gemacht und das Zeug darin eingetaucht, so geht sogleich das Gelb in Orange über.

Da es gelungen ist diese schönen Farben, die Licht, Luft und Seifenwäschen aushalten, wieder theilweise von der Faser herunter zu nehmen und mit Mustern zu versehen, so hat man recht schöne

Chromgelb

73 mit Zinnsalz.

Chromorange

mit Zinnsalz. 74

Artikel davon in den Handel gebracht, und täglich erscheinen neue. Die verschiedenfarbigen Muster darauf sind ganz auf dieselbe Weise hervorgebracht wie auf dem Manganoxydhydrat oder Bister № 35 S. 89. Es wird die dort angegebene chlorwasserstoffsaure Zinnbeize theils für sich, theils mit Farbabsuden gemischt, aufgedruckt. Die Chromfarbe wird dann zerstört, indem unter Bildung von Chlorblei die Chromsäure zu Chromoxyd reduzirt, mit der Chlorwasserstoffsäure Chlorchrom bildet, welches beim Auswaschen weggeht. Das Muster kommt alsdann weiss zum Vorschein. Roth, blau, violett, grün erscheint es dagegen, wenn die saure Zinnbeieze mit Absuden von Fernambuk, Blauholz, Persischen Beeren etc. vermischt wird.

Wie das Chromgelb so kann auch das Chromorange von verschiedener Schattirung erhalten werden, je nach den verschiedenen Einflüssen, welche bei seiner Entstehung gleichzeitig thätig sind. Ja es ist sogar möglich, ihm alles Gelb zu nehmen und es ins reine Roth, dem Zinnober gleich, hinüber zu führen. Man nennt es alsdann: Chromroth und gewinnt es folgendermassen: Man bringt bei ganz schwacher Glühhitze Salpeter zum Schmelzen und trägt nun nach und nach in kleinen Portionen einfach-chromsaures Bleioxyd oder Chromgelb № 68 hinein. Jedesmal entsteht ein starkes Aufko-

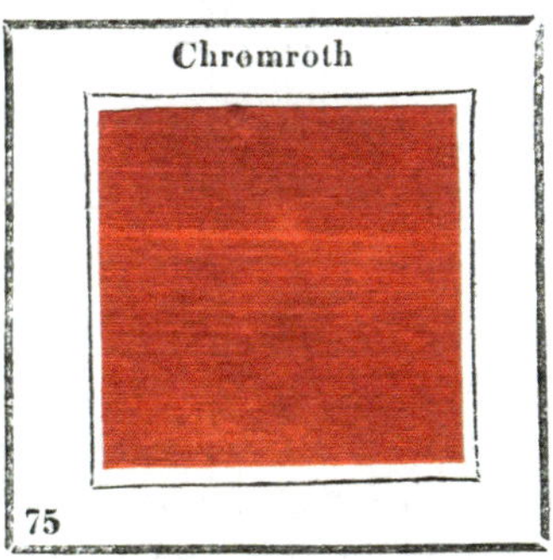

Chromroth

75

chen von entwickelten Gasen, und die Masse wird schwarz, weil das Chromroth, so lange es heiss ist, schwarz erscheint. Man fährt mit dem Zusetzen des Chromgelbs fort, bis nur noch wenig Salpeter unzersetzt ist, alsdann lässt man den Tiegel einige Minuten stehen, dass sich das Chromroth am Boden lagere und giesst die noch flüssige, aus chromsaurem Kali und Salpeter bestehende Salzmasse ab. Diese kann wieder zur Bereitung von Chromgelb dienen. Die Masse im Tiegel wird nun gepulvert und mit Wasser ausgewaschen. Hierbei muss man schnell verfahren, weil sich sonst das Chromroth, wenn es zu lange mit der Salzauflösung in Berührung bleibt, orange färbt. Bedingungen des Gelingens sind: 1) dass die Hitze nicht zu stark sei, sonst entsteht eine braune Farbe; 2) dass man die flüssige Salzmasse baldmöglichst abgiesse, was leicht geschehen kann, da die Farbe schnell untersinkt. Das Verhältniss ist 1 Pfund Chromgelb auf 6 Pfund Salpeter.

Wer es unternimmt, dieses Chromroth darzustellen, wird finden, dass es schwierig ist, immer den gewünschten Farbenton zu erhalten. Sodann ist ein Arbeiten in einem grössern Maassstabe fast unmöglich, weil man wegen des Salpeters keine metallene Gefässe anwenden kann, sondern sich der Tiegel bedienen muss. Dazu kommt, dass das Produkt selten dem schönsten Zinnober gleich ist und es vom Schwefelwasserstoff und von Säuren eine Veränderung erleidet, was beim Zinnober nicht der Fall ist. Auch taugt es nicht, wie dieser zum rothen Siegellack, da die Harze es in der Hitze verändern, wodurch seine Farbe zerstört wird.

Chromsaures Kupferoxyd.

Diese Verbindung wird gleichfalls durch doppelte Wahlverwandtschaft dargestellt indem man Auflösungen von

1 M.G. oder 125 Pfund schwefelsaurem Kupferoxyd und
1 M.G. oder 99 Pfund einfach-chromsaurem Kali

zusammengiesst und gut umrührt. Der Niederschlag hat anfangs eine schöne gelbbraune Farbe, geht aber nach dem Auswaschen und Trocknen in die Nüanze von № 76 über, und behält dann dieselbe unverändert bei.

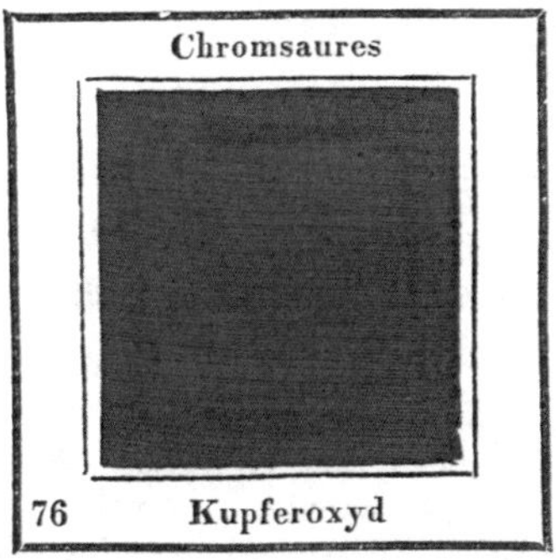

Sein Verhalten gegen Ammoniak-Flüssigkeit ist sehr interessant. Sie löst nämlich das chromsaure Kupferoxyd mit einer ausgezeichnet schönen grünen Farbe auf, die aber beim Verflüchtigen des Ammoniaks durch Wärme sogleich verschwindet und dem ursprünglichen Braun Platz macht. Daher sind Schriftzüge mittelst dieser Flüssigkeit auf Papier gebracht, so lange sie nass sind, grün, nach dem Trocknen aber braun. Druckt man sie auf Kattun, so findet ein Gleiches Statt und man erhält noch ausserdem eine Tafelfarbe, die vor der Wäsche braun, nach der Wäsche aber blau erscheint. Diess geht

Chromsaures Kupfer- 77 oxyd mit Kali.

so zu. Das Kupferoxyd ist in Kali- und Natronlauge unauflöslich. Ebenso sein Hydrat. Kommt also Seifenauflösung, welche diese Alkalien enthält, mit chromsaurem Kupferoxyd zusammen, so wird letzteres seiner Chromsäure beraubt, und Kupferoxydhydrat bleibt auf dem Zeuge zurück.

Zweifach-chromsaures Kali giebt mit Kupferauflösungen keinen Niederschlag. Aber mit Kupferoxydhydrat zusammen gerieben, entsteht № 77. Das einfachsaure Chromsalz wird hierdurch nicht zersetzt, daher bleibt es in der Mutterlauge.

Diesem Verhalten gemäss muss man zum Färben der Kattune, welche mit schwefelsaurem Kupferoxyd - Ammoniak gebeizt worden, zweifach-chromsaures Kali anwenden, denn das auf dem Kattun befindliche Kupferoxyd wirkt auch nur höchst schwach aufs einfachsaure Salz.

Chromsaures Quecksilberoxydul.

Chromsaures 78 Quecksilberoxydul.

Es ist dieses Salzes bereits S. 127 als eines Mittels gedacht, ein Chromoxyd von ganz vorzüglichen Eigenschaften für die Porzellanmalerei darzustellen. Es zerfällt nämlich durch Glühen in seine Bestandtheile

Sauerstoffgas und Quecksilberdämpfe entwickeln sich, indess das in Rede stehende Chromoxyd zurückbleibt.

Man bereitet sich das chromsaure Quecksilberoxydul durch Fällen einer möglichst neutralen Auflösung von salpetersaurem Quecksilberoxydul mittelst einfach-chromsauren Kalis. Denn wenn die Quecksilberauflösung freie Salpetersäure enthält, so wirkt diese zersetzend auf den gebildeten Niederschlag, salpetersaures Chromoxyd bildend, und ebenso ist die Gegenwart von salpetriger Säure schädlich, weil sie gleichfalls Chromoxyd aus der Chromsäure bildet.

Dieses alles kommt jedoch nur dann in Betracht, wenn man den Niederschlag № 78 als Farbe gebrauchen wollte, wozu er vielfältig empfohlen aber sehr unpassend ist, indem er sich am Lichte schwärzt. Soll er dagegen zur Darstellung des Chromoxyds dienen, so kommt es so genau nicht darauf an. Um kein Quecksilbersalz unnütz zu verschwenden, setzt man beim Fällen das chromsaure Kali im Ueberschuss hinzu.

Das Glühen des salpetersauren Quecksilberoxyduls kann in einer Glasretorte im Sandbade vorgenommen werden. Man darf aber nicht vergessen, eine Vorlage vorzulegen, um die schädlichen Quecksilberdämpfe zu verdichten. Man verkittet aber nicht die Fugen, sondern umwickelt die Verbindung zwischen Retorte und Vorlage bloss mit Papier, damit das Sauerstoffgas einen Ausweg habe.

Chromsaures Silberoxyd.

Chromsaures

79 Silberoxyd.

Vermischt man kalte Auflösungen von 1 M.G. salpetersaurem Silberoxyd und 1 M.G. einfach-chromsaurem Kali, so erhält man als Niederschlag ein **chromsaures Silberoxyd** mit **purpurrother Farbe**, die aber nach dem Trocknen bald in die von № 79 übergeht.

Wendet man anstatt des einfachsauren Salzes das zweifachsaure zur Fällung an, so hat der Niederschlag eine karminrothe Farbe, die aber ebenso wenig beständig ist. Dieses ist Grund genug, nie daran zu denken, ein so theures Fabrikat zum Färben anwenden zu wollen, obgleich es auch hierzu nicht an Vorschlägen gefehlt hat. Gut und wohlfeil muss stets das Losungswort des Technikers sein!

Wenn gleich nicht alle hier aufgeführten chromsauren Salze eine technische Anwendung finden, so habe ich deren doch schon um deswillen hier möglichst viel abgehandelt, weil die Chromsäure eins von denjenigen chemischen Mitteln ist, welche man **Reagentien** nennt, d. h. Erkennungs- oder Entdeckungsmittel. Sie ist ein sehr gutes Reagens für viele Metalle. Die Verschiedenfarbigkeit der Niederschläge, welche sie in Blei-, Zink-, Zinn-, Eisen-, Kupfer-, Quecksilber- und Silberauflösungen hervorbringt, beweist diess und zeichnet diese

Metalle vor jenen aus, deren Salze gar nicht durch chromsaures Kali gefällt werden, z. B. Arsenik, Antimon, Kobalt, Nickel und Gold.

Schwefelsaure Chromsäure.

Mit Säuren bildet die Chromsäure Verbindungen ganz eigenthümlicher Art, und von einem sehr merkwürdigen chemischen Verhalten. Besonders zeichnet sich die schwefelsaure Chromsäure aus. Sie bildet sich, wenn man chromsauren Baryt № 44 S. 107 mit überschüssiger Schwefelsäure kocht, filtrirt und abdampft. Aus der concentrirten Flüssigkeit schiessen dunkelrothe Säulen an, die sich in der Hitze in Sauerstoffgas und schwefelsaures Chromoxyd № 47 S. 116 zersetzen.

Dieselbe Auflösung erfolgt auch in wässriger Auflösung, wenn ein Körper hinzu gebracht wird, der der Aufnahme des Sauerstoffs fähig ist, z. B. schwefelige Säure, Schwefelwasserstoff u. s. w. Lässt man einige Tropfen auf ein Stück Zucker fallen, so wird es in 10 Minuten blau gefärbt vom entstandenen schwefelsauren Chromoxyd. Gummi Senegal darin aufgelöst, wirkte nicht so, die Mischung behielt ihre gelbe Farbe.

Diess veranlasste mich, dieselbe Mischung wohlfeiler zum technischen Gebrauch dadurch darzustellen, dass

5 Loth zweifach-chromsaures Kali in
5 Loth Schwefelsäure und
30 Loth Wasser

kalt aufgelöst wurden. Sie bleichte, auf indigblau und krapproth gefärbten Kattun aufgedruckt, denselben vollkommen in wenigen **Minuten.** Diess wäre also das Aetzmittel, worauf S. 123 hingedeutet wurde. Leider kann ich es aber noch nicht als genügend empfehlen, und muss zu Versuchen auffordern, besonders um das rechte Verdickungsmittel zu finden, denn die mit Gummi verdickte Flüssigkeit bleichte bei Weitem nicht so gut und schnell, als die ohne dasselbe, weil schon eine theilweise Zersetzung eintritt. Auch ist nicht zu vergessen, dass man es hier mit einer Beize zu thun hat, die sehr viel Schwefelsäure enthält, also dem Kattun sehr schädlich werden kann, wenn man sie nicht noch mehr verdünnt und ausserdem auch das Bedruckte schnell spült.

Eine nicht minder merkwürdige Verbindung giebt die Chromsäure mit der Kieselsäure, wenn man erstere in wässriger Auflösung mit dem Kieselsäure- oder Kieselerdehydrat zusammenbringt. Es ist ein in Wasser unauflösliches **rosenrothes Pulver**, welches sogar die Hitze des Porzellanofens ohne Aenderung ertragen soll. Diess verdient besonders von Glasfabrikanten beachtet und versucht zu werden.

Chrom und Chlor.

Sie verbinden sich in zwei Verhältnissen, die den beiden Sauerstoffverbindungen entsprechend sind, und heissen Dreifach- und Anderthalb-Chlorchrom. Eine Verbindung dieser beiden Chlorchrome unter sich, wie die der beiden Sauerstoffchrome zu chromsaurem Chromoxyd № 61 S. 137 findet sich jedoch nicht, wenigstens ist es noch nicht gelungen, sie darzustellen.

Dreifach-Chlorchrom

entspricht dem Dreifach-Sauerstoffchrom oder der Chromsäure. Es ist eine blutrothe schwere Flüssigkeit, die an der Luft dampft und am leichtesten, wie folgt, dargestellt wird. Man schmelzt in einem gewöhnlichen Tiegel

1 M.G. oder 58 Loth Kochsalz und
1 M.G. oder 99 Loth einfach-chromsaures Kali

zusammen, giesst die Masse aus, zerschlägt sie in grössere Stücke und thut sie in eine Tubulat-Retorte. In diese giesst man nun

4 M.G. oder 196 Loth Schwefelsäure

von möglichster Stärke, am besten rauchende, und fängt das ohne Anwendung von Wärme übergehende Dreifach-Chlorchrom auf, welches von Chlorgas und Chlorwasserstoffgas begleitet ist. Mit Phosphor, Schwefel, Quecksilber in Berührung gebracht, verpufft es sehr heftig.

In der Technik findet es keine Anwendung, und es ist nur darum hier aufgeführt, weil es aus

1 M.G. oder 28 Pfund Chrom und
3 M.G. oder 106,2 Pfund Chlor

besteht, also wie gesagt der Chromsäure entsprechend zusammengesetzt ist.

Anderthalb-Chlorchrom

heisst die zweite Verbindung von Chrom nnd Chlor Sie ist das Ebenbild des Anderthalb-Sauerstoffchroms oder Chromoxyds. Wird demnach der Sauerstoff desselben gegen Chlor ausgewechselt was geschieht, wenn man z. B. Chromoxydhydrat № 46 S. 114 in Chlorwasserstoffsäure auflöst und zur Trockne abdampft, so vereinigen sich

2 M.G. oder 56 Pfund Chrom mit
3 M.G. oder 106,2 Pfund Chlor
zu 1 M.G. oder 162,2 Pfund Anderthalb-Chlorchrom.

Es stellt ein rosenrothes lockeres Pulver dar, welches durch Glühen an der Luft wieder in Chromoxyd zurückverwandelt werden kann, indem der Sauerstoff der Luft wieder an das Chrom tritt und dadurch das Chlor nöthigt, seinen Platz zu verlassen, was denn auch durch das Entweichen in Gasgestalt geschieht.

Chlorchrom unter

80 Hitze u. Lufteinwirkung

Es bleibt hierbei unter starkem Aufblähen № 80 zurück, welches sich von den oben vorkommenden Chromoxyden durch eine eigenthümliche schönere Nüanze unterscheidet. Es soll sich in der Porzellanmalerei als sehr brauchbar bewährt haben, ist aber schwierig im Grossen darzustellen. Auch kommt es etwas theuer zu stehen, denn da sich gleichzeitig mit dem Chlor Dreifach-Chlorchrom entwickelt, so bedingt diess einen Verlust von $\frac{1}{4}$ Chromoxyd, was bei der Kostenberechnung für technische Zwecke nicht zu übersehen ist.

In Wasser löst sich das rosenrothe Chlorchrom mit dunkelgrüner Farbe auf. Es kann in dieser Form sehr leicht von vorn herein dargestellt werden, wenn man

1 M.G. zweifach-chromsaures Kali mit
7 M.G. Chlorwasserstoffsäure

kocht, wobei eine Wechselzersetzung erfolgt, indem die

7 M.G. Sauerstoff des chromsauren Kali mit den
7 M.G. Wasserstoff der Chlorwasserstoffsäure

sich zu Wasser vereinigen, wodurch an der einen Seite 2 M.G. Chrom und
1 M.G. Kalium, und an der andern Seite
7 M.G. Chlor

abgeschieden werden, die sich aber sogleich von Neuem so verbinden:

1 M.G. Kalium mit
1 M.G. Chlor
zu 1 M.G. Chlorkalium und
2 M.G. Chrom mit
3 M.G. Chlor
zu 1 M.G. Chlorchrom;

hierbei bleiben 3 M.G. Chlor übrig, die sich in Gasform entwickeln.

Wegen dieser Chlorgasentwickelung muss, wenn man in einem grössern Maassstabe arbeitet, ein ähnlicher Apparat angewendet werden, wie man sich dessen zur Chlorkalkbereitung bedient, damit das Chlor vom Kalk aufgenommen und dadurch unschädlich gemacht werde. Oder man thut das Gemenge in eine Retorte, verbindet mit derselben mittelst Kautschuk eine knieförmig gebogene Glasröhre und taucht diese in Kalkmilch, wenn die Chlorentwickelung beginnt.

Bei Versuchen im Kleinen hat man diess alles nicht nöthig. Ein Zusatz von Weingeist beseitigt alle schädliche Chlorwirkung. Es bildet sich Chloräther, dessen Geruch sehr wohl zu ertragen ist.

Auch einfach-chromsaures Bleioxyd № 68 S. 145 giebt mit Chlorwasserstoffsäure und Weingeist gekocht Anderthalb-Chlorchrom, unter gleichzeitiger Bildung von Chlorblei. Da letzteres sowohl als das chromsaure Bleioxyd in Weingeist unauflöslich sind, so hat man hierbei den Vortheil, eine weingeistige Auflösung von reinem Chlorchrom zu erhalten, welche ebenso wie die wässrige eine dunkelgrüne Farbe hat.

Das Anderthalb - Chlorchrom ist eine völlig neutrale Verbindung, so dass es in starker wässriger Auflösung auf ein blankes Eisen gestrichen, dieses nicht rosten macht. Ebenso verhält es sich gegen Zink. Diess ist zugleich ein Beweis, dass das Chrommetall von diesen beiden Metallen nicht gefällt wird.

Bringt man einen Tropfen auf ein Stück Marmor, so geschieht nichts, da das Salz neutral ist und Marmor es nicht zersetzt. Erfolgt dagegen ein Aufbrausen, so zeigt diess die Gegenwart von freier Säure an, die den Marmor auflöst. (Vergl. S. 132.)

Eine technische Anwendung des Chlorchroms als solches ist mir nicht bekannt. Zur Färberei und Druckerei taugt es nicht. Auf Zeug gedruckt zeigt es zwar die Farbe von № 47 S. 116, allein es ist durch kein mir bekanntes Mittel so zu befestigen, dass sie schön genug wäre und der Seifenwäsche widerstände.

Chrom und Schwefel.

Um des Vergleiches mit andern Metallen willen muss das Anderthalb-Schwefelchrom hier mit

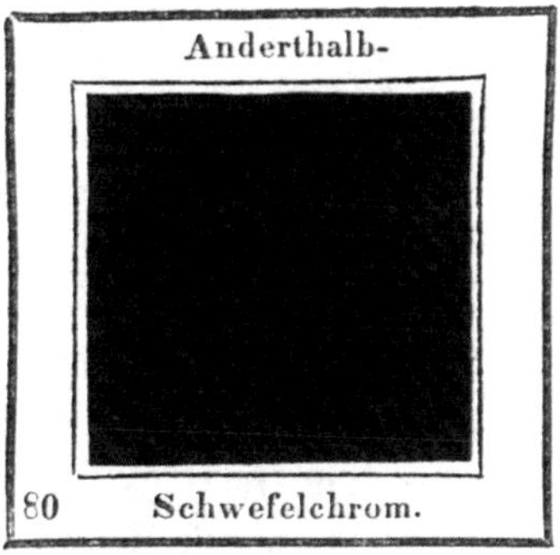
80 Anderthalb-Schwefelchrom.

aufgeführt werden. Es ist eine dem Chromoxyd entsprechende Verbindung, und wird dadurch gebildet, dass Schwefel an die Stelle seines Sauerstoffs tritt. Diess wird dadurch bewirkt, dass man Chromoxyd mit fünffach Schwefelkalium in starker Hitze schmelzt, und hierauf das überschüssige Schwefelkalium mit Wasser auslaugt.

Auf nassem Wege ist diese Verbindung nicht darzustellen. Auch giebt es kein Schwefelchromhydrat. Mischt man eine Chromoxydsalzauflösung mit Schwefelwasserstoffammoniak, so entsteht zwar ein grüner Niederschlag, der aber nichts weiter als Chromoxydhydrat ist. Schwefelwasserstoff allein bewirkt gar keine Fällung. Daher wird es sehr leicht, die Oxyde des Antimons, Wismuths, Kadmiums, Bleis, Zinns, Kupfers, Quecksilbers, Silbers etc. vom Chromoxyd zu trennen, weil sie, selbst aus sauren Auflösungen, durch Schwefelwasserstoff gefällt werden, das Chromoxyd dagegen in der Auflösung verbleibt.

Zum Pflanzen- und Thierreich hat das Chrom keine Beziehungen; als Nahrung wird es nicht von ihnen aufgenommen, wie diess im Gegentheil mit Eisen und Mangan der Fall ist. Das Chromoxyd scheint keine giftigen Wirkungen zu äussern; dagegen ist die Chromsäure vielen Thieren tödlich, weil sie so leicht Sauerstoff abgiebt und dadurch unfehlbar Entzündungen veranlasst.

Vom Wismuth und seinen Verbindungen.

Das Wismuth ist im Mineralreich nicht in grosser Menge vorhanden und dieses ist kein Unglück, da seine chemischen und physikalischen Eigenschaften von der Art sind, dass daraus, so weit wenigstens unsere Erfahrungen bis jetzt reichen, kein besonderer Nutzen für die Gewerbe hervorgehen kann.

In der Weise seines Vorkommens unterscheidet er sich von den bisher abgehandelten Metallen Zink, Kadmium, Mangan und Chrom, dass es auch gediegen, d. h. ohne durch Sauerstoff, Schwefel oder Chlor vererzt zu sein, im Mineralreich angetroffen wird. Es wird in diesem Fall aus der Gangart ausgeschmolzen durch einen Process, den die Hüttenleute das »Saigern« nennen.

Um aus diesem käuflichen Wismuth, welches Arsenik und andere Metalle enthält, ein reines Wismuth darzustellen, löst man es in Salpetersäure auf, und thut so viel mehr hinein, dass etwas Wismuth im Ueberschuss bleibt. Hierauf giesst man das Klare von diesem und einem schwarzen Pulver, welches meistens Arsenik ist, ab, und mischt es mit dem 20fachen seines Gewichtes Wasser. Der entstehende weisse Niederschlag, welcher basisch salpetersaures Wismuthoxyd № 87 S. 179 ist, wird nach dem Auswaschen und Trocknen durch gelindes Glühen im Kohlentiegel zu Metall reduzirt.

Das so erhaltene Wismuth hat eine silberweisse, ins Röthliche spielende Farbe. Es lässt sich

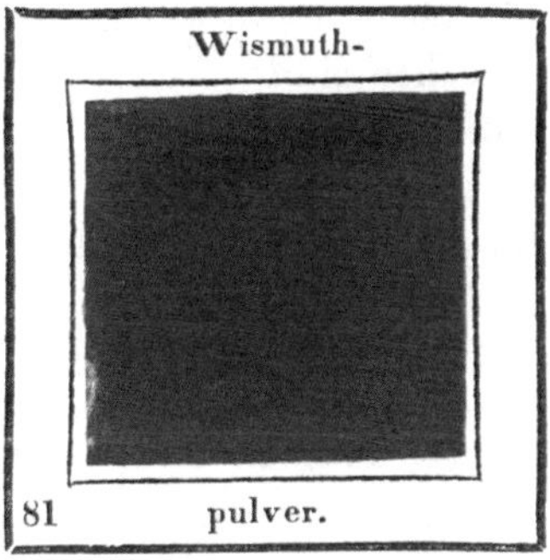

stossen und zum feinsten Pulver zerreiben. Um diess auf eine leichte Weise zu bewerkstelligen, schmelzt man es und giesst es in einem dünnen Strahl in kaltes Wasser. Es bekommt dadurch eine noch grössere Sprödigkeit als es schon hat und die Pulverung ist nun gar nicht mehr schwierig. № 81 ist auf diese Weise dargestellt. Es wurde mit Wasser befeuchtet, zerrieben und geschlemmt. Da sich hierbei etwas Suboxyd bildet, so wird diess durch Waschen mit Chlorwasserstoffsäure entfernt.

Das auf nassem Wege dargestellte Wismuth sieht schwarz aus, da es in Form des feinsten Pulvers sich abscheidet. Diess geschieht z. B. wenn man in die Auflösung des salpetersauren Wismuths einen Zinnstab stellt. Dieser überzieht sich bald mit einer schwarzen Rinde, die im Zunehmen sich in Form eines höchst feinen Niederschlags ablöst und mit der Farbe von № 82 erscheint.

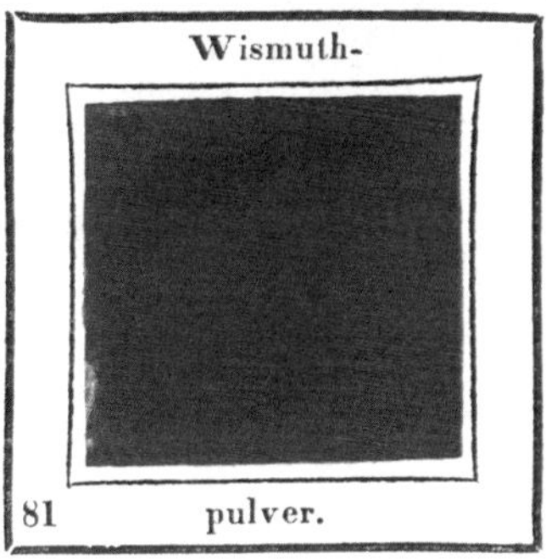

Das Mischungsgewicht des Wismuths ist = 71, d. h. nur mit einem Mengenverhältniss von 71 ist es im Stande, der chemischen Einwirkung des

Mischungsgewichtes irgend eines andern Stoffes das Gleichgewicht zu halten. Daher sind

71 Pfund Wismuth erforderlich, um
mit 8 Pfund Sauerstoff Wismuthoxyd,
mit 16 Pfund Schwefel, Schwefelwismuth, u.
mit $35\frac{4}{10}$ Pfund Chlor, Chlorwismuth
zu bilden.

Da das Wismuth mehrere Metalle aus ihren Auflösungen fällt, so geschieht es auch nur entsprechend diesem Zahlenverhältnisse, so dass

71 Pfund Wismuth
erfordert werden, um z. B.
48 Pfund Platin,
66 Pfund Gold,
101 Pfund Quecksilber und
108 Pfund Silber
aus ihren Auflösungen in metallischer Gestalt niederzuschlagen. Und da ferner Eisen, Zink, Kadmium, Zinn und Blei das Wismuth aus seinen Auflösungen abscheiden, so kehrt auch dabei dasselbe Zahlenverhältniss wieder, wie es den M.G. dieser Metalle entsprechend ist. Daher können

71 Pfund Wismuth gefällt werden
durch: 27 Pfund Eisen,
32 Pfund Zink,
32 Pfund Kupfer,
56 Pfund Kadmium,
59 Pfund Zinn, und
104 Pfund Blei.

Bei einer praktischen Prüfung dieser Angaben wird man auf einige scheinbare Ausnahmen stossen, die nicht damit übereinstimmen. Diese rühren daher, dass die neutralen Wismuthsalze sich beim Auflösen mit Wasser in saure und basische zerlegen. Dessen ungeachtet bleibt aber doch der Satz richtig, dass, um die angegebene Menge Wismuth zu fällen, nicht mehr von den oben genannten Metallen erfordert wird, als durch die Zahlen ausgedrückt ist. Was man mehr gebraucht, kommt auf Rechnung der freien Säure.

Das Wismuth ist flüchtig bei starker Hitze, wie Zink und Kadmium, und sein Dunst verdichtet sich in Form kleiner Blättchen beim Abkühlen.

Es dehnt sich beim Erkalten aus. Diess lässt sich durch folgendes Experiment recht deutlich zeigen. Man erwärmt eine Thermometerröhre an dem einen Ende, und saugt darin mit dem Munde geschmolzenes Wismuth auf. Die Röhre zerspringt nach wenigen Sekunden der Abkühlung der Länge nach. Zink, Zinn, Antimon und Blei wirken nicht so.

Das Wismuth schmilzt erst bei einer Hitze, die noch anderthalbmal so gross ist als die des kochenden Wassers, daher ist es um so wunderbarer, dass es einem Gemisch von zwei andern Metallen, deren Schmelzpunkt noch etwas höher liegt, nämlich von Zinn und Blei, eine Leichtflüssigkeit ertheilt, die in Erstaunen setzt.

Schon wenn man jedem dieser Metalle einzeln Wismuth zusetzt, werden sie leichtflüssiger, der höchste Grad wird aber durch Vereinigung von allen dreien zusammen erreicht, denn schmelzt man 1 M.G. oder 104 Loth Blei und
1 M.G. oder 71 Loth Wismuth

zusammen, so erhält man ein Gemisch, welches bei 130° R. flüssig wird. Schmelzt man ferner:

1 M.G. oder 59 Loth Zinn mit

1 M.G. oder 71 Loth Wismuth

zusammen, so erhält man ein Gemisch, welches bei 108° R. flüssig wird. Schmelzt man dagegen beide Gemische zusammen, so dass man eine Zusammensetzung hat von:

1 M.G. oder 104 Loth Blei

1 M.G. oder 59 Loth Zinn mit

2 M.G. oder 142 Loth Wismuth,

so erhält man ein Gemisch, welches nicht, wie es eigentlich sein sollte, bei 119° R. schmilzt, sondern schon bei 79° R. flüssig wird, also noch einen Grad weniger gebraucht, als wobei Wasser zum Kochen kommt!

Man nennt dieses Gemisch das leichtflüssige Metall. Je nachdem man das Verhältniss von Zinn und Blei zum Wismuth verändert, erhält man Gemische, welche schwerer schmelzbar sind als das angegebene, und man hat es in seiner Gewalt, ganze Reihen darzustellen, die nach dem verschiedenen Grade der Schmelzbarkeit auf einander folgen. Man hat dergleichen wirklich gemacht und mit grossem Nutzen als Sicherheitsventile bei Dampfkesseln benutzt.

Die gewöhnlichen Ventile gewähren nämlich, wegen folgenden merkwürdigen Verhaltens des Wassers in der Weissglühhitze, nicht immer vollkommene Sicherheit.

Lässt man Wasser tropfenweise in einen weissglühenden Platintiegel fallen, so kann man ihn füllen, ohne dass das Wasser schnell verdampft, was dagegen in einem minder heissen Tiegel geschieht. Das Wasser ist unter jenen Umständen bald ruhig, bald nimmt es eine drehende Bewegung an, aber niemals nimmt man Dämpfe wahr.

Entfernt man nun den Tiegel vom Feuer, so geräth das Wasser, sobald der Tiegel bis zum Dunkelrothglühen abgekühlt ist, plötzlich in heftiges Kochen und verwandelt sich gänzlich in Dampf.

Da nun also Wasser in so starker Hitze aufhört, Dampf zu geben, so wird, wenn bei einem Dampfkessel durch zu starkes Heizen dieser Fall einmal eintritt, die Sicherheitsklappe oder das Ventil nicht mehr gehoben werden, und der Kessel wird zerspringen, sobald die Hitze wieder etwas nachlässt, weil sich nun eine so grosse Menge Dampf auf einmal entwickelt, dass die Oeffnung des Ventils zu klein ist. Hier ist es nun, wo man die sehr zweckmässige Anwendung der leichtschmelzbaren Metallgemische gemacht hat.

Diese Metallgemische werden in offne kreisförmige Gehäuse, welche am Dampfkessel angebracht und nach innen mit 2—3 Schraubengängen versehen sind, gegossen.

Sie bewirken durch ihr früheres Schmelzen, dass der Kessel nie jene Hitze erreichen kann, wobei das Wasser nicht mehr verdampft. Man setze z. B. die Hitze, zu welcher man den Dampf im Kessel bringen will = 110° R., so füllt man ein grösseres und ein kleineres Gehäuse am Kessel mit zwei verschiedenen Gemischen aus, nämlich das kleinere mit einem, welches bei 120° R., das grössere mit einem welches bei 130° R. schmilzt, damit der Dampf schneller und häufiger entweichen kann, wenn die Oeffnung im kleinern Gehäuse (nachdem das Metall herausgeschmolzen) nicht zureichen sollte.

Man hat jedoch gefunden, dass das kleinere Gehäuse immer hinreichte. Denn wenn das darin enthaltene Metall geschmolzen war, so konnte man die Hitze im Kessel nie mehr so hoch bringen, dass auch das im grössern Gehäuse enthaltene Metall geschmolzen wäre.

Das leichtflüssige Metall nach der Zusammensetzung, wie es oben (S. 168) angegeben, schmilzt, wie bereits gesagt, noch eher als Wasser siedet (bei 79° R.). Wenn man daher eine Stange in siedendes Wasser hält, so zerfliesst sie wie Wachs, sammelt sich auf dem Boden des Gefässes, und giebt nach dem Erkalten zu einer harten Masse einen genauen Abdruck dieses Bodens mit allen seinen Unebenheiten oder Hervorragungen.

Diess Verhalten hat man benutzt, um Abgüsse in Holzformen zu machen, da man hier keine Gefahr läuft, diese durch das geschmolzene Metall zu verbrennen.

Sollen diese Abgüsse gelingen, so muss man sich vor Luftblasen hüten, die besonders dann entstehen, wenn das geschmolzene Metall zu heiss in die Form gegorsen wird. Man muss daher das Metall, nachdem es geschmolzen ist, so lange stehen lassen, bis es am Rande anfängt zu erharten, dann erst giesst man das noch Flüssige in die erwärmte Form.

Man hat vorgeschlagen, sich dieses leichtflüssigen Metalls als eines Mittels zu bedienen, Stein und Eisen zu vereinigen, z. B. beim Fussgestell der Statuen. Diess kann nur da von Nutzen sein, wo die Steinart den Hitzgrad des geschmolzenen Bleies nicht vertragen kann, denn das leichtflüssige Metall kommt wegen seines grossen Wismuthgehaltes um ein Bedeutendes theurer zu stehen als Blei.

Eine Mischung, die noch leichter schmilzt als die S. 168 erwähnte, erhält man aus

3 M.G. oder 312 Loth Blei,
3 M.G. oder 177 Loth Zinn und
7 MG. oder 497 Loth Wismuth,

sie wird schon bei 73° R. flüssig und wird auch mit Vortheil zum Abklatschen von Druckformen u. s, w. gebraucht.

Ein aus dieser Metallmischung geformter Becher kann zu einem recht hübschen Experiment dienen: er schmilzt zusammen wie Wachs, wenn man ihn rasch mit kochendem Wasser füllt.

Wenn man zu diesem Gemisch noch 1 M.G. oder 101 Loth Quecksilber hinzufügt, so wird, wie sich erwarten lässt, die Leichtflüssigkeit noch um ein Bedeutendes erhöht, die Schmelzung erfolgt nämlich jetzt schon bei 60° R. Diess ist eine Wärme, die nicht mehr zerstörend auf organische Gebilde wirkt; daher diese Masse wohl mit Recht zum Ausspritzen anatomischer Präparate zu empfehlen ist. Bei 48° R. ist sie wieder vollkommen fest.

Ebenso wirksam, wie gegen Zinn und Blei, nur das entgegengesetzte Resultat bedingend, zeigt sich das Wismuth gegen das Gold. Dieses sehr weiche und geschmeidige Metall wir durch $\frac{1}{12}$ Wismuth äusserst spröde. Die Wirksamkeit des Wismuths erstreckt sich aber so weit, dass ein Gemisch aus

1900 Loth Gold mit nur
1 Loth Wismuth

zusammengeschmolzen, sich noch so spröde zeigt, dass es schwierig zu verarbeiten ist.

Fast unglaublich, und für die Zweifler homöopathischer Heilwirkungen vielleicht etwas ungelegen, ist die Wirksamkeit des Wismuths in folgendem Falle. Wenn man in

1.200,000 Gran reinem Quecksilber
1 Gran Wismuth

auflöst, und nun etwas in Quecksilber aufgelöstes Kalium hinzumischt, so zeigt sich beim Uebergiessen mit Wasser sogleich ein schwarzes Pulver auf der Quecksilberoberfläche. Ohne Wismuth ist diess nicht der Fall.

Wismuth und Sauerstoff.

Man kennt bis jetzt 3 Wismuthoxyde, die unter den Namen Wismuthoxyd, Wismuthhyperoxyd und Wismthsuboxyd unterschieden werden. Nur mit dem ersteren werden wir uns hier vorzugsweise zu beschäftigen haben, da die beiden andern bloss des allgemeinen Vergleichs der Metalle unter einander wegen in Betracht kommen.

Wismuthoxyd.

Wie das Zink, verbrennt Wismuth, wenn man es in einem Tiegel bis zum Sieden erhitzt. Das

Licht welches sich hierbei entwickelt, ist jedoch minder schön und nur schwach. Es wird auch

hierbei der Sauerstoff aus der Luft aufgenommen und ein Wismuthoxyd gebildet, welches man früher auch wohl Wismuthblumen nannte, indem es sich beim Verbrennen des Wismuths an kalte Körper in eigenthümlicher Gruppirung anlegt.

Um es in reiner Gestalt darzustellen, erhitzt man das basisch-salpetersaure Wismuthoxyd № 87 in einem Porzellantiegel, wodurch die Salpetersäure vollends zerstört wird.

Es ist seiner Zusammensetzung nach ein Einfach-Sauerstoffwismuth, entspricht also dem Zinkoxyd № 1 S. 27, und dem Manganoxydul № 13 S. 58, und besteht aus

1 M.G. oder 71 Pfund Wismuth und
1 M.G. oder 8 Pfund Sauerstoff,

daher die Zahl 79 sein Mischungsgewicht ist.

Wird Wismuthoxyd stark erhitzt, so zeigt es eine Farbenänderung, der ähnlich, die schon S. 29 vom Zinkoxyd erwähnt worden. Sein Gelb geht nämlich in Orange über und kehrt erst beim Erkalten wieder. Man kann diess nach Belieben wiederholen.

Streicht man Wismuthoxyd auf eine Glasröhre und erhitzt es über der Weingeistflamme, so kommt es bald in Fluss und haftet fest am Glase. Ist es mit Goldpulver gemengt, so befestigt es auch dieses und die anfangs matte Vergoldung nimmt unter dem Polirstahl Goldglanz an. Auf Porzellan erfolgt bei stärkerem Feuer dasselbe. Es beruht hierauf die Vergoldung desselben. Man bedient sich hierzu gewöhnlich eines Gemenges, welches aus 10 Gran Wismuthoxyd und 150 Gran Goldpulver besteht, und malt es mit gereinigtem Terpentinöl auf.

Mit Wasser vereinigt es sich zum Hydrat.

Wismuthoxyd-

84 hydrat.

Diess bildet sich als ein weisser Niederschlag № 84, wenn man reine Kaliauflösung mit salpetersaurer Wismuthoxydauflösung vermischt. Es enthält, auch noch so gut mit reinem Wasser ausgewaschen, stets etwas Kali.

Diese Verunreinigung mit Kali ist seiner technischen Anwendung nicht entgegen, die jedoch höchst selten ist, da man das wasserfreie Oxyd aus basisch-salpetersaurem Wismuthoxyd dargestellt, vorzieht.

Das Wismuthoxydhydrat verhält sich zu siedender Kaliauflösung wie das Kupferoxydhydrat,

Wismuthoxydhydrat

85 durch Kali zerlegt.

es geht unter Aenderung seiner Farbe in w a s s e r f r e i e s Oxyd № 85 über. Vergleicht man dieses mit № 83, welches durch Glühen dargestellt worden, so ist ein geringer Unterschied in der Farbe bemerkbar, der seinen Grund in den verschiedenen Umständen hat, welche bei ihrer Darstellung obwalteten. Beim Kupferoxyd ist der Farbenunterschied bedeutend grösser, je nachdem die Darstellung auf trocknem oder nassem Wege geschah.

Aus obiger Thatsache folgt, dass das Wismuthoxyd in Kaliauflösung unauflöslich ist. Diese Eigenthümlichkeit wird benutzt, um es behufs einer Analyse von solchen Oxyden zu trennen, die in Kaliauflösung auflöslich sind. Besonders vom Bleioxyd.

Gesetzt, man wollte wissen wie viel in einer Mischung, welche aus Blei und Wismuth besteht, von jedem enthalten sei, so löst man sie in Salpetersäure auf, und vermischt dieselbe mit einem Ueberschuss von Kali- oder Natronauflösung, und kocht sie längere Zeit. Das Wismuthoxyd fällt anfangs als Hydrat № 84 nieder, verliert aber während des Kochens sein Wasser, und geht in № 85 über. Das Bleioxyd erleidet keine andere Aenderung, als dass es in der alkalischen Flüssigkeit aufgelöst wird, und daher durch Filtriren vom Wismuthoxyd geschieden werden kann. Das Bleioxyd kann aus der abfiltrirten Flüssigkeit durch Schwefelsäure gefällt werden.

Das Wismuthoxydhydrat löst sich nicht in Ammoniak auf, wohl aber das Kadmiumoxydhydrat. Das Ammoniak kann demnach als ein Trennungsmittel für beide Oxyde benutzt werden, wenn sie zusammen in einer Auflösung befindlich sind.

Das Wismuthoxyd ist eine höchst schwache Basis. Es wird schon durch die schwächste Basis, die wir kennen, durch das Wasser, aus seinen

Verbindungen ausgetrieben, indem sich dieses der Säure bemächtigt, womit es verbunden ist. Diess Verhalten, durch Wasser zerlegt zu werden, ist daher charakteristisch für alle Wismuthoxydsalze, welches sie nur mit den Antimonoxydsalzen gemein haben.

Nach S. 173 enthalten

79 Gran Wismuthoxyd

71 Gran Wismuthmetall,

man kann also nach der Menge des ersteren, welches man bei einer Analyse bekommt, die Menge des darin enthaltenen Metalls berechnen.

Wismuthoxydsalze.

Von diesen sind nur vorzugsweise folgende von Interesse für uns.

Kohlensaures Wismuthoxyd.

Mit der Kohlensäure bildet das Wismuthoxyd

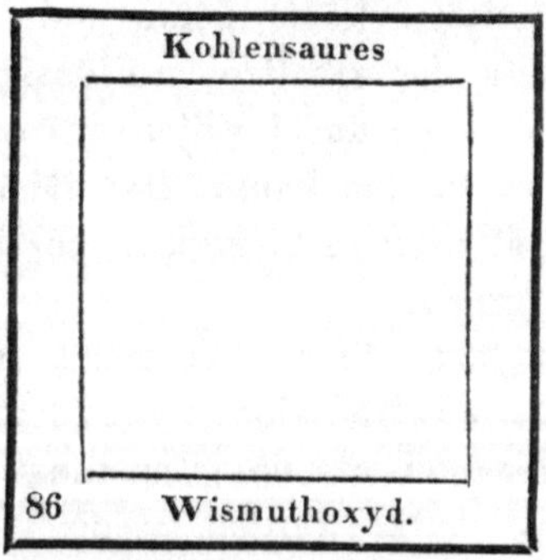

kein neutrales Salz. Dazu ist es nicht basisch genug. Daher entwickelt sich ein Theil der Kohlensäure, wenn man die Krystalle des salpetersauren Wismuthoxyds mit kohlensaurer Kaliauflösung übergiesst. Da man diese Verbindung gewöhnlich nur aus dem Grunde darstellt, um bei der chemischen Untersuchung einer wismuthhaltigen Verbindung die Menge des Wismuths zu bestimmen, so wird kein kohlensaures Kali zur Fällung angewendet, weil, wie S. 174 bemerkt, etwas Kali sich mit dem Oxyd verbindet und niederfällt, was die Rechnung unrichtig machen würde. Man fällt es daher mit kohlensaurem Ammoniak. Dieses löst im Anfange viel Wismuthoxyd auf; wenn man aber das Gemisch einige Stunden im Wasserbade erwärmt, so erfolgt wieder eine vollständige Trennung und alles Oxyd hat sich niedergeschlagen. Es wird ausgewaschen, getrocknet und geglüht, wobei es seine Kohlensäure verliert und in Wismuthoxyd übergeht. Aus der Menge desselben lässt sich, wie eben angegeben, der Wismuthgehalt der Verbindung berechnen.

Um hierbei keine Irrthümer zu begehen, ist eine Hauptvorsicht nöthig. Es darf das Wismuthsalz, welches durch Ammoniak zerlegt werden soll, kein Chlor und keine Chlorwasserstoffsäure enthalten. Es fällt sonst Chlorwismuth mit nieder. welches selbst durch Glühen nicht gänzlich zu entfernen ist.

Eine reine salpetersaure Wismuthoxydauflösung mit kohlensaurem Ammoniak niederzuschlagen, ist demnach das Zweckmässigste. Sollte sie auch durch Zusatz von Wasser schon theilweise zerlegt sein, so ist diess ohne Nachtheil, da ein salpetersäurehaltiges Oxyd in der Glühhitze seine Säure verliert.

Salpetersaures Wismuthoxyd.

Salpetersäure und Wismuth wirken mit grosser Heftigkeit aufeinander. Giesst man z. B. nur so viel Säure auf kleine Wismuthstückchen, dass diese davon bedeckt werden, so erfolgt unter Entwickelung von rothen Dämpfen ein äusserst starkes Aufbrausen und Kochen, denn die Hitze ist so gross, dass Glasgefässe auf der Stelle zerspringen. Hierbei entreisst nämlich das Wismuth der Salpetersäure um so schneller den Sauerstoff, je stärker sie ist, und wird zu Sauerstoffwismuth oder Wismuthoxyd, welches ein anderer unzersetzt gebliebener Theil Salpetersäure auflöst.

Es entsteht hierbei nicht mehr Wismuthoxyd, als der unzersetzt bleibende Theil Salpetersäure aufzulösen vermag. Daher bleibt die Auflösung, welche salpetersaures Wismuthoxyd ist, klar, selbst in dem Fall, wo noch viel rückständiges Wismuth in derselben befindlich ist.

Diess Verhalten ist sehr verschieden von dem des Zinns und Eisens zur Salpetersäure. Diese zeigen dieselbe Erscheinung einer sehr heftigen Wechselwirkung, aber das Product ist nicht bloss die salpetersaure Verbindung, sondern auch Zinn- und Eisenoxyd, indem hier die Wirkung so heftig ist, dass Zinn und Eisen das bereits entstandene salpetersaure Zinn- oder Eisenoxyd wieder zerlegen, und auch auf Kosten der in dieser Verbindung enthaltenen Säure sich in Oxyde verwandeln, besonders ist es mit dem Zinn der Fall. (Vergl. daselbst.)

Am besten bereitet man sich das salpetersaure Wismuthoxyd dadurch, dass man nach und nach so viel Wismuth in die Säure einträgt, als sich auflösen will. Hierbei wird zu starke Erhitzung vermieden, und man erhält eine Auflösung, die nach langsamen Verdunsten Krystalle in Form sechs- und achtseitiger Säulen bildet welche aus

1 M.G. oder 79 Pfund Wismuthoxyd,

1 M.G. oder 54 Pfund Salpetersäure und

3 M.G. oder 27 Pfund Wasser bestehen,

daher die Zahl 160 das M.G. für das krystallisirte salpetersaure Wismuthoxyd ist.

Diese Krystalle werden, in Wasser geworfen, auf eine ganz eigenthümliche Weise verändert. Sie werden nämlich nicht aufgelöst, sondern erleiden durch das blosse Wasser eine solche Zersetzung, wie es bei andern Metallsalzen nur mit Hülfe starker Basen der Fall ist. Das Wasser trennt die Bestandtheile dieses Salzes und verbindet sich mit der Salpetersäure unter gleichzeitiger Abscheidung des Wismuthoxyds. Diess wird jedoch nicht aller Salpetersäure beraubt, sondern behält eine bedeutende Menge davon zurück, daher es den Namen **basisch salpetersaures Wismuthoxyd** führt. Es ist, wie № 87 beweist, ein ausgezeichnet schönes Weiss, und als solches in der Malerei unter der Benennung **Wismuthweiss**, oder **Spanisch Weiss** *(blanc d'espagne)* bekannt und geschätzt.

Basisch salpetersaures

87 Wismuthoxyd.

Um es in einem etwas grossen Maassstabe möglichst weiss, leicht und locker zu erhalten, ist es nicht gleichgültig, auf welche Weise man die Zerlegung des salpetersauren Wismuthoxyds mittelst Wasser bewerkstelligt. Giesst man z. B. Wasser auf die Krystalle oder in die Wismuthauflösung so erhält man ein schweres, krystallinisches Pulver, das nur sehr schwierig mit dem Pinsel zu bearbeiten ist. Macht man es dagegen umgekehrt, und lässt die Wismuthauflösung in einem dünnen Strahl in rasch bewegtes Wasser fliessen, welches etwa 20mal so viel ausmacht, als jene, und wäscht nun den Niederschlag gut aus, so bekommt man die Farbe mit den oben erwähnten Eigenschaften.

Je nachdem eine solche salpetersaure Wismuthauflösung viel oder wenig überschüssige Säure enthält, und man mehr oder minder Wasser anwendet, fällt auch das Product verschieden aus. Kommt es darauf an, ein immer gleiches Präparat von immer gleicher Zusammensetzung zu erhalten, so wendet man nicht die saure Auflösung, sondern krystallisirtes salpetersaures Wismuthoxyd an, wie folgt:

Man schüttet unter raschem Umrühren in
240 Pfund siedendes Wasser
10 Pfund krystallisirtes salpetersaures Wismuthoxyd.

Es werden nach dem Auswaschen und Trocknen $4\frac{1}{2}$ Pfund eines weissen Niederschlages erhalten, der aus

1 M.G. salpetersaurem Wismuthoxyd und
3 M.G. Wismuthoxydhydrat

zusammengesetzt ist. Es ist diess die beste Methode, das Wismuthweiss für die medizinische Anwendung zu bereiten.

Wird die oben angegebene Wassermenge abgeändert, so erhält man ein im Aeussern sowohl als auch der Zusammensetzung nach abweichendes Produkt. Wenn nämlich in

100 Pfund kaltes Wasser
10 Pfund krystallisirtes salpetersaures Wismuthoxyd

eingerührt werden, und man hierauf die Flüssigkeit erhitzt, so schlagen sich glänzende Schuppen nieder. Diess Weiss scheint mir weniger für die Malerei zu passen.

Nimmt man zur Zerlegung des salpetersauren Wismuthoxyds Weingeist anstatt Wasser, so erhält man in Bezug auf mechanische Zertheilung das feinste, lockerste Pulver, welches daraus darzustellen ist. Man bringt unter fortwährendem Umrühren in

100 Pfund starken Weingeist
10 Pfund krystallisirtes salpetersaures Wismuthoxyd

und süsst den Niederschlag mit Weingeist aus. Die Mutterlaugen werden gesammelt, die Säure mit Natron gesättigt, und der Weingeist wieder abdestillirt um ihn nicht zu verlieren.

Das basisch salpetersaure Wismuthoxyd hat man in England in die Dochte gebracht, um, wie behauptet wird, das Verbrennen der Talglichte vollständiger und die Flamme weiss zu machen. Auch soll der unangenehme Geruch, den man immer bemerkt, wenn man in ein mit Talglichten erleuchtetes Zimmer tritt, dadurch beseitigt werden. Auch wird behauptet, solche Lichte brauchten nicht geputzt zu werden. Ich habe mich von dem Nuzzen dieses Zusatzes nicht überzeugen können.

Das Wismuthweiss deckt vortrefflich. Nur ist es Schade, dass gerade die Metalle, welche das schönste Weiss geben, z.B. Wismuth und Blei, sich so leicht mit Schwefel zu braunen oder schwarzen Verbindungen vereinigen. Daher wird auch das Wismuthweiss sehr bald schmutzig und sogar schwärzlich, wenn es thierischen Ausdünstungen ausgesetzt ist, welche Schwefelwasserstoff enthalten. Die Farbe von № 88 giebt einen Begriff von der Wirkung dieses Stoffes, mit dem das Zeug, worauf sich № 87 befand, absichtlich in Berührung gebracht wurde. In früheren Zeiten, wo man Geschmack fand an einer büstenartigen Weisse von Hals und Busen, schminkten sich manche Damen mit diesem Wismuthweiss und büssten dafür nicht selten auf die grausamste Weise. Das blendende Weiss wurde plötzlich bleifarben, wenn irgend eine Schwefelwasserstoffquelle geöffnet wurde, und mit der Dame in Contact kam. Es war, um eine Schöne hässlich zu machen, schon der Dunst von dem Ausräumen eines wohlgegohrenen Rinnsteins hinlänglich, wovon es in Berlin und andern grossen Städten oft ausgezeichnet wirksame Exemplare giebt. Par terre zu wohnen war also für wismuthweisse Damen gefährlich, und Luftzug zu gewissen Zeiten nicht minder.

Wismuthweiss mit
88 Schwefelwasserstoff

Das S. 179 beschriebene Verhalten des salpetersauren Wismuthoxyds zum Wasser unterscheidet es hinlänglich von den entsprechenden salpetersauren Verbindungen des Zinks, Kadmiums, Chroms, Mangans, Zinns, Bleis, Nickels, Kobalts, Kupfers und Silbers, die alle in jedem Verhältniss mit reinem Wasser gemischt werden können, ohne dass sich auch nur etwas Oxyd abscheidet. Dagegen aber verhalten sich die Antimonsalze ähnlich.

Wismuthhyperoxyd.

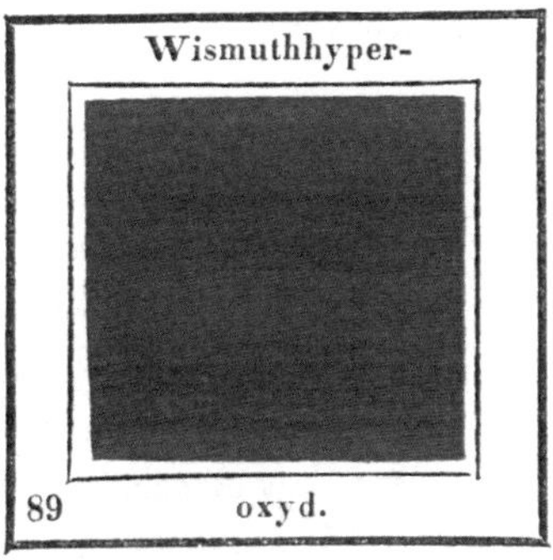

Der Name, den man diesem Oxyde gegeben hat, kann zu dem Irrthume leiten, als entspräche es dem Manganhyperoxyd. Diess ist nicht der Fall. Es hat vielmehr gleiche Zusammensetzung mit dem Manganoxyd № 30 S. 85 und Chromoxyd № 53 S. 126, bestehend aus

2 M.G. oder 142 Pfund Wismuth und
3 M.G. oder 24 Pfund Sauerstoff,

daher ihm die Benennung **Anderthalb-Sauerstoffwismuth** gebührt.

Es wird aus reinem Wismuthoxyd dargestellt, welches man durch Glühen des basisch salpetersauren Wismuthoxyds № 87 S. 179 erhält. Dieses wird aufs feinste zerrieben, und so lange mit **Chlornatron** (vergl. Einl. in die techn. Chemie, 1836 S. 259.) gekocht, bis es schwarzbraun geworden ist. Es enthält nun noch etwas gelbes

Oxyd, welches man durch Digestion mit einer Mischung aus 1 Theil Salpetersäure und 9 Theilen Wasser auflöst und abscheidet.

Mit Wismuthoxydhydrat № 84 S. 174 erfolgt die Umänderung in diess Oxyd schwieriger, weil hier das Wasser dem Sauerstoff nicht leicht seinen Platz einräumt.

Es verhält sich dem Manganoxyd und braunen Bleioxyd ähnlich, und entwickelt auch, wie diese mit Chlorwasserstoffsäure erwärmt, Chlor.

Wismuthsuboxyd.

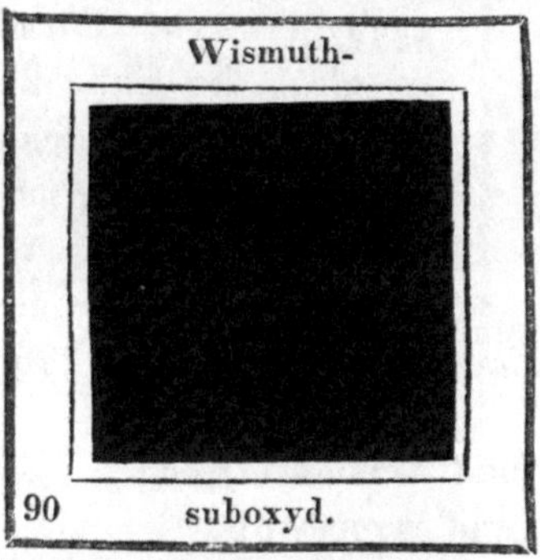

Das Wismuth rostet an der Luft und spiegelt dabei oft mit recht schönen Farben. Diese rühren von einem Suboxyd her, welches in seiner Zusammensezzung wahrscheinlich dem Zinksuboxyd № 5 S. 40 entspricht, da es mit Chlorwasserstoffsäure behandelt, in sich auflösendes Wismuthoxyd und ein zurückbleibendes Metall zerlegen lässt. Es wird daher Halb-Sauerstoffwismuth genannt werden müssen.

In der s. g. Wismuthasche, welche sich auf der Oberfläche von schmelzendem Wismuth bildet, ist dieses Suboxyd enthalten. Es verbrennt erst nach längerem Erhitzen vollständig zu Oxyd № 83 S. 173.

Wird basisch salpetersaures Wismuthoxyd in einer verschlossenen Flasche mit Einfach-Chlorzinnauflösung digerirt, so scheidet sich ein schwarzes Pulver ab, welches im luftleeren Raume getrocknet, dieselbe Farbe behält. Da es an der Luft zu Wismuthoxyd verbrennt, so scheint es gleichfalls Suboxyd zu sein.

Die besprochenen 3 Sauerstoffungsstufen des Wismuths geben nach ihren Bestandtheilverhältnissen gruppirt, folgendes Bild

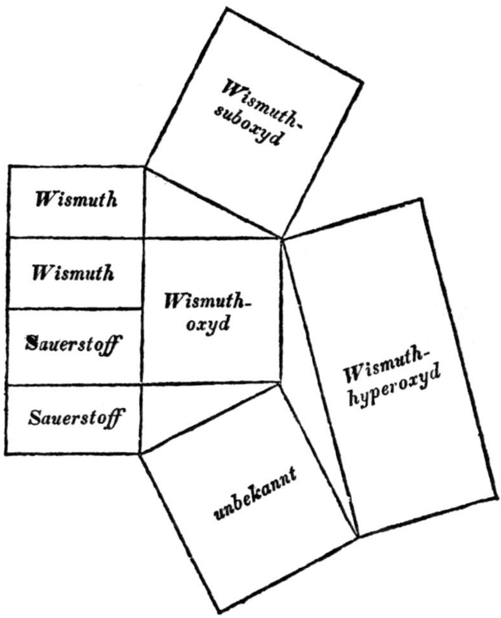

Vergleicht man dieses Schema mit dem, welches das Mangan bildet, S. 93, so fällt es besonders auf, dass das dem Manganhyperoxyd № 23

S. 69 entsprechende Oxyd beim Wismuth fehlt, diess wäre also zunächst noch zu entdecken. Die Möglichkeit, dass diess geschehen könne, ist nicht abzuleugnen, da es nothwendig in dem schwarzen Wismuthoxyd enthalten sein muss, indem diess ein Anderthalb-Sauerstoffwismuth ist, welches, wie alle Anderthalb-Sauerstoffmetalle, zusammengesetzt sein muss aus einer Sauerstoffungsstufe, welche man Oxydul nennt, und einer andern, die mit Hyperoxyd bezeichnet wird.

Wismuth und Schwefel.

Kommen Wismuth und Schwefel im geschmolzenen Zustande zusammen, so erfolgt eine Vereinigung zu **Schwefelwismuth**, und zwar unter ähnlichen Feuererscheinungen, wie bei seiner Vereinigung mit Sauerstoff und Chlor. Man kann daher ebensowohl sagen, der Schwefel verbrennt das Wismuth, wie man sagt, der Sauerstoff thut es, und wie es ebenso vom Chlor heissen muss.

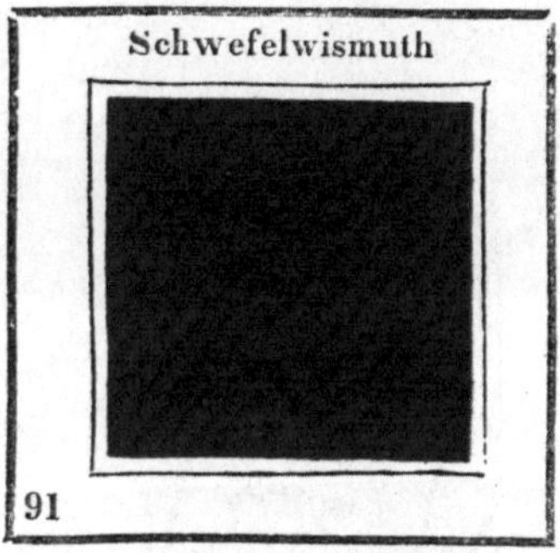

Das Schwefelwismuth № 91, welches aus
1 M.G. oder 71 Pfund Wismuth und
1 M.G. oder 16 Pfund Schwefel
besteht, ist lange nicht so leichtflüssig, als seine beiden Bestandtheile für sich, welches wiederum beweist, dass die chemische Durchdringung zweier

Stoffe stets zugleich ein Austilgen der alten, und und ein Erschaffen neuer Eigenschaften ist.

Im Mineralreich kommt es unter dem Namen Wismuthglanz vor. Dieses so wenig als das künstliche ist einer technischen Anwendung fähig.

Das Schwefelwismuth bildet mit Wasser kein Hydrat. Was Schwefelwasserstoff aus Wismuthauflösungen fällt, ist chemisch nicht von № 91 verschieden, wiewohl es mit dem vor uns befindlichen Muster von № 92 verglichen, in der Farbe abweicht. Diess hat seinen Grund hauptsächlich in der mechanisch feineren Zertheilung, die nur auf nassem Wege durch Niederschlagung zu erhalten ist.

Schwefelwismuth

92 auf nassem Wege.

Um № 92 darzustellen, muss eine verdünnte salpetersaure Wismuthoxydauflösung angewendet werden, wo hinein man das Schwefelwasserstoffgas leitet. Da aber eine solche, mit blossem Wasser verdünnt, zerlegt werden würde (S. 179), so vermischt man das Wasser vor dem Zusetzen mit Essigsäure. Diese verhindert das Zerlegtwerden welches sich bei zu wenig Säure schon durch eine milchige Trübung ankündigt, und im Fall sie bereits durch etwas zu viel Wasserzusatz eingetreten sein sollte, wieder durch etwas starke Essigsäure getilgt werden kann. Jetzt wird das Gas hineingeleitet. Wenn nichts mehr gefällt wird, wäscht und trocknet man den Niederschlag.

Man sieht hieraus, dass Wismuth aus sauren Auflösungen durch Schwefelwasserstoff fällbar ist. Da Zink, Mangan, Eisen, Kobalt und Nickel sich umgekehrt verhalten, und sie, wären sie in obiger Wismuthauflösung mit vorhanden, nicht gefällt werden würden, so besitzt der Chemiker in diesem Verhalten eine leicht anwendbare Methode, das Wismuth von den genannten Metallen zu trennen.

Wismuth und Chlor.

Was bereits S. 44 vom Zink erwähnt ist: seine Entzündlichkeit im Chlorgas bei gewöhnlicher Stubenwärme, findet sich auch beim Wismuth. Wird diess im feingepulverten Zustande in Chlorgas geworfen, so sieht man unter bläulichem Lichte das Wismuth verbrennen und das Product ist

Einfach-Chlorwismuth.

Man kennt bis jetzt nur diese eine Chlorverbindungsstufe des Wismuths, die aus

1 M.G. oder 71 Pfund Wismuth und

1 M.G. oder 35,4 Pfund Chlor besteht,

also ein M.G. = 106,4 hat, und Einfach-Chlorwismuth genannt wird. Sie wird auch erhalten, wenn man 1 Pfund Wismuthpulver mit

2 Pfund Einfach-Chlorquecksilber

mengt, und in einer Retorte erhitzt.

Es ist eine leicht schmelzbare und in mässiger Hitze flüchtige Substanz, die sich mit wenig Wasser zu einer farblosen Flüssigkeit vereinigt, in mehr Wasser sich aber nicht, wie Chlorzink, Chlormangan, Chlorkadmium etc. auflöst, sondern, wie fast alle Wismuthsalze in der Art zerlegt wird, dass die Basis sich abscheidet, indess das Wasser sich mit der Säure verbindet, wie es bereits oben S. 179 beim salpetersauren Wismuthoxyd angegeben ist. Hier kommt nun aber noch die Zerlegung des Wassers hinzu, dessen Sauerstoff auf der einen Seite die Entstehung des Sauerstoffwismuths oder Wismuthoxyds, und dessen Wasserstoff, auf der andern die der Chlorwasserstoffsäure möglich macht, die alsdann beide mit unzersetztbleibendem Chlorwismuth in Verbindung treten. Die klare Flüssigkeit besteht nämlich aus Chlorwasserstoffsäure und Chlorwismuth, und der weisse Niederschlag № 93 ist eine Verbindung von **Chlorwismuth und Wismuthoxyd.**

Chlorwismuth

93 durch Wasser zersetzt.

Man kann № 93 auch dadurch darstellen, dass man in mit Wasser verdünnter Chlorwasserstoffsäure eine salpetersaure Wismuthauflösung giesst, und den Niederschlag gut mit reinem Wasser auswäscht. Auch dieses Präparat wurde früher als Schminke gebraucht. Es verdirbt aber auch den Schönen die Haut und macht sie vor der gesetzmässigen Zeit runzlich. Auch gilt das S. 182 über den Einfluss der Schwefelausdünstungen Gesagte ebenfalls von dieser Farbe.

In Chlorwasserstoffsäure ist das Wismuth nicht auflöslich, und selbst wenn es damit erwärmt wird nur in höchst geringer Menge. Da nun Zinn sich unter gleichen Umständen leicht auflöst, und diess auch selbst dann noch geschieht, wenn wenig Zinn mit viel Wismuth zusammengeschmolzen ist, so ist es auf diese Weise möglich, beide Metalle zu scheiden. Das Wismuth bleibt alsdann als ein schwarzes Pulver zurück, wie es unter № 82 S. 165 dargestellt ist.

Vom Antimon und seinen Verbindungen.

Das Antimon wird auch Spiessglanz, Spiessglas und Stibium genannt. Es kommt im Mineralreich hauptsächlich mit Schwefel verbunden vor, und führt dann den Namen: Grauspiessglanzerz. Dieses Mineral hat im krystallisirten Zustande Metallglanz und eine stahlgraue Farbe, die beim Zerreiben in № 94 übergeht. Eine ebensolche Farbe hat sein Strichpulver. Der Gehalt an Antimonmetall beträgt 72 o/o, die übrigen 28 sind Schwefel. Diess ist jedoch nur dann der Fall, wenn man ganz reine Erzstücke zu einer Analyse ausgesucht hat. Das im Handel vorkommende, welches den Namen roher Spiessglanz (*Antimonium crudem*) führt, und durch Ausschmelzen unreiner Erze gewonnen wird, enthält viele fremde Metalle, z. B. Eisen, Blei, besonders aber Arsenik.

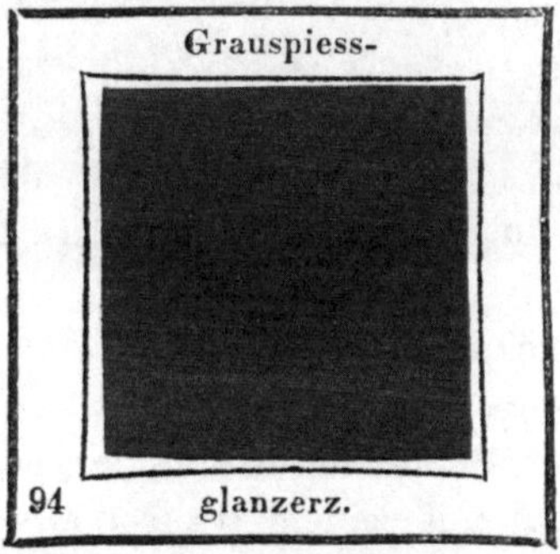

94 Grauspiess- glanzerz.

Letzteres verunreinigt alsdann auch das Antimon, welches man daraus darstellt, daher es zum Arzneigebrauch noch besonders gereinigt werden muss. Die Darstellung und Reinigung geschieht folgendermassen:

Mit Hülfe des Eisens scheidet man unreines Antimonmetall für technische Zwecke.

Das Eisen hat eine grössere Anziehung zum Schwefel als Antimon, daher treibt es letzteres in der Schmelzhitze aus dem Schwefelantimon aus. Man erhitzt z. B. 1 Pfund rostfreie eiserne Nägel in einem Tiegel bis zur Rothgluth, setzt dann 2 Pfund rohen Spiessglanz hinzu, lässt alles gehörig fliessen und giesst alsdann die Masse in eine längliche Form, damit sich das gebildete Schwefeleisen vom Antimonmetall trenne. Letzteres nannten die Chemiker älterer Zeit Spiessglanzkönig. König bezeichnet nichts weiter als den rein metallischen Zustand. Er enthält ausser Arsenik auch Eisen, ist daher nur einer beschränkten Anwendung fähig.

Reiner bekommt man das Antimon durch Schmelzen eines Gemenges von

10 Pfund Schwefelantimon,
6 Pfund Hammerschlag,
5 Pfund kohlensaurem Natron,
1 Pfund Kohle.

Es bildet sich hierbei Schwefelnatrium-Schwefelantimon, aus welcher Verbindung das Eisen des Hammerschlags das Antimonmetall abscheidet. Der Tiegel muss sehr gross sein, weil die Masse bedeutend aufschäumt von sich entwickelndem Kohlenoxydgas.

Unterwirft man nun dieses Antimon, welches noch Arsenik enthalten kann, nachdem es zuvor gepülvert worden, noch folgender Behandlung, so erhält man es ganz rein. Man schmelzt ein Gemenge aus

4 Pfund Antimon,
5 Pfund Salpeter und
2 Pfund kohlensaurem Natron

längere Zeit, bis er ganz weich wird, und verwandelt es nach dem Erkalten in ein Pulver. Diess besteht nun aus arseniksaurem nnd antimonsaurem Kali, welche man durch Auswaschen mit Wasser trennt. Das antimonsaure Kali, welches als unauflöslich zurückbleibt, wird nun, nachdem es getrocknet worden, mit 2 Pfund Weinstein gemengt und geglüht, wodurch die Antimonsäure zu Antimon reduzirt wird, indem sich Antimonkalium bildet. Durch Uebergiessen und Auswaschen mit Wasser, welches das Kalium in Kali verwandelt und entfernt, erhält man nun reines arsenikfreies Antimon als Rückstand.

Den Beweis, dass es wirklich frei von Arsenik sei, giebt das Löthrohr. Es verbreitet, wenn man die Löthrohrflamme darauf leitet, keinen Geruch nach Knoblauch, wie diess im Gegentheil mit fast allem Antimon der Fall ist, welches auf gewöhnlichem Wege bereitet worden.

Auch kann man das Arsenik in einem solchen Antimon entdecken, wenn man es in einer zugeschmolzenen Glasröhre erhitzt. Das Arsenik trennt und sublimirt sich, da das Antimon fast Weissglühhitze erfordert, um sich zu verflüchtigen. Die Löthrohrprobe ist jedoch sicherer.

Das reine Antimon hat nach dem Zusammenschmelzen eine zinnweisse Farbe und ein blättriges Gefüge. Auch ist es sehr spröde, so dass es sich leicht pülvern lässt. Es hat in dieser Hinsicht Aehnlichkeit mit dem Wismuth, dessen Pulver bereits № 81 S. 165 vorgekommen ist.

Antimonpulver.

95

Da diese mechanische Pülverung lange nicht so frei sein kann, als die auf chemischem Wege bewirkte, so erklärt sich daraus die Verschiedenheit in der Farbe, die bei № 96 bemerkbar ist. Es ist auf nassem Wege dargestellt, durch Zerlegung eines Antimonsalzes mittelst Zinn. Es ist, besonders mit grössern Quantitäten dieses Pulvers, grosse Vorsicht nöthig, da es sich leicht an der Luft entzündet und zu Antimonoxyd verbrennt. Man trocknet es daher am besten nicht mit Hülfe der Wärme, sondern im luftverdünnten Raume der Luftpumpe.

Antimonpulver

96 auf nassem Wege.

Eine Darstellungsweise des reinen Antimons, die sich besonders zu einer fabrikmässigen Ausführung im Grossen eignet, ist folgende:

32 Pfund unreines Antimonpulver werden mit
4 Pfund trocknem kohlensaurem Natron und
2 Pfund Schwefelantimon

innig gemengt, in einem Tiegel geschmolzen, und eine Stunde lang im Fluss erhalten. Nach dem Erkalten sondert man das Metall von der Schlacke zerstösst es, mengt es mit

3 Pfund tr. kohlensaurem Natron,

und hält es aufs Neue in einem Tiegel 1 Stunde lang in Fluss. Dasselbe wiederholt man mit

2 Pfund tr. kohlensaurem Natron

zum dritten Male. Das nun erhaltene Metall ist frei von Arsenik, Kupfer und Eisen.

Für die Technik ist das Antimon als Metall von sehr untergeordnetem Werthe, und es ist mir kein Fall bekannt, wo es ganz unentbehrlich wäre. Am nützlichsten erweist es sich in seiner Verbindung mit Blei, mit welchem es in mannigfachen Verhältnissen vereinbar ist. Es ertheilt ihm Härte und Widerstandskraft und macht es geschickt zum Material der Buchdruckerlettern, die man gewöhnlich aus einer Mischung von

10 Pfund Blei
2 Pfund Antimon und
1 Pfund Wismuth

giesst. Jenachdem kleinere oder grössere Lettern gegossen werden sollen, ändert man das Verhältniss des Antimons ab. Je kleiner und feiner, desto mehr wird hinzugesetzt.

Da arsenikhaltiges Antimon beim Schmelzen sein Arsenik entlässt, so ist es augenscheinlich, dass Schriftgiesser bei Verarbeitung eines solchen Antimons der Gefahr einer Arsenikvergiftung ausgesetzt sind. Sie haben sich daher sehr in Acht zu nehmen oder sollten nur reines Antimon verarbeiten.

Das Zinn macht es gleichfalls härter, und giebt in dem Verhältniss von

1 Pfund Antimon mit
11 Pfund Zinn

zusammengeschmolzen eine Composition, die fast silberweiss aussieht und zu Leuchtern, Knöpfen etc. verarbeitet wird. Sie darf aber kein Blei enthalten, sonst ist sie spröde und wird an der Luft leicht blind.

Der englische plate pewter, woraus silberähnliche Glocken zum Bedecken der Speisen gemacht werden, besteht aus einem Gemisch von

100 Pfund Zinn,
8 Pfund Antimon,
2 Pfund Wismuth und
2 Pfund Kupfer.

Es eignet sich zu diesem Zwecke gar wohl, jedoch ist zu einem Gebrauch von Schüsseln oder Bechern aus diesem Metall nicht zu rathen, da das Antimon, sofern es sich auflösen sollte, Erbrechen erregt.

Diese Art von Metallmischungen sind aber in neuerer Zeit sehr ausser Gebrauch gekommen und verdrängt worden durch solche, deren Hauptbestandtheil Nickel ist, und die unter den Namen Neusilber, Argentan etc. bekannt sind.

Die Eigenschaften der meisten Metalle werden durch Antimon verschlechtert. Eisen, welches bei einem Zusatz von ungefähr 1 % Antimon gefrischt wurde, war dadurch sehr verdorben und brüchig geworden, liess sich kalt leicht zerschlagen und war auch rothbrüchig.

Das Silber macht es gleichfalls spröde, und auf Gold wirkt es ebenso nachtheilig wie das Wismuth, indem schon

1 Loth Antimon hinreichend ist,
1900 Loth Gold

so spröde zu machen, dass es sich nicht verarbeiten lässt. Ein solches Gold ist durch anhaltendes Kalziniren bei Luftzutritt wieder zu reinigen, indem sich das Antimon in Oxyd verwandelt und verfliegt.

Das M.G. des Antimons ist = 64,5, d. h. mit einem Gewichtsverhältniss von $64\frac{1}{2}$ hält es den Mischungsgewichten der anderen Stoffe das Gleichgewicht. Es hat hiermit aber die besondere Bewandniss, dass alle bis dahin bekannten Verbindungen des Antimons stets die obige Zahl doppelt enthalten, so dass immer wenigstens 2 M.G. Antimon mit 3 oder 5 M.G. Sauerstoff, Schwefel oder Chlor verbunden sind. Denn Einfach-Sauerstoff-Schwefel- oder Chlorantimon sind noch nicht bekannt, und das, was als Zweifach-Sauerstoffantimon betrachtet werden könnte, die antimonige Säure № 107, ist es nicht, wenigstens nicht in dem Sinne, wie z. B. das bereits unter ähnlichem Namen aufgeführte Manganhyperoxyd № 23 S. 69.

Da die Fällbarkeit eines Metalls durch ein anderes Metall darin begründet ist, dass sie die Plätze gegen einander wechseln, so folgt, dass das Metall, welches den neuen Platz einnimmt, sich mit der ganzen Quantität Sauerstoff und Säure, oder Chlor etc. verbinden muss, die früher mit dem ausgeschiedenen Metall in Verbindung war. Hiernach erleidet das früher beim Zink S. 6, Kadmium S. 49 und Wismuth S. 166 erörtete Gesetz, nach welchem 1 M.G. eines Metalls 1 M.G. eines andern Metalls aus seiner Auflösung fällt, beim Antimon und einigen anderen Metallen eine kleine Abänderung, oder eigentlich nur eine umfassendere Deutung.

In den Antimonverbindungen, welche wir bis jetzt kennen, ist nämlich, wie schon oben gesagt, das Antimon immer so enthalten, dass auf

2 M.G. Antimon
3 M.G. Sauerstoff, oder Schwefel oder Chlor etc.

kommen, oder auch 5 M.G.; nie aber verbinden sich gleiche M.G. Soll demnach eine Antimonverbindung durch ein solches Metall zersetzt werden, welches sich in einfachen Verhältnissen mit Sauerstoff, Chlor etc. verbindet, z. B. durch Zink, so ist es unmöglich, durch 1 M.G. desselben ein M.G. Antimon abzuscheiden; es gehören vielmehr wenn z. B. ein Salz zerlegt werden soll, welches Antimonoxyd enthält,

3 M.G. Zink dazu, um die
2 M.G. Antimon

in demselben zu ersetzen, weil es nur dadurch möglich ist, dass das Zink allen damit verbundenen Sauerstoff sich aneigne, denn dieser lässt nur das Antimon in dem Maasse fahren, als er Zink dafür wieder erhält.

Wirkt Zink auf Chlorantimon ein, welches dem Antimonoxyd entsprechend zusammengesetzt ist, so werden auch 3 M.G. Zink erfordert, die sich mit den 3 M.G. Chlor verbinden müssen, um 2 M.G. Antimon abzuscheiden.

Da die Antimonsäure noch 2 M.G. Sauerstoff mehr enthält, als das Antimonoxyd, so werden zu ihrer Zerlegung auch noch 2 M.G. mehr erfordert, also im Ganzen

5 M.G. Zink um
2 M.G. Antimon

aus der Antimonsäure abzuscheiden.

Da auch Kadmium, Eisen, Zinn und Blei die Antimonverbindungen zerlegen, so muss dasselbe Verhältniss auch hier gelten, denn die erste Sauerstoffungsstufe ist bei allen die zu gleichen M.G.

Es werden aber diese Zahlenverhältnisse dadurch getrübt, dass die auflöslichen Antimonsalze meistens einen Ueberschuss an Säure enthalten, der von den Metallen, welche das Antimon zu fällen bestimmt sind, erst aufgenommen wird, woher also ihr Verbrauch grösser ist, als es nach der ausgeschiedenen Menge des Antimons sein sollte.

Antimon und Sauerstoff.

Die Stufenfolge, in welcher sich das Antimon mit dem Sauerstoff verbindet, weicht von der der bereits abgehandelten Metalle bedeutend ab. Es fehlt hier, wie beim Chrom, die erste Verbindungsstufe, welche bei anderen Metallen aus gleichem M.G. Sauerstoff und Metall besteht. Ferner fehlt auch diejenige, die 3 M.G. Sauerstoff auf 1 M.G. Metall enthält, und die wir schon in der Gestalt der Chromsäure, S. 107, und der Mangansäure, S. 80, kennen gelernt haben. Dagegen kehrt hier unter dem Namen Antimonoxyd die Verbindung wieder, welche bereits als Anderthalb-Sauerstoffmetalle beim Mangan, № 30 S. 85, beim Chrom, № 53 S. 126 und beim Wismuth, № 89 S. 183, vorgekommen sind. Die Antimonsäure, welche die höchste Sauerstoffungsstufe ist, erscheint jedoch als etwas ganz Neues, und hat ein Bestandtheilverhältniss, wie es in dem Vorhergehenden noch nicht vorgekommen ist. Ebenso die antimonige Säure, indem sie als eine Verbindung der Antimonsäure mit dem Antimonoxyd betrachtet werden muss, die jedoch in gewisser Hinsicht ihr chemisches Ebenbild im chromsauren Chromoxyd № 61 S. 137 hat.

Antimonoxyd.

Mit den bereits angeführten Metallen hat das Antimon die Eigenthümlichkeit gemein, beim Erhitzen Sauerstoff aufzunehmen und zu verbrennen. Man kann diess sehr leicht wahrnehmen, wenn man stark glühendes Antimon auf ein Brett ausschüttet; es zertheilt sich in kleine Tropfen, die mit röthlich-weissem Lichte zu brennen fortfahren, und sich in Antimonoxyd verwandeln.

In einem Tiegel bis zum Sieden erhitzt, geschieht es gleichfalls unter Bildung eines gelb-weissen Dampfes, der sich an kalte Körper niederschlägt und früher mit dem Namen Spiessglanzblumen belegt wurde. Sie bestehen grösstentheils aus Antimonoxyd, das Uebrige ist antimonige Säure № 107, die sich zu gleicher Zeit mitbildet.

Um ganz reines Antimonoxyd darzustellen, vermischt man Anderthalb-Chlorantimon mit Was-

Antimonoxyd.

97

ser, wodurch № 120 gefällt wird, welches eine Verbindung von Antimonoxyd mit Chlorantimon ist, und kocht diesen Niederschlag mit kohlensaurer Natronauflösung. Diese zersetzt das Chlorantimon vollständig, so dass nach dem Auswaschen und Trocknen № 97 in reinem Zustande verbleibt.

Mit Wasser bildet es keine feste Verbindung also kein Hydrat, worin es sich von den entsprechenden Oxyden des Mangans und Chroms unterscheidet. Dagegen ist es aber etwas auflöslich in demselben. Ein Verhalten, das nur wenig Metalloxyde zeigen.

In einer Glasröhre erhitzt, kann das Antimonoxyd gänzlich verflüchtigt und als glänzende Krystallnadeln sublimirt werden. Enthielt es antimonige Säure, so bleibt diese als Rückstand. Diess begründet einen chemischen Unterschied beider.

An offner Luft erhitzt, stösst es einen weissen Rauch aus, der sich als Beschlag an kalte Körper legt. Es bildet sich hierbei etwas antimonige Säure, die im Tiegel zurückbleibt. Weder diese, noch die Antimonsäure zeigen dasselbe Verhalten rücksichtlich der Flüchtigkeit. Auch unterscheidet sich dadurch das Antimonoxyd von den meisten Oxyden der andern Metalle.

Beim Erhitzen nimmt das Antimonoxyd, wie Zink- und Wismuthoxyd, S. 29 und S. 173, eine gelbe Farbe an, die beim Erkalten wieder verschwindet. Antimonsäure und antimonige Säure zeigen auch diese vorübergehende Farbenerscheinung.

Antimonoxyd und

98 Schwefelwasserstoff.

Um es von den Oxyden und Säuren aller übrigen Metalle zu unterscheiden dient der Schwefelwasserstoff. Lässt man ihn in eine Auflösung strömen, die Antimonoxyd enthält, so fällt es mit der Farbe von № 98 nieder. Durch einen Ueberschuss an Säure, besonders Chlorwasserstoffsäure, wird diese Fällung beschleunigt. Man muss daher einer durch Wasserzusatz milchig gewordenen Auflösung des Antimonoxyds so viel Chlorwasserstoffsäure zusetzen, bis sie wieder klar wird; nun lässt man den Schwefelwasserstoff einwirken.

Das Antimonoxyd ist ein Anderthalb-Sauerstoffantimon, und in sofern dem grünen Chromoxyd am ähnlichsten, weil die beiden Sauerstoffungsstufen, woraus es nothwendig zusammengesetzt sein muss, auch hier nicht abzuscheiden sind. Es besteht aus

2 M.G. oder 129 Pfund Antimon und

3 M.G. oder 24 Pfund Sauerstoff,

so dass die Zahl 153 sein M.G. ist, und es in diesem Verhältniss in chemische Verbindungen eingeht, unter denen der Brechweinstein und die antimonige Säure die interessantesten sind.

Schwefelsaures Antimonoxyd.

In den Verbindungen, welche das Antimonoxyd mit den stärkeren Säuren bildet, zeigt es, wie das Wismuthoxyd, nur schwache, basische Eigenschaften, so dass schon Wasser im Stande ist, die Verbindungen theilweise aufzuheben. Erhitzt man z. B. Antimon mit Schwefelsäure im Ueberschuss, so bildet sich unter Entweichung von Schwefel, schwefeliger Säure und Schwefelsäure ein weisses, neutrales Salz, welches in verdünnter Schwefelsäure als Ganzes auflöslich ist, dagegen im Wasser sich in ein auflösendes, saures und zurückbleibendes basisches schwefelsaures Antimonoxyd scheidet. Das letztere hat nach gehörigem Auswaschen u. Trocknen, wie № 99 beweist, eine weisse Farbe, und ist im Wasser unauflöslich. Es wird durch zweifach-weinsteinsaures Kali zerlegt, indem dieses, das Antimonoxyd auflösend, die Schwefelsäure austreibt.

Basisch schwefelsaures

99 Antimonoxyd.

Das nicht durch Wasser zerlegte neutrale schwefelsaure Antimonoxyd enthält auf 1 M.G. Antimonoxyd 3 M.G. Schwefelsäure, geradeso wie das schwefelsaure Chromoxyd S. 135. Durch dunkle Rothglühhitze wird die Schwefelsäure ausgetrieben und das Antimonoxyd bleibt zurück, wenn die Hitze nicht zu sehr gesteigert wird; sonst verflüchtigt es sich gleichfalls.

Antimonoxyd und Salpetersäure.

Durch Salpetersäure wird das Antimon, unter Entwickelung von rothen Dämpfen rasch gesauerstofft. Es entsteht zum grössern Theil Antimonoxyd, welches mit einem Ueberschuss an Salpetersäure so lange erhitzt, bis sich keine Dämpfe mehr entwickeln, in Antimonsäure übergeht. Uebergiesst man diese nun von Neuem mit Salpetersäure, so wird man finden, dass sich nichts auflöst, weil jene Säure darin durchaus unauflöslich ist. Geschieht diess dennoch, so rührt diess von der Gegenwart solcher Metalle her, deren Oxyde auch nach dem Erhitzen in Salpetersäure auflöslich sind, z. B. Zink, Kadmium, Blei und Kupfer.

Aus diesem Verhalten ergiebt sich eine einfache Verfahrungsart, Legirungen von Antimon mit Zink, Kadmium, Blei oder Kupfer zu scheiden. Sie werden, wie gesagt, in Salpetersäure aufgelöst, abgedampft, erhitzt und hierauf mit Salpetersäure so lange gekocht und gewaschen, bis sich nichts mehr auflöst. Das Rückständige ist Antimonsäure, aus deren Gewicht man den Antimongehalt nach S. 207 berechnet. Da die Antimonsäure durch Glühen in antimonige Säure übergeht, so muss man, wenn diess vielleicht zur Verjagung aller Salpetersäure Statt gefunden hat, den Antimongehalt nach der Zusammensetzung der antimonigen Säure berechnen.

Antimonoxyd und Zweifach-weinsteinsaures Kali.

Das Antimonoxyd ist für den Magen ein sehr starkes Gift, aber es hat die gute Eigenschaft, nicht rasch zu wirken und ihm zur Selbstvertheidigung Zeit zu lassen. Daher entsteht sehr starkes Erbrechen, wodurch sich der Magen seines Feindes wieder entledigt. Da diess meistens auf eine sehr vollständige Weise geschieht, so folgen keine schlimmen Nachwirkungen, und so ist das mit Säuren verbundene Antimonoxyd ein Universalbrechmittel geworden, dem viele Millionen Menschen schon Verlängerung ihres Lebens zu danken haben.

Der s. g. Brechweinstein wird gewöhnlich zu diesem Behufe angewendet. Er entsteht wenn man z. B. 153 Loth Antimonoxyd mit
179 Loth doppelt-weinsteinsaurem Kali
oder Weinstein und
hinlänglichem Wasser
bis zur Auflösung kocht, wodurch dann nach dem Abdampfen- und Krystallisirenlassen dieses Doppelsalz gebildet wird.

Wendet man zu seiner Darstellung ganz reine Materialien an, wie es hier vorausgesetzt ist, so bleibt weder Antimonoxyd noch Weinstein übrig, und die Mutterlauge giebt bis auf den letzten Tropfen Brechweinstein.

Beim Arbeiten im Grossen weicht man hiervon ab. Man sucht sich auf die wohlfeilste Art das Antimonoxyd darzustellen, welches am einfachsten dadurch geschieht, dass ein Gemenge aus

30 Pfund Schwefelantimon und
20 Pfund Salpeter mit
20 Pfund Schwefelsäure und
240 Pfund Wasser

unter beständigem Umrühren bis zu einem dicken weissen Brei eingekocht wird. Es wird hier durch die Einwirkung der Salpetersäure, welche die Schwefelsäure aus dem Salpeter austreibt, das Schwefelantimon zersetzt. Der Schwefel wird zum Theil gesäuert, zum Theil abgeschieden, und das Antimon wird zu Antimonoxyd, welches mit dem Theil der Schwefelsäure sich verbindet, der nicht von dem Kali des zersetzten Salpeters in Beschlag genommen.

Der Brei wird mit vielem Wasser ausgewaschen und hernach noch ausgekocht, wobei hauptsächlich basisch schwefelsaures Antimonoxyd № 99 S. 202 zurückbleibt, welches mit 30 Pfund Weinstein gekocht, zerlegt wird. Dieser bemächtigt sich des Antimonoxyds, und die dadurch abgeschiedene Schwefelsäure geht mit einem Theil Kali verbunden, in die Mutterlauge, wenn der Brechweinstein nach dem Abdampfen herauskrystallisirt. Er wird durch öfteres Umkrystallisiren gereinigt. Eine Hauptbedingung bleibt hierbei immer, dass man einen Brechweinstein erhalte, der völlig frei von Arsenik ist.

Durch Eisen kann aus der Brechweinsteinauflösung alles Antimon in metallischer Gestalt niedergeschlagen werden, wenn man ihr etwas Chlorwasserstoffsäure zusetzt.

Antimonsäure.

Wenn man Antimon mit Salpetersäure erhitzt, nimmt es, unter den Zersetzungserscheinungen der Salpetersäure die grösste Menge Sauerstoff auf, welche es aufzunehmen vermag, und wird zur Antimonsäure. Sie erscheint nach dem Auswaschen und scharfen Trocknen in einem pulverförmigen, blassgelb gefärbten Zustande, wie sie hier unter № 100 zu sehen ist.

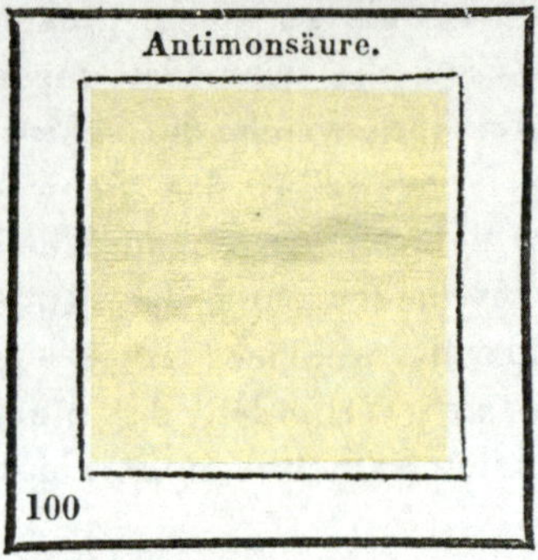

Vortheilhafter wird sie aus dem Antimonsäurehydrat № 101 S. 208 dargestellt, welches man nicht ganz bis zum Glühen erhitzt, um das Wasser auszutreiben. Glühhitze muss aber vermieden werden, weil sonst Sauerstoff entweicht und antimonige Säure gebildet wird.

Sie ist im Wasser völlig unauflöslich und geschmacklos. Diese Unauflöslichkeit hielt man früher mit dem Begriff, welchen man sich von einer »Säure« gemacht hatte, unverträglich, ebenso wie man meinte, jede Säure müsste s a u e r schmekken. Man ist hiervon längst zurückgekommen, und versteht unter »S ä u r e« und »s a u e r« nichts weiter, als das chemisch Entgegengesetzte einer Basis, und dieses wird daran erkannt, dass es sich damit, unter Aufhebung der entgegengesetzten Eigenschaften, verbindet und durch andere anerkannte

Säuren wieder getrennt und abgeschieden werden kann. (Vergl. Einleitung in die technische Chemie 1836. S. 35.)

Die Sauerstoffungsstufen, aus welchen die Antimonsäure gebildet sein muss, sind ebenso wenig bekannt als die, woraus das Antimonoxyd zusammengesetzt betrachtet werden kann. Man weiss nur, dass sie aus

2 M.G. oder 129 Pfund Antimon und
5 M.G. oder 40 Pfund Sauerstoff

besteht, die Zahl 169 zum M.G. hat, und dieser ihrer Zusammensetzung nach den Namen Drittehalb-Sauerstoffantimon erhält.

Eine Verbindung dieser Art ist uns bei den bis jetzt abgehandelten Metallen noch nicht vorgekommen, und sie ist um so merkwürdiger, weil nur das Arsenik eine ähnliche bildet.

Durch das Verhalten in der Hitze charakterisirt sich die Antimonsäure am meisten und unterscheidet sich dadurch vom Antimonoxyd und der antimonigen Säure. Sie ist nämlich an offner Luft erhitzt, nicht flüchtig, wie das Antimonoxyd, daher bemerkt man keinen weissen Dampf, aber auch nicht unveränderlich, wie die antimonige Säure, denn sie verliert 1 M.G. Sauerstoff und geht in diese über. Hierbei verwandelt sich auch die gelbe Farbe in die weisse. Unterwirft man das Antimonsäurehydrat № 101 derselben Hitzeeinwirkung, so geht die Farbe erst in Gelb über, dadurch dass das Wasser entweicht. Hierauf entwickelt sich Sauerstoff und der Rückstand ist nach dem Erkalten weiss, also antimonige Säure. Um sich zu überzeugen, dass wirklich Sauerstoff entweicht, bringt man etwas Antimonsäure in eine an einem Ende zugeschmolzene Glasröhre, zieht das andere Ende zu einer feinen Spitze aus und glüht, während man vor der Mündung dieser Spitze etwas glimmenden Zunder hält. Dieser wird, von dem Luftstrom aus der Glasröhre getroffen, bald mit heller Flamme brennen, und dadurch die Entwickelung des Sauerstoffs ausser allem Zweifel setzen.

Wenn man diesen Versuch anstellt, wird man bemerken, dass die nur etwas gelb gefärbte Antimonsäure sich beim Erhitzen gelber färbt, was beim Erkalten wieder verschwindet. Es findet hier also dasselbe Statt, was bereits vom Antimonoxyd und von anderen Sauerstoffmetallen angeführt worden.

Die Verbindung mit Wasser, welche man Antimonsäurehydrat nennt, ist weiss, wie № 101 beweist. Sie wurde in älteren Zeiten unter dem Namen *Magisterium antimonii diaphoretici* von den Aerzten verschrieben. Um dieses Hydrat, welches am zweckmässigsten zur Darstellung der Antimonsäure dient, sich zu einem wohlfeilen Preise zu verschaffen, trägt man ein Gemenge von

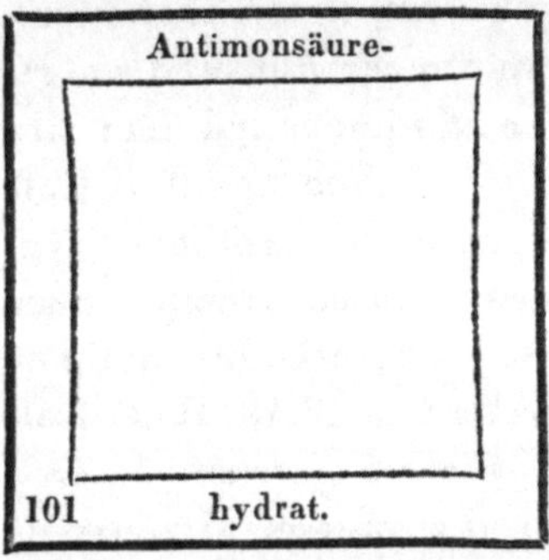

1 Pfund Schwefelantimon und
6 Pfund Salpeter

nach und nach in einen glühenden Tiegel ein, erhitzt nach beendigtem Verpuffen noch etwas stärker und kocht die gepülverte Masse mit Wasser aus. Dieses enthält die Antimonsäure in Verbindung mit Kali. Man versetzt es nun mit Salpetersäure im Ueberschuss, wodurch der Säure das Kali entzogen wird, und an seine Stelle das Wasser tritt, so dass das Hydrat sich abscheidet, welches man auf ein Filter sammelt und auswäscht.

Durch schwaches Erhitzen verliert es sein Wasser und geht in Antimonsäure über. Beim Glühen entwickelt sich, wie schon S. 207 angegeben, so viel Sauerstoff, dass antimonige Säure entsteht.

Die Antimonsäure ist nicht in Salpetersäure,

Antimonsäure und

102 Schwefelwasserstoff

aber in Chlorwasserstoffsäure ein wenig auflöslich. — Durch Schwefelwasserstoff wird sie daraus mit der Farbe von № 102 gefällt, indem sie sich in das entsprechende Schwefelmetall verwandelt. Schon diess Verhalten allein reicht hin, sie von allen andern Metalloxyden oder Metallsäuren zu unterscheiden, das Antimonoxyd und die antimonige Säure ausgenommen, die ähnlich gefärbte Verbindungen bilden, wie unter № 98 S. 201 und № 109 S. 218 nachzusehen sind.

Dem M.G. von 169 entsprechend (S. 207) verbindet sich die Antimonsäure mit Basen und bildet z. B.

Antimonsaures Kali.

Dieses kann in zweifacher Form erhalten werden: als **neutrales** und **saures** Salz. Man verpufft ein Gemenge von

10 Pfund Antimon mit
60 Pfund Salpeter

indem man es nach und nach in einen glühenden Tiegel einträgt. Hierbei geht der Sauerstoff der Salpetersäure an das Antimon über und bildet Antimonsäure, die mit dem Kali des zersetzten Salpeters verbunden zurückbleibt. Man pulvert die Masse und wäscht sie so lange mit kaltem Wasser, bis die Curcumafarbe nicht mehr gebräunt wird. Hierauf wendet man kochendes an, welches eine Auflösung von **neutralem, antimonsaurem Kali** bildet, und nach dem Abdampfen in Gestalt einer weissen Salzmasse erscheint, die durch stärkeres Erhitzen alles Wasser verliert, und nach einer genauen Untersuchung aus

1 M.G. oder 47,2 Pfund Kali und
1 M.G. oder 169,0 Pfund Antimonsäure besteht
und die Zahl 216,2 zum M.G. hat.

Kaltes Wasser löst diess Salz nur langsam auf, leichter heisses. Weingeist fällt es aus dieser Auflösung in Gestalt einer fadenziehenden Masse. Durch Vermischen mit neutralen schwefelsauren Salzen, z. B. schwefelsaurem Kupferoxyd, kann man die antimonsauren Metalloxyde, z. B. antimonsaures Kupferoxyd darstellen, von welchem ich bald etwas Interessantes anführen werde.

Das antimonsaure Kali wird leicht durch Säuren zerlegt. Sie entziehen ihm, nicht im Uebermaass zugefügt, so viel Kali, dass ein saures oder zweifach-antimonsaures Kali entsteht, welches, da es im Wasser unauflöslich ist, als weisses Pulver, № 103, sich niederschlägt. Am reinsten bereitet man es dadurch, dass man in die Auflösung des neutralen Salzes Kohlensäure strömen lässt. Diese entzieht 2 M.G. desselben, 1 M.G. Kali und der sich bildende Niederschlag ist alsdann eine Verbindung von

Zweifach-antimonsaures 103 Kali.

1 M.G. oder 47,2 Pfund Kali und
2 M.G. oder 338,0 Pfund Antimonsäure
zu 385,2 Pfund zweifach - antimonsaurem Kali.

Man erhält dieselbe Verbindung, wenn man 1 Pfund gewöhnliches Schwefelantimon mit 6 Pfund Salpeter verpufft, die Masse pülvert und erst mit kaltem, hernach mit kochendem Wasser behandelt. Das Zurückbleibende ist zweifach-antimonsaures Kali, aber in unreinem Zustande, wie schon die gelbe Farbe von № 104 beweist. Diese rührt von einem Gehalt an Bleioxyd her, womit die Antimonsäure gelbes antimonsaures Bleioxyd bildet, wel-

Antimonsaures Kali 104 aus Schwefelantimon

ches unter № 106 S. 214 als **Neapelgelb** aufgeführt ist. Wendet man dagegen ein reines, bleifreies Antimon oder Schwefelantimon an, so erhält man die Verbindung mit der weissen Farbe von № 103.

Ein altes Arzneipräparat, welches unter dem Namen *Antimonium diaphoreticum ablutum* noch heut in den Apotheken vorräthig gehalten und von Aerzten verschrieben wird, stellt man auf ähnliche Weise dar. Das Verhältniss des Salpeters ist aber anders, denn man verpufft ein Gemenge aus

20 Pfund Schwefelantimon und
50 Pfund Salpeter

indem man es löffelweise in einen rothglühenden Tiegel einträgt. Hier reicht die Salpetermenge nicht hin, das sämmtliche Antimon in Antimonsäure zu verwandeln, daher entsteht auch gleichzeitig antimonige Säure. Beide Säuren bleiben nach dem Auswaschen der gepülverten Masse mit Wasser, mit Kali verbunden zurück, und werden von demselben durch Behandeln mit verdünnter Schwefelsäure getrennt. Diese nimmt das Kali auf und hinterlässt die beiden Säuren im Hydratzustande.

Antimonsaures Kupferoxyd.

Die **antimonsauren Metalloxyde** gewähren hauptsächlich nur ein rein wissenschaftliches Interesse, z. B. das **antimonsaure Kupferoxyd**. Sein Verhalten ist aber so eigenthümlicher Art, dass ich nicht umhin kann, es näher zu beschreiben. Giesst man heisse Auflösungen von

Antimonsaures Kupfer-
105 oxyd-hydrat.

einfach - antimonsaurem Kali (S. 210) und schwefelsaurem Kupferoxyd zusammen, so entsteht der Niederschlag № 105 welcher eine Verbindung von antimonsaurem Kupferoxyd mit Wasser, oder ein Hydrat ist. Durch Erhitzen verliert sie das Wasser und kann dabei, je nachdem angewandten Hitzgrad, in zwei verschiedene Zustände übergehen, ohne dass sich in der Zusammensetzung oder dem Bestandtheilverhältniss etwas ändert. Ist nämlich die Hitze nicht stärker, als um bloss das Wasser zu vertreiben, so färbt sich die Verbindung schwarzgrün. Setzt man aber das Erhitzen fort, so kommt ein Moment, wo ein lebhaftes, sich durch die ganze Masse fortpflanzendes Erglimmen eintritt, und die schwarzgrüne Farbe in weissgrün übergeht, ohne dass der geringste Gewichtsverlust damit verbunden ist.

Die einzige Veränderung, die hierbei das antimonsaure Kupferoxyd erleidet, ist, abgesehen von dem Farbenwechsel, seine schwere Zersetzbarkeit, indem ihm nach dem Verglimmen, auf nassem Wege, weder durch Säuren, noch durch Alkalien eins seiner Bestandtheile zu entziehen ist. Es kehrt hier also dasselbe wieder, was bereits vom Chromoxyd S. 131 angeführt worden, welches ebenfalls in zwei verschiedenen Zuständen existirt. Auch ist die Erklärung dieselbe. Wenn das Wasser aus dem antimonsauren Kupferoxydhydrat № 105 durch *gelinde* Hitze ausgetrieben worden, so hinterbleibt es in einem aufgelockerten Zustande, weil die Räume, wo sich das Hydratwasser befand, jetzt unerfüllt sind. Wahrscheinlich hört dieser lockere Zustand nun nach dem Verglimmen auf, oder dieses tritt vielmehr in Folge einer innigeren Vereinigung der Bestandtheile ein. Daher denn die Unmöglichkeit, sie nach dem Verglimmen auf nassem Wege zu trennen.

Das *antimonsaure Kobaltoxyd* verhält sich auf ganz ähnliche Weise. Frisch gefällt und in wasserhaltigem Zustande ist es *rosenroth*, nach Entfernung alles Wassers *schwarzgrau*, und nach dem Verglimmen *röthlichweiss*.

Antimonsaures Bleioxyd

ist ein in der Oelmalerei unter dem Namen *Neapelgelb* angewendete Verbindung. Sie bildet sich, wenn man Antimonoxyd mit salpetersaurem Bleioxyd in der Glühhitze zusammenbringt, indem der Sauerstoff der Salpetersäure das Antimonoxyd in Antimonsäure verwandelt, die anstatt der zersetzten Salpetersäure mit dem Bleioxyd in Verbindung tritt.

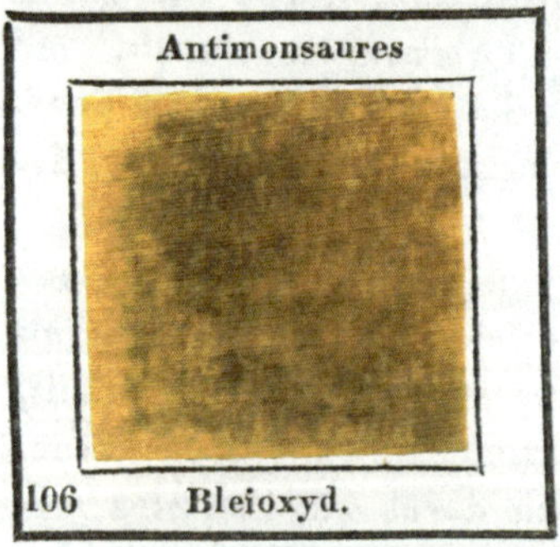

Da es um der Schönheit der Farbe willen nöthig ist, recht reine Materialien anzuwenden, so bedient man sich am zweckmässigsten des Brechweinsteins (S. 204) anstatt des Antimonoxyds und wendet krystallisirtes salpetersaures Bleioxyd an. Beide werden aufs feinste gepülvert und in einem solchen Verhältniss mit einander vermischt, dass auf

1 M.G. oder 359 Loth Brechweinstein

4 M.G. oder 664 Loth salpetersaures Bleioxyd

kommen.

Bei Anwendung von Glühhitze erfolgt nun die Zersetzung. wie sie oben angegeben, indem auch noch gleichzeitig die Weinsteinsäure des Brechweinsteins durch den Sauerstoff der Salpetersäure zerstört wird. Es ist hierbei aber die Einwirkung so stark, dass theilweise die Metalle reducirt werden, wodurch die Farbe schlecht wird. Man verhindert diess durch einen Zusatz von

1400 Loth Kochsalz

zu obiger Mischung. Es wird dadurch die gegenseitige heftige Einwirkung der Salze gemässigt.

Das Glühen kann in einem hessischen Tiegel geschehen, zwei Stunden lang, wobei man die Hitze bis zum Schmelzen steigert. Wird diese überschritten, so erhält man ein fehlerhaftes Product, das nachher im Wasser nicht zerfällt, und sich nur schwierig auswaschen lässt. Die öftere Wiederholung kleiner Versuche muss hier die Lehrmeisterin sein.

Das zugesetzte Kochsalz kann man grösstentheils unverändert wieder erhalten. Es bildet nämlich nach dem Erkaltetsein die obere Schicht der Schmelzung, die man leicht abtrennt.

Antimonige Säure.

Wenn der Antimonsäure eine bestimmte Menge Sauerstoff entzogen wird, so entsteht die antimonigeSäure. Dies geschieht dadurch,dass man reines Antimonsäurehydrat № 101 S. 208 in einem Tiegel glüht. Es geht alsdann unter gleichzeitiger Entwicklung von Wasserdämpfen so viel Sauerstoff fort, dass antimonige Säure № 107 zurückbleibt.

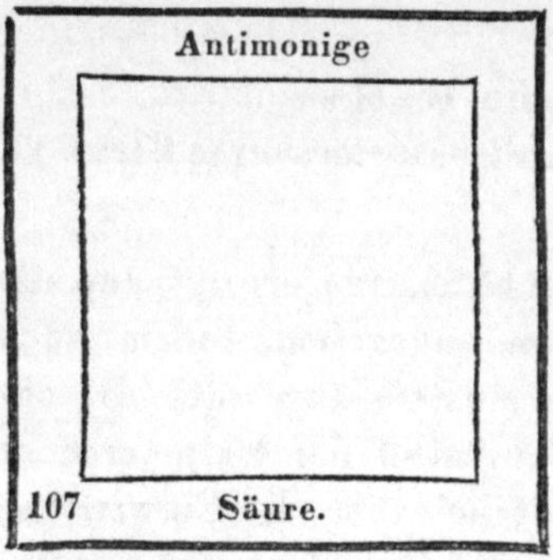

Diese Methode ist kostbar, und wird nur da angewendet, wo man ein ganz reines Product zu haben wünscht. Wohlfeiler erhält man eine, wiewohl unreine Säure für die Benutzung im Grossen, durch anhaltendes Rösten von Schwefelantimon in einem Flammenofen. Es ist hierbei das Feuer so zu regieren, dass keine Schmelzung eintritt, denn je lockerer das Schwefelantimon liegt, desto leichter verbrennen seine Bestandtheile zu schwefeliger Säure, welche entweicht, und zu antimoniger Säure, welche zurückbleibt.

Sie ist von pulveriger Beschaffenheit und besitzt im reinen Zustande, wie № 107 beweist, eine weisse Farbe. Diess unterscheidet sie äusserlich von der gelblich gefärbten Antimonsäure № 100 S. 206. Mit dieser hat sie das S. 208 angeführte Verhalten gemein, sich beim Erhitzen gelb zu färben, aber auch nur vorübergehend, denn beim Erkalten tritt die weisse Farbe wieder ein.

Die antimonige Säure ist im Wasser völlig unauflöslich; ebenso ihr Hydrat, welches sie mit dem Wasser bildet, wenn man z. B. antimonigsaures Kali mit einer Säure zerlegt und dadurch das Kali entfernt, wo Wasser seine Stelle einnimmt.

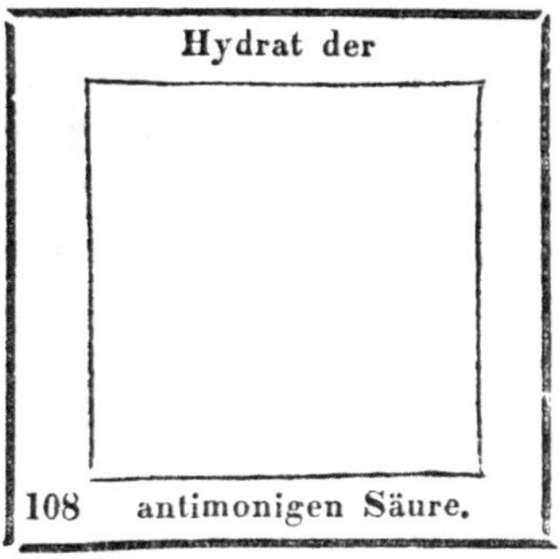

Auch ist sie geschmacklos, welches immer in Begleitung mit Unauflöslichkeit ist; und doch gilt sie für eine Säure, und zwar aus denselben Gründen, wie sie schon oben S. 206 für die Antimonsäure geltend gemacht worden sind, weil sie eben so wie diese, Basen sättigt und damit Salze bildet.

Das Glühen ist ein Mittel, die antimonige Säure sowohl vom Antimonoxyd, als auch von der Antimonsäure zu unterscheiden. Sie verliert nämlich, selbst wenn es in einem offenen Tiegel geschieht, nichts von ihrem Gewicht, da sie weder flüchtig ist, wie das Oxyd, noch durch Hitze zersetzbar, wie die Antimonsäure. Auch schmilzt sie nicht wie jenes. Unterwirft man das Hydrat № 108 einer solchen Prüfung, so ergiebt sich ein Gewichtsverlust: das Hydratwasser entweicht. Nachdem aber diess geschehen, bleibt alles unverändert. Wenn man also den S. 208 angeführten Versuch hier wiederholt, und antimonige Säure in einer Glasröhre glüht, so wird das Glimmen des Zunders nicht bis zur Entflammung beschleunigt, folglich kein Sauerstoffgas entwickelt.

Aus einer Auflösung in Chlorwasserstoffsäure,

Antimonige Säure und

109 Schwefelwasserstoff.

die jedoch nur wenig aufnimmt, wird die antimonige Säure durch Schwefelwasserstoff mit der Farbe von № 109 gefällt. Schon diese Reaction reicht hin, sie von allen andern Metallen und Verbindungen zu unterscheiden, das Antimonoxyd und die Antimonsäure ausgenommen, die ähnliche Verbindungen bilden, wie unter № 98 S. 201 und № 102 S. 209 nachzusehen ist.

In Folge genauer chemischer Untersuchungen hat man gefunden, dass die antimonige Säure auf

1 M.G. oder 64,5 Pfund Antimon
2 M.G. oder 16,0 Pfund Sauerstoff enthält,

so dass man 80,5 für ihr M.G. halten könnte, und sie hiernach dem Zweifach-Sauerstoffschwefel oder der schwefeligen Säure und dem Manganhyperoxyd analog gebildet wäre, und den Namen Zweifach-Sauerstoffantimon erhalten müsste.

Wäre diese Ansicht von ihrer Zusammensezzung die richtige, so müsste ihr Mischungsgewicht = 80,5 sein und die Verbindung mit Basen, z. B. mit Kali, in dem Verhältniss Statt finden, dass

1 M.G. oder 47,2 Pfund Kali durch
80,5 Pfund antimonige Säure

völlig neutralisirt würde. Diess ist aber nicht der Fall. Das antimonigsaure Kali, dessen Darstellung ich gleich angeben will, enthält vielmehr auf

1 M.G. oder 47,2 Pfund Kali

322 Pfund antimonige Säure,

also gerade viermal so viel, als sich oben aus der Addition ihrer Bestandtheile ergeben hat, es scheint daher, dass nicht 80,5, sondern 4 mal 80,5, also 322 ihr M.G. sein müsse.

Wie gelangt man aber zu dieser grossen Zahl? Es ist schon beim Chrom der Fall erörtert, wo die Chromsäure sich mit dem Chromoxyd zu einer neuen Verbindung vereinigt. Dort ist erwiesen worden, dass das braune Chromoxyd № 61 S. 137, dessen Chromgehalt sich zum Sauerstoffgehalt, ebenso wie bei der antimonigen Säure, wie 1 M.G. zu 2 M.G. verhält, keinesweges so einfach zusammengesetzt ist, sondern als ein chromsaures Chromoxyd auf

3 M.G. Chrom

6 M.G. Sauerstoff

enthält, wodurch sein M.G. anstatt = 44 zu sein, zu der Zahl 132 vergrössert wird.

Ebendasselbe ist mit der antimonigen Säure der Fall. Sie enthält auf

4 M.G. Antimon

8 M.G. Sauerstoff,

und muss angesehen werden als ein antimonsaures Antimonoxyd, bestehend aus

1 M.G. oder 153 Pfund Antimonoxyd und

1 M.G. oder 169 Pfund Antimonsäure

welches addirt 322 als die oben gesuchte Zahl giebt.

Die beiden Verbindungen. welche sie mit dem Kali eingeht, beweisen die Richtigkeit dieses Zahlenverhältnisses, wie ich jetzt zeigen werde.

Antimonigsaures Kali.

Wenn man antimonige Säure mit einem Ueberschuss an kohlensaurem Kali zusammenschmelzt, also auf 32 Theile Säure wenigstens 16 Theile Kalisalz nimmt, so erhält man eine Masse, die nach dem Pülvern und Auswaschen mit *kaltem* Wasser sich in siedendem auflöslich zeigt. Diese siedend bereitete Auflösung lässt sich zu einer trocknen Salzmasse einkochen, und ist ein *basisch antimonigsaures Kali*, welches nach genauer chemischer Untersuchung 1 M.G. Kali mehr enthält, als № 110, denn es besteht aus

2 M.G. oder 94,4 Pfund Kali und
1 M.G. oder 322,0 Pfund antimonige Säure.

Wird nun diesem basischen Salz 1 M.G. Kali entzogen, so entsteht das neutrale № 110. Es geschieht dadurch, dass man in die Auflösung Kohlensäure leitet. Sie bemächtigt sich des 1 M.G. Kali, und jenes Salz fällt als Pulver nieder, welches nun aus

1 M.G. oder 47,2 Pfund Kali und
1 M.G. oder 322,0 Pfund antimonige Säure

besteht. Es ist im Wasser völlig unauflöslich und stärkere Säuren als Kohlensäure zerlegen es. Sie bemächtigen sich des Kalis und die antimonige Säure bleibt als № 108 S. 217, in Verbindung mit Wasser zurück.

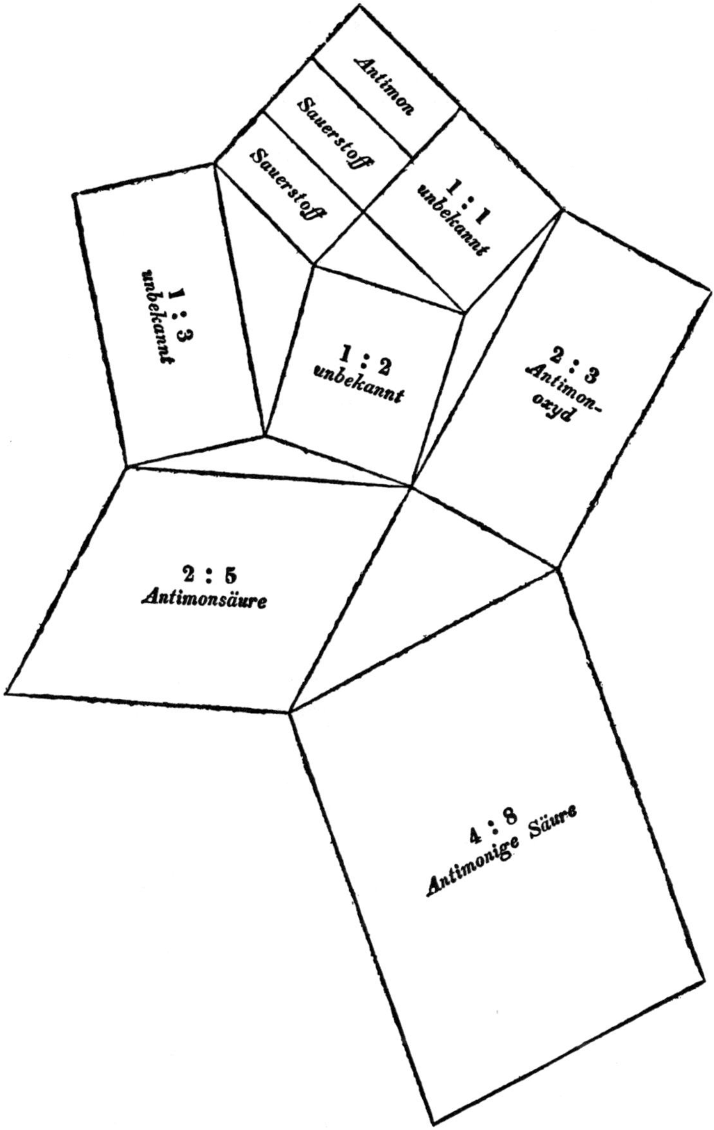
Antimon
Sauerstoff
Sauerstoff
1 : 1
unbekannt
1 : 3
unbekannt
1 : 2
unbekannt
2 : 3
Antimon-
oxyd
2 : 5
Antimonsäure
4 : 8
Antimonige Säure

Da nach S. 219 die antimonige Säure eine Verbindung von Antimonsäure mit Antimonoxyd sein kann, und diese zusammengesetzt sind aus

2 M.G. Antimon und 5 M.G. Sauerstoff und
2 M.G. Antimon und 3 M.G. Sauerstoff,

so sind 4 M.G. Antimon und 8 M.G. Sauerstoff
die Bestandtheile der antimonigen Säure, und sie erhält daher in dem umstehenden Schema, welches ich hier zur Versinnlichung des Gesagten beigefügt, die daselbst angewiesene Stelle.

Man fordert in der Chemie, wie in allen Naturwissenschaften, mit Recht, dass eine gegebene Erklärung auf möglichst viel Thatsachen sich stützen müsse, und betrachtet sie als unrichtig, wenn auch nur eine dagegen streitet. Im letzteren Fall befinden wir uns hier zwar nicht, allein es fehlen noch die directen Beweise für die eben aufgestellte Ansicht, dass die antimonige Säure ein antimonsaures Antimonoxyd sei. Hierzu gehört unter andern, dass es noch nicht gelungen ist, durch Kochen von antimoniger Säure mit zweifach-weinsteinsaurem Kali Brechweinstein darzustellen, was doch erfolgen müsste, wenn die antimonige Säure Antimonoxyd enthielte. Jedoch ist auch der Fall möglich, dass dieses Oxyd in der antimonigen Säure so innig mit der Antimonsäure verbunden ist, dass das zweifach-weinsteinsaure Kali es nicht abzuscheiden vermag, wie es denn mehrere antimonsaure Verbindungen giebt, die nach dem Glühen nicht mehr auf nassem Wege in ihre Bestandtheile zerlegt werden können, z. B. antimonsaures Kupferoxyd № 105 S. 213.

Das Sicherste, um hierüber auf's Reine zu

kommen, wäre, Antimonoxyd und Antimonsäure in dem Verhältniss zu mischen, wo sie antimonige Säure bilden können, und nun zu versuchen, ob sich dieses Gemisch gegen Weinstein etc. ebenso verhält, wie die gewöhnliche antimonige Säure.

Antimonigsaures Kupferoxyd.

Es wird durch Vermischen der heissen Auflösungen von antimonigsaurem Kali und schwefelsaurem Kupferoxyd in Form eines Niederschlages erhalten, der nach dem Auswaschen und Trocknen eine blassgrasgrüne Farbe hat. Es ist ein Hydrat wie das antimonsaure Kupferoxyd № 105 S. 213, und zeigt beim Erhitzen dasselbe merkwürdige Erglimmen. Ist es nämlich durch gelinde Erhitzung entwässert, so hat es eine pistaziengrüne Farbe, die aber nach einem rasch eintretenden Erglimmen in weiss übergeht. Auch hier findet weder Gewichtsverlust noch sonstige Veränderung in der chemischen Zusammensetzung statt, und die Erklärung ist dieselbe, wie sie S. 213 angegeben.

Auch das antimonigsaure Kobaltoxyd zeigt dasselbe Verhalten. Frisch gefällt und im wasserhaltigen Zustande ist es violett; entwässert schwarzgrün; nach dem Erglimmen weiss. Es wird wie das Kupfersalz dargestellt.

Antimon und Wasserstoff.

Ein Antimonwasserstoffgas ist erst kürzlich entdeckt und so eine neue Aehnlichkeit zwischen Antimon und Arsenik aufgefunden worden.

Es wird aus Antimonzink dargestellt, welches aus gleichen Theilen dieser Metalle zusammengeschmolzen ist. Wird es nämlich mit verdünnter Schwefelsäure behandelt, so bildet sich, indem sich das Zink auflöst, Wasserstoff, und dieser löst nun Antimon auf und geht damit als das genannte Gas davon.

Mit dem Arsenikwasserstoffgas hat es viele Aehnlichkeit. Es hat einen eigenthümlichen Geruch und brennt wie dieses. Hierbei bemerkt man einen dicken weissen Dampf, der sich an einen kalten Körper, den man über der Flamme hält, ansetzt und Antimonoxyd ist. Hält man ihn aber, z. B. eine Glasröhre, in die Flamme, so überzieht sich diese mit Antimonmetall, und nur an den Rändern erscheint das weisse Oxyd.

Wenn man in verdünnter Schwefelsäure Antimonsalze, z. B. Brechweinstein auflöst, und nun Zink hineinthut, erhält man auch ein Wasserstoffgas, welches Antimon aufgelöst enthält.

Aus diesem Allen folgt, dass man bei der Analyse antimonhaltiger Verbindungen auf die Entwickelung von Wasserstoffgas Acht haben muss, um keinen Verlust an Antimon zu erleiden.

Antimon und Schwefel.

Von den bisher abgehandelten Metallen waren die Schwefelverbindungen noch nicht besonders merkwürdig. Zink, Kadmium, Mangan und Chrom vereinigen sich meistens nur einmal mit Schwefel, und geben ein Product, welches weder in chemischer noch technischer Beziehung die besondere Aufmerksamkeit in Anspruch nimmt.

Mit dem Antimon ist es anders. Bei diesem Metalle entfaltet der Schwefel die Mannigfaltigkeit seiner Eigenschaften, und enthüllt seine wahre chemische Natur auf eine so deutliche Weise, dass er mit Recht ein Brenner oder eine andere Art von Sauerstoff genannt zu werden verdient. (Vergl. Einl. etc. 1836 S. 6.)

Hier zeigt es sich nämlich, dass den 3 Sauerstoffungsstufen des Antimons, die wir im Vorhergehenden kennen gelernt, drei Schwefelungsstufen parallel gehen, und dass das Schema für jene S. 221, auch als Schema für diese zu gebrauchen ist. Unter den Namen: Anderthalb-, Drittehalb- und Zweifach-Schwefelantimon sollen sie jetzt betrachtet werden.

Anderthalb-Schwefelantimon.

Diese Verbindung entspricht dem Anderthalb-Sauerstoffantimon oder Antimonoxyd № 97 S. 200, und entsteht, wenn der Sauerstoff des letztern gegen Schwefel ausgetauscht wird. Man bewirkt diess am leichtesten dadurch, dass man Antimonoxyd durch Kochen in einer Auflösung von doppelt-weinsteinsaurem Kali oder weissem Weinstein auflöst, und in diese Auflösung Schwefelwasserstoffgas einströmen lässt. Der Wasserstoff des letztern und der Sauerstoff des Oxyds verbinden sich alsdann zu Wasser, indess sich gleichzeitig der Schwefel mit dem Antimon zu № 111 vereinigt.

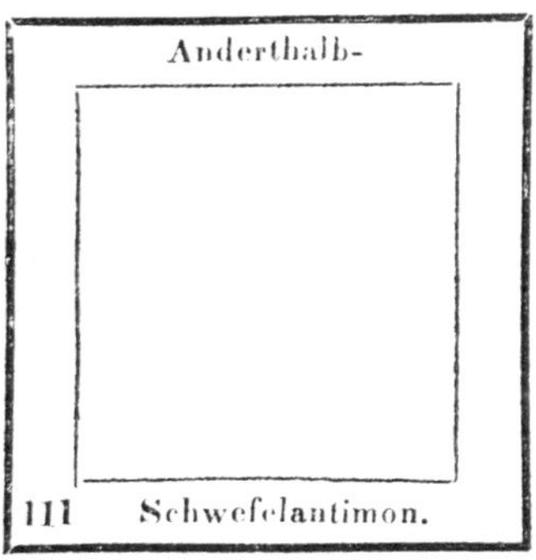

Man nennt diese Verbindung, die seit langer Zeit als ein wirksames Arzneimittel gebraucht wird, *Kermes minerale.*

Das Anderthalb-Schwefelantimon zeichnet sich dadurch ganz besonders aus, dass es bei unveränderter Zusammensetzung verschiedenartig gefärbt erscheint. So kommt es im Mineralreich als eine strahlig krystallinische Masse vor, die Grauspiessglanzerz heisst, und woraus durch Ausschmelzen das s.g. rohe Spiessglanz oder *Antimonium crudum* gewonnen wird. Es stellt wie № 112 beweist,

Natürliches Anderthalb-

112 Schwefelantimon.

ein grauschwarzes Pulver dar, ist also in der Farbe sehr verschieden von dem eben besprochenen, auf künstlichem Wege dargestellten, № 111, welches jedoch ebenso wie dieses zusammengesetzt ist und aus 2 M.G. oder 129 Pfund Antimon und
3 M.G. oder 48 Pfund Schwefel
besteht.

Auch dieses natürliche Anderthalb-Schwefelantimon ist einer ähnlichen Umänderung in Kermes fähig. Es löst sich nämlich in einer siedenden Auflösung von Einfach-Schwefelnatrium auf, und scheidet sich beim Erkalten zum grössern Theil wieder ab. Es hat hierbei nichts weiter als die Farbe verändert, die, wie № 113 beweist, bedeutend von № 112 abweicht. Durch ein gelindes Erhitzen, welches aber nicht bis zum völligen

Schmelzen gehen darf, kann es jedoch wieder in

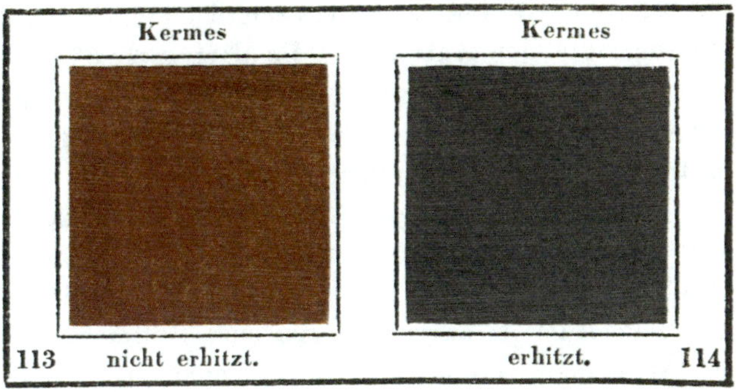

№ 112 zurückverwandelt werden, wie aus der Beifügung von № 114 ersichtlich ist, dessen Farbe nur wenig von der des natürlichen abweicht.

Da die Erklärung dieser Veränderungen sich auf nichts Chemisches stützen kann, so ermangelt sie der eigentlichen Thatsachen und muss sich mit Vermuthungen begnügen. Es ist wahrscheinlich, dass eine Veränderung der Form der kleinsten Theile die Ursache davon ist, wozu eine solche Einwirkung, wie Schmelzhitze, wohl Anlass geben kann. Beim schwarzen Schwefelquecksilber ist auf ein ganz ähnliches Verhalten aufmerksam gemacht. Dieses verwandelt sich durch blosses Erhitzen in hochrothen Zinnober, ohne sonstige Aenderung in seiner Zusammensetzung.

Im Fall man nach dem Erhitzen in einer Glasröhre anstatt eines schwarzen ein rothbraunes Pulver beim Zerreiben erhält, ist es ein Beweis, dass der Kermes nicht rein war und Antimonoxyd enthielt, wo sich dann Spiessglanzsafran № 117 S. 235 bildet. Auch kann man durch diesen Versuch zu gleicher Zeit erfahren, ob das, was für Kermes oder Anderthalb-Schwefelantimon ausgegeben wird, es wirklich ist, und nicht etwa eine höhere Schwefelungsstufe des Antimons. Es darf sich nämlich kein Schwefel sublimiren, geschieht es, so enthält es entweder Zweifach- oder Drittehalb-Schwefelantimon, oder besteht ganz daraus.

Da beim Kochen von Anderthalb-Schwefelantimon mit kohlensaurem Natron sich das Auflösungsmittel des ersteren, nämlich Schwefelnatrium erzeugt, unter Bildung von Antimonoxyd, so kann man den Kermes № 113 auch auf diesem Wege darstellen. Man trägt in eine siedende Auflösung von

45 Pfund krystallisirtem kohlensaurem Natron in
500 Pfund Wasser
2 Pfund Schwefelantimon

im fein geschlämmten Zustande und kocht sie ½ höchstens ¾ Stunden. Hierauf wird die Auflösung schnell durch Papier filtrirt. Beim Erkalten wird man sogleich die klare Flüssigkeit sich trüben, und einen braunen Niederschlag entstehen sehen, der nach dem Aussüssen und Trocknen von № 113 nicht verschieden ist. Die Mutterlauge kann von Neuem zum Auflösen von Schwefelantimon dienen.

Man hat noch eine Menge Methoden, den Kermes darzustellen, die alle darauf hinzielen, ein recht reines und gleichförmiges Arzneipräparat zu erhalten. Besonders hat man es sich angelegen sein lassen, diese Schwefelverbindung frei von Antimonoxyd zu bekommen. Ob mit Recht, ist zweifelhaft, denn die ursprünglichen Heilversuche sind mit einem Kermes gemacht, der Antimonoxyd enthielt, daher ein solcher, welcher ganz frei davon ist, nothwendig den Arzt, der die bekannte, bestimmte Wirkung erwartet, im Stich lässt. Es folgt hieraus, dass ein auf neue Weise dargestelltes Arzneimittel auch erst wieder von Neuem auf seine Wirkungseigenthümlichkeit geprüft werden muss, was den meisten Aerzten natürlich nicht ganz gelegen kommt.

Kocht man Schwefelantimon mit starker Kalilauge, so scheidet sich ebenfalls nach dem Erkalten Kermes ab, aber ziemlich viel bleibt aufgelöst und ertheilt der Flüssigkeit eine gelbbraune Farbe. Sie zeigt, vermöge ihres Schwefelgehalts, ein eigenthümliches Verhalten gegen die Metalle, indem Silber und Kupfer zersetzend darauf einwirken, Eisen und Gold dagegen nicht. Schreibt man nämlich mit dieser Flüssigkeit auf Silber oder Kupfer, so entsteht sogleich eine schwarze Schrift, die nach dem Abspülen und Trocknen sehr fest haftet, und besonders innig mit dem Kupfer sich verbunden zeigt, so dass dieselbe ebenso zum Schreiben darauf dienen kann, wie die S. 21 erwähnte Dinte auf Zink.

Auch auf Blei, Zinn und Zink findet einige Wirkung Statt, aber sie ist nicht von der Art, dass sie einer Nutzanwendung fähig wäre. Denn die Schrift, die entsteht, ist zwar schwarz, aber sie haftet nicht gut.

Bringt man dagegen etwas von dieser Flüssigkeit auf Eisen, Gold oder Platin, so erfolgt gar keine Veränderung, alles bleibt blank. In Bezug auf das Eisen ist diess sehr wichtig. Dem Apotheker wird es dadurch möglich, sich bei Darstellung der oben genannten Antimonpräparate eiserner Gefässe zu bedienen. Auch folgt aus dieser Thatsache, dass, falls man mit der alkalischen Auflösung des Schwefelantimons schreiben will, man sehr wohl Stahlfedern anwenden kann, da gewöhnliche sehr schnell zerfressen werden.

Die Säuren wirken auf das Schwefelantimon zersetzend ein, und geben dadurch dem Chemiker Gelegenheit, sich auf eine wohlfeile Weise Antimonoxydsalze zu bereiten. S. 205 ist bereits einer solchen Zersetzung, behufs der Darstellung des Brechweinsteins, Erwähnung geschehen. Es kommt daselbst die Salpetersäure, welche die Schwefelsäure aus dem Salpeter austreibt, mit den Bestandtheilen des Schwefelantimons in Wechselwirkung, wodurch aus dem Schwefel Schwefelsäure, und aus dem Antimon Antimonoxyd, also schwefelsaures Antimonoxyd gebildet wird.

Chlorwasserstoffsäure zerlegt es, damit gekocht, ebenfalls, und bewirkt die Entweichung des Schwefels in der Form von Schwefelwasserstoffgas, indess Chlorantimon zurückbleibt. Es geht hier also, nach den Gesetzen der Wahlverwandtschaft, ein Austausch der Bestandtheile vor sich. Der Wasserstoff bemächtigt sich des Schwefels und geht mit ihm als Gas davon, indess das Antimon das Chlor zurückbehält und sich mit diesem vereinigt. Wenn man diese Zersetzung in einer Retorte im Sandbade vornimmt, so gehen, nachdem die Gasentwickelung aufgehört hat, anfangs Wasserdämpfe und noch etwas Säure über, und zuletzt erscheint bei fernerem Erhitzen Anderthalb-Chlorantimon in weissen Nebeln, die sich zu ölartigen

Tropfen oder auch zu einer krystallinischen Masse verdichten.

Stellt man obigen Versuch mit ganz reinem Anderthalb-Schwefelantimon und einem Ueberschuss von Chlorwasserstoffsäure an, so wird man finden, dass nach geschehener Auflösung alles klar bleibt, vorzugsweise aber wird man keinen abgeschiedenen Schwefel bemerken. Hat man dagegen Zweifach- oder Drittehalb-Schwefelantimon einer gleichen Behandlung unterworfen, so scheidet sich neben dem sich entwickelnden Schwefelwasserstoffgas auch noch Schwefel ab, welches als gelbes Pulver in der Flüssigkeit schwimmt, und beim Kochen derselben zusammenschmilzt. Diese Schwefelabscheidung ist also ein chemisches Kennzeichen, wodurch man das Anderthalb-Schwefelantimon von den andern beiden Schwefelantimonen unterscheiden kann.

In allen diesen Fällen bildet sich eine Auflösung von Anderthalb-Chlorantimon in Chlorwasserstoffsäure. Da nun aus dieser Auflösung, wie S. 193 gezeigt, sehr leicht das Antimon mittelst Zinn geschieden werden kann, so ist es nicht schwierig, diess Schwefelantimon zu analysiren, was ich beim Chlorantimon deutlich beschrieben habe.

In der Hitze schmilzt das Schwefelantimon ohne eine chemische Veränderung zu erleiden, wenn nämlich der Zutritt der Luft verwehrt ist. Kann aber diese frei einwirken, wie es z. B. beim blossen Glühen in einem offnen Tiegel geschieht, so verbrennen seine beiden Bestandtheile; der Schwefel wird zu schwefeliger Säure und geht davon, indess sich das Antimon in Antimonoxyd

№ 97 S. 200 und endlich in **antimonige Säure** № 107 S. 216 verwandelt und zurückbleibt. Macht man diesen Versuch mit ziemlich grossen Quantitäten, so bleibt ein Theil Schwefelantimon unverändert und wirkt, wenn man die Hitze bis zum Schmelzen verstärkt, auf die entstandene antimonige Säure zersetzend ein, indem unter nochmaliger Entwickelung von schwefeliger Säure, Antimonoxyd entsteht. Dieses geht mit dem nun noch

Spiessglanzglas.

115

übrigen Schwefelantimon in eine glasartige Verbindung ein, die man **Spiessglanzglas** oder ***Vitrum antimonii*** nennt. Sie ist ein Arzneimittel und wird mit mehr Genauigkeit dadurch dargestellt, dass man

8 Pfund Antimonoxyd mit
1 Pfund Schwefelantimon,

beide im reinsten Zustande zusammenschmelzt, und pülvert und schlemmt.

Es dient auch zur Bereitung künstlicher Edelsteine, um z. B. diesen die Farbe von Topas oder Granat zu geben.

Werden Schwefelantimon und Kali zusammen geschmolzen, so tauschen sie ihre Bestandtheile gegenseitig aus. Es entsteht **Schwefelkalium** einerseits und **Antimonoxyd** andererseits. Je nachdem nun aber Schwefelantimon oder Kali im Ueberschuss angewendet wird, entstehen verschiedene Producte.

Findet der erste Fall Statt, d. h. ist mehr Schwefelantimon vorhanden, als durch das Kali zersetzt werden kann, z. B. bei einem Zusammenschmelzen von

35 Loth Schwefelantimon mit
6 Loth Kalihydrat,

so theilt sich das unzersetzt bleibende Schwefelantimon und vereinigt sich mit beiden Producten einmal zu Schwefelantimon-Schwefelkalium, welches die oberste Schicht im Tiegel einnimmt, und zweitens zu Schwefelantimon-Sauerstoffantimon (oder Antimonoxyd) welches im untern Theil des Tiegels verbleibt. Diese

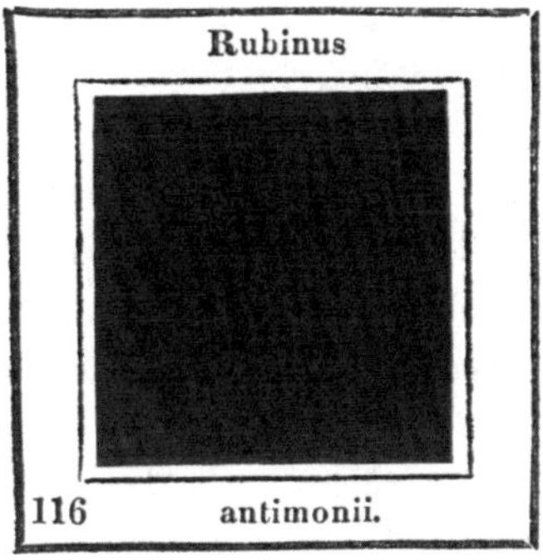

Verbindung ist schwarz von glänzend muscheligem Bruch, und hat gepülvert das Ansehen von № 116. Man nennt es *Rubinus antimonii*, und gebrauchte es früher als Arzneimittel.

Im zweiten Fall, d. h. wo mehr Kali vorhanden ist, als zur Zersetzung des Schwefelantimons erfordert wird, wie z. B. beim Zusammenschmelzen von

25 Loth Kalihydrat mit
40 Loth Schwefelantimon

bildet sich einerseits wiederum Schwefelantimon-Schwefelkalium, andrerseits aber geht der unzersetzt bleibende Theil des Kalis mit dem gleichzeitig entstandenen Antimonoxyd in Verbindung, und bildet Antimonoxyd-Kali, welches bei stärkerer Hitze in antimonigsaures Kali übergeht, unter Abscheidung von metallischem Antimon.

Der Salpeter giebt, wie das Kalihydrat, mit dem Schwefelantimon verschiedene Producte, je nachdem von dem einen oder dem andern mehr vorhanden ist, als erfordert wird, um eine vollständige Wechselzersetzung zu bewirken.

Seine Wirkung unterscheidet sich aber von der des Kali wesentlich dadurch, dass kein Schwefelkalium entsteht, sondern dass der Schwefel in Schwefelsäure verwandelt wird, die mit dem Kali sich zu schwefelsaurem Kali vereinigt.

Trägt man ein Gemenge, welches aus

1 Pfund Schwefelantimon und
6 Pfund Salpeter

besteht, in einen glühenden Tiegel ein, so erhält man unter heftigem Verpuffen antimonsaures und schwefelsaures Kali, indem alles Schwefelantimon durch den Sauerstoff der Salpetersäure und durch die Anforderung des Kali so zersetzt wird, dass sein Schwefel sich in Schwefelsäure, sein Antimon sich in Antimonsäure verwandelt, die mit dem Kali in Verbindung treten. (Vergl. S. 210.)

Mengt man dagegen nur

1 Pfund Schwefelantimon mit
1 Pfund Salpeter,

und verfährt auf gleiche Weise, so reicht nun der Sauerstoff des Salpeters nicht hin, alles Schwefelantimon zu säuern, so dass ein Theil unverändert bleibt. Auch entsteht keine Antimonsäure, sondern nur Antimonoxyd, welches sich mit dem unzersetzt gebliebenen Schwefelantimon zu einer Verbindung

Spiessglanzsafran.

117

vereinigt, die man ungeachtet ihrer Farbe Spiessglanzsafran *Crocus antimonii* nannte. Wenn man das geschmolzene Gemisch fein pülvert und gut auswäscht, so bleibt dieser s. g. Metallsafran zurück und wird noch hin und wieder als ein Heilmittel gebraucht. Zweckmässiger wird er dargestellt durch directes Zusammenschmelzen von

3 Pfund Antimonoxyd mit
1 Pfund Schwefelantimon

in einem bedeckten Tiegel. In diesem Fall enthält er aber kein Kali, welches in № 117 auch nach dem sorgfältigsten Auswaschen enthalten ist.

An diese, auf einem künstlichen Wege dargestellten Verbindungen von Antimonoxyd mit Schwefelantimon reiht sich eine an, welche im Mineralreich unter dem Namen Rothspiessglanzerz vorkommt, und besonders darum einer Erwähnung verdient, weil ihr Bestandtheilverhältniss den chemischen Gesetzen gemäss ist, was bei № 116 und № 117, die theilweise Gemenge sind, nicht klar zu ersehen ist. Das Rothspiessglanzerz besteht nämlich aus

2 M.G. oder 354 Pfund Anderthalb-Schwefelantimon und
1 M.G. oder 153 Pfund Anderthalb-Sauerstoffantimon oder Antimonoxyd,

kann daher als ein wirkliches Salz betrachtet werden, in welchem das Sauerstoffantimon die Säure, das Schwefelantimon die Basis vorstellt.

Im Fall sich das Schwefelantimon mit andern Schwefelmetallen verbindet, verhält es sich zu ihnen wie eine Säure, und es neutralisirt alsdann ihre basischen Eigenschaften ebenso, wie die sauren Sauerstoffmetalle (Metalloxyde und Metallsäuren) die basischen Sauerstoffmetalle neutralisiren. Wie man diese unter dem Namen Sauerstoffsalze unterscheidet, so nennt man jene Schwefelsalze, und ihre beiden Bestandtheile: Schwefelsalz-Säure oder Sulfid, und Schwefelsalz-Basis oder Sulfür. Ein Salz dieser Art ist eine Verbindung von Schwefelantimon als Säure, mit Schwefelnatrium als Basis, welches in grossen schönen Krystallen erhalten wird, wenn man

4 Pfund Schwefelantimon
8 Pfund trocknes schwefels. Natron und
2 Pfund Kohle

zusammenschmelzt, die Masse pülvert, mit siedendem Wasser auskocht, etwas abdampft und krystallisiren lässt.

Wird zu diesem Salze eine Säure gebracht, die stärker ist als das Schwefelantimon, so treibt sie dieses aus, fällt es mit orangegelber Farbe und bemächtigt sich der andern Basis. Diess geschieht z. B. wenn man Schwefelsäure hinzufügt. Da aber diese Basis nicht Sauerstoffnatrium sondern Schwefelnatrium ist, mit welchem die Schwefelsäure nicht in Berührung kommen kann, ohne sie theilweise zu zerlegen, so erfolgt diese, indem sich mit Hülfe der Wasserbestandtheile Sauerstoffnatrium oder

Natron bildet einerseits, und Schwefelwasserstoff andrerseits, welcher als Gas entweicht.

Aehnlich dem Schwefelnatrium verhält sich das Schwefelwasserstoff-Ammoniak zum Schwefelantimon; es bildet ebenfalls damit eine in Wasser auflösliche Verbindung. Da nun die meisten übrigen Schwefelmetalle, z. B. die des Zinks, Kadmiums, Mangans, Wismuths, Eisens, Kobalts, Bleis, Kupfers und Silbers sich nicht in Schwefelwasserstoff-Ammoniak auflösen, so ist hiermit eine Trennung des Schwefelantimons von diesen sehr leicht zu bewirken.

Wenn man daher in einer Auflösung von mehreren dieser Metalle Antimon vermuthet, so fällt man sie sämmtlich als Schwefelmetalle, entweder durch Einströmenlassen von Schwefelwasserstoffgas oder durch Vermischen mit Schwefelwasserstoff-Ammoniak, bis nichts mehr gefällt wird. Hierauf sammelt man den Niederschlag und übergiesst ihn mit einem Ueberschuss an Schwefelwasserstoff-Ammoniak in einer Flasche mit Korkstöpsel, und erwärmt es längere Zeit gelinde. Das Schwefelantimon löst sich auf und die andern Schwefelmetalle bleiben unaufgelöst zurück.

Auf ähnliche Weise kann man käufliches Antimon auf seine Reinheit prüfen. Man versetzt die Auflösung desselben in Königswasser so lange mit Ammoniakflüssigkeit, bis ein starker Ammoniakgeruch bemerkbar wird und nichts mehr niedergeschlagen wird. Hierauf fügt man einen Ueberschuss von Schwefelwasserstoff-Ammoniak hinzu, und beobachtet, ob sich alles vollständig auflöst. Ist diess der Fall, so war das Antimon rein von den oben genannten Metallen. Bleibt dagegen ein schwarzer Rückstand, so beweist diess die Gegenwart fremder Metalle, namentlich Blei und Eisen.

Ein recht merkwürdiges Schwefelsalz kommt im Mineralreich unter dem Namen Rothgiltigerz vor. Es ist eine Verbindung von 1 M.G. Schwefelantimon als Säure, mit 3 M.G. Schwefelsilber als Basis. Es erscheint in Krystallen von cochenillerother Farbe, welche ins blaugraue spielt, aber das Strichpulver ist rein roth.

Drittehalb-Schwefelantimon.

Das Drittehalb-Sauerstoffantimon oder die Antimonsäure ist das chemische Vorbild dieser Verbindung. Sie entsteht, sobald der Sauerstoff gegen ebenso viele M.G. Schwefel ausgetauscht wird. Am überzeugendsten erreicht man diess durch Zusammenbringen von Schwefelwasserstoff mit Antimonsäure. Man vertheilt zu dem Ende das Antimonsäurehydrat № 101 S. 208 in Wasser und lässt unter fortwährendem Umrühren so lange Schwefelwasserstoffgas einströmen, als noch unveränderte Antimonsäure vorhanden ist. Hierauf wäscht man den Niederschlag № 118 und trocknet ihn bei gelinder Wärme.

Drittehalb-

118 Schwefelantimon.

Da nach S. 207 in 1 M.G. Antimonsäure 5

M.G. Sauerstoff enthalten sind, so sind auch 5 M.G. Schwefelwasserstoff erforderlich, um 1) mit jenen 5 M.G. Sauerstoff Wasser zu bilden, und 2) so viel Schwefel herzugeben, um das dadurch entsauerstoffte Antimon zu schwefeln, so dass demnach die obige Verbindung

2 M.G. oder 129 Pfund Antimon
5 M.G. oder 80 Pfund Schwefel
zu 209 Pfund Drittehalb-Schwefelantimon verbunden, enthalten muss.

Unter dem Namen Goldschwefel, *Sulphur antimonii auratum*, wird dieses Schwefelmetall in den Apotheken vorräthig gehalten. Man pflegt es in diesen nicht nach obiger Vorschrift zu bereiten, sondern sucht auf einem directen Wege mit dem Anderthalb-Schwefelantimon noch so viel Schwefel zu vereinigen, als diesem fehlt, um Drittehalb-Schwefelantimon zu werden. Am leichtesten geschieht diess durch Zusammenschmelzen eines Gemenges von

5 Pfund Schwefelantimon,
2 Pfund Schwefel und
4 Pfund kohlensaurem Kali

Ausgiessen und Pülvern der Masse, und Auflösen in siedendem Wasser. Aus der klaren Auflösung fällt durch Zusatz von Schwefelsäure der Goldschwefel nieder, unter gleichzeitiger Entwickelung von Schwefelwasserstoffgas.

Da nach neueren Erfahrungen fast alles im Handel vorkommende Schwefelantimon Arsenik enthält, so enthalten ihn auch diese Präparate. Es ist daher erst aus reinem Antimon (S. 192) und reinem Schwefel das Anderthalb-Schwefelantimon darzustellen, um daraus auf angegebene Weise den Goldschwefel zu bereiten.

Hierbei bleibt aber immer noch die Frage, ob den Aerzten mit einem solchen chemischreinen Goldschwefel gedient ist. Seine Heilwirkungen, worauf hier doch am Ende alles ankommt, sind früher mit arsenikhaltigem erprobt, und sie müssen anders, vielleicht gar entgegengesetzt sein, wenn dieser Arsenik, der etwa $\frac{1}{300}$ beträgt, fehlt. Diess liefert ein interessantes Beispiel, wie offenbare Dummheiten durch Amalgamirung mit dem Leben sich so geltend machen können, dass sie gar nicht mehr auszurotten sind, und man sie endlich respectiren muss.

Auf alle Fälle müssten in den Apotheken **beide** Sorten Goldschwefel, der reine und der arsenikhaltige vorräthig sein, um dem Arzte die Wahl zu lassen.

Schon aus der S. 239 gegebenen Darstellungsweise ergiebt sich, dass das Drittehalb-Schwefelantimon mit Hülfe des Schwefels und des Kalis oder Natrons im Wasser auflöslich ist. Es wird diess durch die Bildung eines Doppelsalzes bewirkt, welches aus Schwefelkalium oder Schwefelnatrium und Drittehalb-Schwefelantimon besteht. Man stellt es dar durch Schmelzen eines Gemenges von

4 Pfund Schwefelantimon,
8 Pfund trocknem schwefels. Natron und
2 Pfund Kohle.

Nach dem Ausgiessen und Pülvern wird der Masse 1 Pfund Schwefel zugesetzt und so lange gekocht, bis sich dieser aufgelöst hat. Dann lässt man die Flüssigkeit sich klären und dampft sie zur Krystallisation ab. Es schiessen pyramidenförmige Krystalle an, die sich leicht in Wasser auflösen.

Um nun den Beweis zu führen, dass diese Krystalle Drittehalb-Schwefelantimon enthalten, vermischt man ihre Auflösung mit verdünnter Schwefelsäure. Es wird alsdann die wasserklare Flüssigkeit sogleich roth, und der darauf sich absondernde Niederschlag ist von № 118 S. 238 nicht verschieden. Gleichzeitig entwickelt sich Schwefelwasserstoff, herrührend von der Zerlegung des Schwefelnatriums und Bildung des schwefelsauren Natrons.

Vermischt man die Auflösung dieses Salzes mit Gummi, druckt auf Kattun und taucht nach dem Trocknen das Zeug in schwache Schwefelsäure, so erscheint das Muster mit der Farbe von № 118. Gegen diese ist, wenn man die Leichtigkeit der Darstellung erwägt, nichts einzuwenden, obwohl sie vom Chromorange № 69 S. 145 übertroffen wird. Allein sie riecht selbst noch auf dem Lager nach Schwefelwasserstoff, und schwärzt alle bleioxydhaltigen Farben, namentlich das Chrom-Gelb und -Orange, in deren Nähe sie kommt.

Das Schwefelwasserstoff-Ammoniak bildet mit Drittehalb - Schwefelantimon eine gleichfalls im Wasser auflösliche Verbindung. Diesemnach kann man es, wie das Anderthalb-Schwefelantimon sehr leicht auf dieselbe Weise von andern Schwefelmetallen trennen, wie es S. 237 angegeben ist.

Drittehalb - Schwefelantimon löst sich in siedender Chlorwasserstoffsäure unter Schwefelwasserstoffgasentwickelung auf. Hierbei scheidet sich gelber Schwefel ab, und zwar in einer solchen Menge, als der Unterschied beträgt, den dieses Schwefelantimon mehr enthält als das Anderthalb-Schwefelantimon. Zugleich bietet diess ein Mittel dar, beide schnell von einander zu unterscheiden, oder muthmassliche Gemenge von beiden auf das Vorhandensein des ersteren zu prüfen, denn beim Anderthalb-Schwefelantimon geht aller Schwefel in Gasgestalt als Schwefelwasserstoffgas davon; hier dagegen nur ein Theil.

Wie diese Zerlegbarkeit des Drittehalb-Schwefelantimons durch Chlorwasserstoffsäure benutzt werden kann, um seinen Antimongehalt zu bestimmen, ist weiter unten beim Chlorantimon gezeigt.

Zweifach-Schwefelantimon.

Wenn man antimonige Säure in Chlorwasserstoffsäure auflöst und Schwefelwasserstoffgas hineinströmen lässt so wird aller Sauerstoff gegen Schwefel ausgetauscht, und es entsteht die Verbindung № 119, die auf

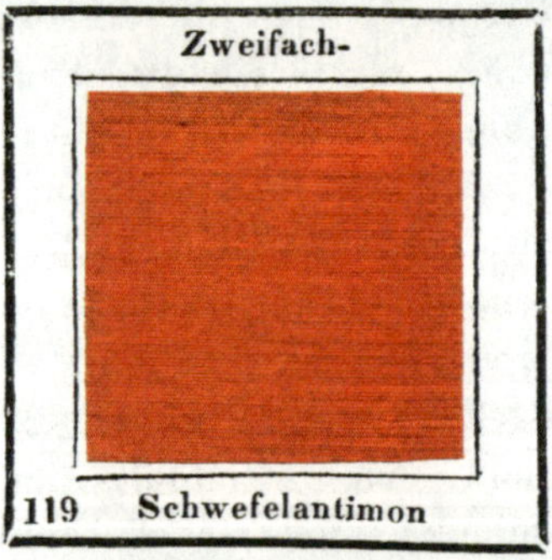

1 M.G. oder 64,5 Pfund Antimon
2 M.G. oder 32,0 Pfund Schwefel

enthält und daher Zweifach-Schwefelantimon genannt wird.

Es ist, wie man sieht, dem Drittehalb-Schwefelantimon № 118 S. 238 sehr ähnlich und kaum davon zu unterscheiden. Auch verhält es sich diesem gleich beim Behandeln mit Chlorwasserstoffsäure; es wird unter Füllung von Schwefel-Schwefelwasserstoffgas entwickelt mit Hinterlassung von Anderthalb-Chlorantimon. Beim Erhitzen verliert es so viel Schwefel, dass Anderthalb-Schwefelantimon zurückbleibt und zwar mit schwarzgrauer Farbe.

Da es schon nach seiner Entstehungsweise als eine antimonige Säure betrachtet werden muss, die anstatt Sauerstoff Schwefel enthält, so muss man sie auch wie diese zusammengesetzt annehmen. Wie daher nach S. 222 die antimonige Säure aus Antimonoxyd und Antimonsäure besteht, so muss diese Verbindung als aus Drittehalb- und Anderthalb-Schwefelantimon bestehend betrachtet werden, dergestalt, dass sich

1 M.G. od. 209 Pfund Drittehalb-Schwefelantimon mit
1 M.G. od. 177 Pfund Anderthalb-Schwefelantimon

zu diesem s. g. Zweifach-Schwefelantimon vereinigt haben und demnach auf

4 M. G. Antimon
8 M. G. Schwefel

kommen, wiewohl man mit den bis jetzt bekannten Scheidungsmitteln noch nicht im Stande ist, diess durch directe Versuche zu beweisen. Nichts desto weniger stelle ich es hier in dem umstehenden Schema an denselben Platz, wo auf S. 221 die antimonige Säure sich befindet.

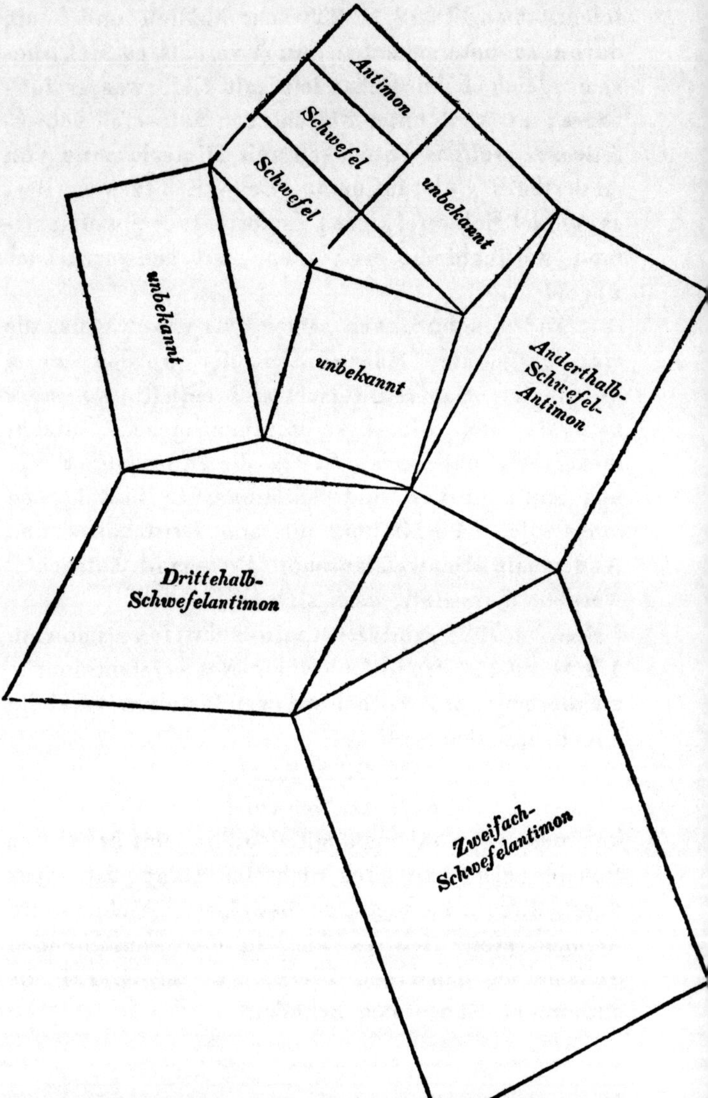
Antimon
Schwefel
Schwefel
unbekannt
unbekannt
unbekannt
Anderthalb-
Schwefel-
Antimon
Drittehalb-
Schwefelantimon
Zweifach-
Schwefelantimon

Anderthalb-Chlorantimon.

Es ist eine farblose, krystallinische Masse, die bei Luftberührung dampft. Es wurde von den ältern Chemikern wegen seiner leichten Schmelzbarkeit Spiessglanzbutter, *Butyrum antimonii*, genannt, und entspricht dem Anderthalb-Sauerstoff- und Anderthalb-Schwefelantimon. Wenn man also aus jenen den Sauerstoff oder den Schwefel hinwegnimmt und Chlor an die Stelle setzt, so entsteht diese Verbindung, die demnach aus:

2 M.G. oder 129,0 Pfund Antimon und

3 M.G. oder 106,2 Pfund Chlor

zusammengesetzt sein muss.

Um einen solchen Austausch der Bestandtheile zu bewirken, erhitzt man Anderthalb-Schwefelantimon in einer Porzellanröhre und lässt Chlorgas darüber hinstreichen. Dieses bemächtigt sich sowohl des Schwefels als des Antimons und bildet damit Chlorschwefel und Chlorantimon. Man trennt sie durch mässige Wärme, indem der Chlorschwefel sich leichter verflüchtigt und das Chlorantimon zurücklässt.

Da der sich gleichzeitig bildende Chlorschwefel ohne Werth ist, so befolgt man im Grossen einen andern Weg der Darstellung, wobei zugleich ein werthvolles Nebenproduct erzielt wird. Man erhitzt nämlich in einer Retorte ein Gemenge aus:

12 Pfund Schwefelantimon und

30 Pfund Einfach-Chlorquecksilber.

Es tritt ein Austausch der Bestandtheile ein. Das Chlorantimon geht, als eine in der Glühhitze flüchtige Substanz, in die Vorlage über, indess das gleichzeitig entstandene Schwefelquecksilber sich in der Retorte sublimirt und beim Zerreiben Zinnober giebt.

Aus der Luft zieht das Anderthalb-Chlorantimon Wasser an, es verliert alsdann die Eigenschaft zu dampfen und wird flüssig. Durch Vermischen mit mehr Wasser wird es wie das Chlorwismuth S. 189 zerlegt, indem hierbei die Wasserbestandtheile mit in die neuen Producte eingehen. Diese

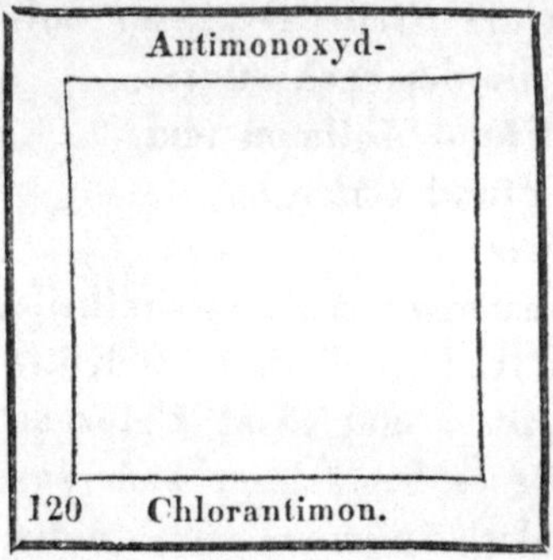

Producte sind ein weisser Niederschlag, der aus

7 M.G. Antimonoxyd u.
1 M.G. Chlorantimon

besteht und

7 M.G. Chlorwasserstoffsäure, die sich in der überstehenden Flüssigkeit befinden.

Diesem nach werden von 7 M.G. Wasser 7 M.G. Sauerstoff zur Bildung des Antimonoxyds und 7 M.G. Wasserstoff zur Bildung der Chlorwasserstoffsäure verbraucht.

Durch Kochen mit kohlensaurem Natron kann man dieser Verbindung das 1 M.G. Chlor entziehen, so dass alsdann 8 M.G. reines Antimonoxyd zurückbleiben. Es ist diess ein gutes Verfahren, sich ein reines Antimonoxyd wohlfeil zu verschaffen.

Es war das Präparat № 120 den ältern Chemikern schon bekannt, und wurde von ihnen Algarothpulver auch *Mercurius vitae* genannt, weil man ihm grosse Heilkräfte zuschrieb. Jetzt wird es nur noch zu dem eben erwähnten Zweck angewendet.

Es kann auch aus unreinem Chlorantimon bereitet werden indem man

2 Pfund Spiessglanzglas № 115 S. 232,
7 Pfund Kochsalz,
5 Pfund Schwefelsäure und
4 Pfund Wasser

12 Stunden lang in einem Kolben im Sandbade fast bis zum Sieden erhitzt, dann wird die Flüssigkeit mit so viel Wasser verdünnt, als sie ohne getrübt zu werden vertragen kann, filtrirt und mit Wasser gefällt.

Vermischt man Anderthalb-Chlorantimon statt mit Wasser mit verdünnter Chlorwasserstoffsäure, so wird es nicht gefällt. Auch kann man eine vom Wasserzusatz bereits milchig gewordene Auflösung wieder klar machen durch einen Zusatz von jener Säure. Ebenso löst sich Antimonoxyd in derselben auf, sich in Anderthalb-Chlorantimon verwandelnd.

Mit einer solchen sauren Auflösung des Antimons hat es der Chemiker bei Analysen antimonhaltiger Verbindungen sehr häufig zu thun, daher eine nähere Kenntniss ihres Verhaltens sehr wichtig ist.

Sie wird durch mehrere Metalle z. B. Zink, Eisen und Zinn zerlegt. Indem sie sich nämlich unter Wasserstoffgasentwickelung in der Säure auflösen, scheiden sie gleichzeitig aus dem Anderthalb-Chlorantimon das Antimon im metallischen Zustande ab. Am sichersten wirkt das Zinn, daher man sich seiner auch zu Analysen bedient, wie aus dem Folgenden erhellen wird.

Enthält eine solche Auflösung ausser Antimon kein anderes Metall, und man will wissen, wie viel das letztere beträgt, so erwärmt man eine gewogene Menge mit reinem Zinn oder Eisen. Dieses färbt sich auf der Stelle dunkelschwarz und sondert ein ebensolches Pulver ab, welches reines metallisches Antimon № 196 S. 193 ist. Es hat sich nämlich an die Stelle des Chlorantimons Chlorzinn gebildet, und das Antimon ist vollständig abgeschieden, vorausgesetzt, dass man während des ganzen Versuchs für einen Ueberschuss an Säure sowohl als an Zinn sorgte, und Wärme anwandte. Man sammelt das schwarze Pulver auf ein Filter, trocknet und wägt es. Sein Gewicht zeigt den Antimongehalt der Auflösuug. Das Trocknen des gefällten Antimons muss unter der Luftpumpe geschehen, weil es, bei Luftzutritt erwärmt, sich leicht entzündet.

Die Antimonsäure, obwohl sie in Chlorwasserstoffsäure sehr wenig auflöslich ist, wird unter gleichen Umständen durch Zinn vollständig zerlegt. Man zerreibt die Antimonsäure zu einem feinen Pulver, mengt es mit der Chlorwasserstoffsäure, thut Zinn hinein und erwärmt es im Sandbade. Indem das Zinn sich auflöst, scheidet sich das schwarze Antimon ab.

Ebenso verhält sich die antimonige Säure, nur dauert die Zersetzung wegen der Schwerauflöslichkeit in der Säure auch bei dieser länger als beim Antimonoxyd.

Diese sehr einfachen Thatsachen kann man zu recht interessanten Untersuchungen benutzen: man kann z. B. dadurch den verschiedenen Sauerstoffgehalt der 3 Sauerstoffantimone erfahren. Behandelt man nämlich gleiche Mengen Antimonoxyd, Antimonsäure und antimonige Säure, z. B. von jedem 100 Gran auf gleiche Weise mit Chlorwasserstoffsäure und Zinn, so wird man ungleiche Mengen Antimon erhalten und zwar von

100 Gran Antimonoxyd $84\frac{3}{10}$ Gran Antimon,
100 Gran Antimonsäure $76\frac{3}{10}$ Gran Antimon,
100 Gran antimoniger Säure $80\frac{1}{10}$ Gran Antimon.

Hieraus folgt, dass das Antimonoxyd am meisten Antimon, und daher am wenigsten Sauerstoff, nämlich $15\frac{6}{10}$ o/o, die Antimonsäure dagegen am wenigsten Antimon, und folglich am meisten Sauerstoff, nämlich $23\frac{6}{10}$ o/o enthalten. Die antimonige Säure hält das Mittel mit $19\frac{8}{10}$ o/o Sauerstoff.

Eine Hauptbedingung bei diesen Versuchen ist ein reines Zinn. Es muss sich ohne etwas zu hinterlassen, in Chlorwasserstoffsäure auflösen. Auch darf diese Säure keine Schwefelsäure enthalten, sonst wird diese zersetzt und es bildet sich Schwefelzinn, was sich mit dem Antimon vermengen würde.

Da sich etwas Antimon, wenn es nicht mit Zinn in Berührung ist, in erwärmter Chlorwasserstoffsäure auflösen könnte, so muss man das rückständige Zinn nicht eher aus der Flüssigkeit nehmen, als bis alles erkaltet ist. Jetzt trennt man davon sorgfältig das noch anhängende Antimon, bringt dieses auf ein Filter, wäscht und trocknet es.

Aus diesen Versuchen folgt zunächst eine sehr einfache Methode, eine Legirung, welche aus Zinn und Antimon besteht, zu zerlegen und das Verhältniss ihrer Bestandtheile zu ermitteln. Man löst die Legirung, deren Gewicht man vorher bestimmt, in Chlorwasserstoffsäure auf, zu welcher man nach und nach kleine Mengen von Salpetersäure setzt. Wenn alles klar aufgelöst ist, erwärmt man es und legt einen Zinnstab hinein. Dieser scheidet alles Antimon ab und lässt natürlich das Zinn aufgelöst. Man sammelt das Antimon auf einem gewogenen Filter, wäscht, trocknet und wägt es. Zieht man nun das Gewicht des Antimons von dem Gewicht der Legirung ab, so kommt das Fehlende auf Rechnung des Zinns, welches mit dem Antimon verbunden war.

Nach S. 230 und S. 242 werden die verschiedenen Schwefelantimone durch Chlorwasserstoffsäure in der Art zerlegt, dass sich unter Abscheidung von Schwefelwasserstoffgas und Schwefel Anderthalb-Chlorantimon bildet, welches in der überschüssigen Säure aufgelöst bleibt. Da nun diese Auflösung, wie wir oben gesehen haben, vollständig durch Zinn zerlegt wird, so kann man diess Verhalten auch dazu benutzen, den Schwefel- und Antimongehalt der Schwefelantimone zu bestimmen. Man kocht eine genau gewogene Menge, z. B. 200 Gran, mit Chlorwasserstoffsäure, bis alles vollständig zerlegt ist, und wägt nach dem Erkalten die ganze Auflösung. Hierauf bringt man diese auf ein Filter, um den etwa abgeschiedenen Schwefel zu entfernen und nimmt von der durchgelaufenen Flüssigkeit die Hälfte des Ganzen.

Diese Hälfte enthält das Antimon von 100 Gran Schwefelantimon und wird darum anstatt des Ganzen genommen, um des mühsamen Auswaschens des Filters überhoben zu sein. Durch Zinn fällt man nun aus derselben das Antimon, wie es S. 248 beschrieben ist. Wird das Gewicht dieses Antimons nun abgezogen von 100, so ergiebt sich daraus die Menge des mit demselben verbunden gewesenen Schwefels.

Drittehalb-Chlorantimon.

Wenn man Antimonpulver in Chlorgas schüttet, zeigt sich ein sehr schönes Schauspiel. Noch ehe das Antimon den Boden des Gefässes berührt, verbrennt es mit röthlich-weissem Lichte und unter Funkensprühen, und verbindet sich dabei mit so viel Chlor, dass auf

2 M.G. oder 129 Pfund Antimon
5 M.G. oder 177 Pfund Chlor

kommen. Es ist hier also die Verbindung entstanden, welche ihrer Zusammensetzung nach der Antimonsäure № 100 und dem Goldschwefel № 118 entspricht. Sie ist eine dünne, leicht verdampfbare Flüssigkeit, welche in Berührung mit der Luft scharfe saure Dämpfe ausstösst.

Durch Wasser erfolgt eine Zerlegung in Chlorwasserstoffsäure und Antimonsäure, indem das Wasser zur Bildung der ersteren seinen Wasserstoff, und zur Bildung der Antimonsäure seinen Sauerstoff hergiebt.

Dem Pflanzen- und Thierreiche ist das Antimon und seine Verbindungen feindlich. In keiner ihrer Aschen findet sich dieses Metall als Rückstand. Die Wirkung der Antimonpräparate ist meistens brechenerregend, und aufs Gerathewohl gegebene grosse Dosen können sehr gefährlich werden. Man behauptet, dass Mönche sich ihrer in früheren Zeiten zum Nachtheil ihrer Mitbrüder bedienten, und dass man darum dem Metall den Namen gegeben habe, der aus *anti* (gegen) und *moine* (Mönch) gebildet ist.

Vom Arsenik und seinen Verbindungen.

Es ist unter Arsenik nicht jene weisse Substanz zu verstehen, die ebenso heisst, und auch unter den Namen Rattengift oder Fliegengift allgemein bekannt ist. Diese ist eine Verbindung des Arseniks mit Sauerstoff, und wird in chemischer Sprache arsenige Säure genannt.

Das wirkliche Arsenik ist vielmehr ein rein metallischer Stoff von stahlgrauer Farbe, krystallinischem Gefüge und starkem Metallglanz.

Es findet sich so im Mineralreich, nadelförmig, krystallisirt, den Quarz, Kalk-, Fluss-, und Schwerspath begleitend. Ausserdem macht es einen Bestandtheil mehrerer Erze, z. B. der Kobalt-, Nikkel-, und Silbererze aus.

Auch mit Schwefel verbunden kommt es in der Natur vor. Rauschgelb und Realgar sind solche Verbindungen, die unter № 133 und № 138 dargestellt und beschrieben sind.

Die Darstellung des Arseniks im Grossen beruht darauf, dass es flüchtig ist und sich auch aus manchen Verbindungen durch blosses Erhitzen abscheiden lässt. Diess ist unter andern mit einem Mineral der Fall, welches Arsenikkies oder Mixpickel heisst. Es ist eine Verbindung von Zweifach-Arsenikeisen mit Zweifach-Schwefeleisen und wird, in einem Destillationsgefäss erhitzt, so zersetzt, dass zuerst Schwefelarsenik, dann aber Arsenik übergeht.

Diese Arbeit wird im Grossen in den s. g. Gifthütten vorgenommen, die von bewohnten Oertern weit abgelegen sind, weil die arsenikalischen Dämpfe, welche sich verflüchtigen, nicht nur auf Menschen und Thiere, sondern auch aufs Pflanzenwachsthum nachtheilig einwirken.

Häufiger als das metallische Arsenik wird seine Verbindung mit dem Sauerstoff, die arsenige Säure, auch weisser Arsenik genannt № 121, im Grossen gewonnen. — Zu dem Ende wird das Arsenikkies in einem Flammenofen geröstet, also beim Zutritt der

Luft. Es verbrennt sowohl der Schwefel zu schwefeliger und das Arsenik zu arseniger Säure, welche beide mit den Dämpfen und Gasen des Brennmaterials in ein thurmartiges Gebäude geleitet werden, welches mehrere Kammern neben und über einander enthält. In diesen Kammern sammelt sich das weisse Arsenik oder Giftmehl, welches alle 8 bis 10 Wochen ausgeräumt wird und in den schlesischen Hütten oft an 500 Centner auf einmal beträgt.

Das Arsenik kann ein Brenner unter den Metallen genannt werden; gleichsam ein metallischer Phosphor, mit dem es auch in seinen Verbindungen die grösste Aehnlichkeit zeigt. So bildet es mit dem Sauerstoff zwei Säuren, die mit denen des Phosphors genau in ihrer chemischen Zusammensetzung übereinstimmen. Nicht minder ähnlich sind sich Phosphorwasserstoff und Arsenikwasserstoff, insofern beide durchaus des sauren Characters entbehren, der beim Chlor- und Schwefelwasserstoff so deutlich ausgesprochen ist. Phosphor lässt sich mit Schwefel in allen Verhältnissen zusammenschmelzen, ebenso Arsenik. Phosphor färbt das Kupfer weiss, ebenso Arsenik. Phosphor macht das Eisen fast ganz unempfindlich gegen die magnetische Kraft, noch lähmender wirkt Arsenik. Auch verschlechtern beide, selbst zu einem geringen Antheil mit dem Eisen verbunden, seine guten Eigenschaften.

Endlich erinnert der Geruch des Phosphors sehr an den des Arseniks, und wenn auch der Phosphor nicht so giftig ist wie dieses, so äussert es doch Wirkungen die ähnlich sind. Aber ein grosser Unterschied tritt in dieser Hinsicht auch hervor. Der Sauerstoff steigert die giftigen Wirkungen des Arseniks, dessen beide Säuren viel heftiger wirken, als es selbst; indess die Phosphorsäuren durchaus keine giftigen Wirkungen zeigen. Daher diese auch einen Bestandtheil des thierischen Körpers ausmachen können, jene nicht.

Vor allen Metallen zeichnet sich das Arsenik beim Erhitzen durch einen knoblauchartigen Geruch aus; dieser ist so auffallend und durchdringend, dass selbst die kleinsten Mengen, welche die feinste Wage kaum anzugeben vermag, noch ein grosses Zimmer erfüllen und von einer guten Nase auf der Stelle wahrgenommen werden können. Es ist diess Kennzeichen für das Arsenik so untrüglich, dass man alle andern entbehren kann, und bei der Aufsuchung desselben in vergifteten Leichnamen oder Speisen die andern chemischen Reagentien eigentlich nur dazu dienen, es zu concentriren, von fremden Stoffen zu scheiden und seine Verbindungen in den Zustand zu versetzen, dass es zu Metall reducirt wird, denn nur in diesem Zustande zeigt es sich beim Erhitzen nach Knoblauch riechend.

Von Zink, Kadmium, Wismuth und Antimon ist es angeführt, dass sie flüchtig sind und sich destilliren oder sublimiren lassen. Das Arsenik ist es noch weit mehr, da keine so grosse Hitze wie bei jenen Metallen nöthig ist, um es in Gasgestalt zu verwandeln. Nimmt man den Versuch in einer an einem Ende zugeschmolzenen Glasröhre vor, so erhebt sich das Arsenik in Dämpfen und schlägt sich an den kältern Theil der Glasröhre wieder nieder, dort einen glänzenden Spiegel von schwarzem metallischem Arsenik bildend. Auch aus seinen Verbindungen mit Sauerstoff und Schwefel wird es, wenn Kohle und Kalk oder Silber damit in Berührung sind, in ähnlicher Weise ausgeschieden, wie diess weiterhin ausführlich beschrieben ist.

Das M.G. des Arseniks ist = 37,6, d. h. die Zahl 37,6 kehrt in allen Verbindungen wieder, welche das Arsenik mit den andern Stoffen bildet. Es ähnelt aber auch darin dem Antimon, dass es, wie dieses, sein M.G. stets verdoppelt, so dass 2 M.G. Arsenik mit 3 oder 5 M.G. Sauerstoff oder Chlor verbunden sind, und man die Stufen, woraus diese zusammengesetzten Verbindungen nothwendig bestehen müssen, noch nicht kennt. Es giebt daher keinen Einfach- und Zweifach-Sauerstoff- oder Chlorarsenik, sondern nur Anderthalb- und Drittehalb-. Mit dem Schwefel findet aber eine Ausnahme statt, da es sich mit ihm auch im einfachen Verhältniss, also zu gleichen M.G. vereinigt, weshalb auf die mögliche Existenz einer ähnlichen Sauerstoff- und Chlorverbindung mit Recht geschlossen werden könnte.

Arsenik findet sich nicht selten im käuflichen Phosphor, manchmal in dem Verhältniss von 1 zu 500. Es ist diess der Fall, wenn die Schwefelsäure, die zu seiner Darstellung aus den Knochen angewendet wurde, arsenikhaltig war. Wird aus solchem Phosphor durch Verbrennen Phosphorsäure dargestellt, so wird auch diese arsenikhaltig. Aus gleichen Gründen können solche Salze und Säuren, zu deren Darstellung Schwefelsäure diente, Arsenik enthalten.

Um eine arsenikhaltige Schwefelsäure für technische Zwecke auf wohlfeile Weise vom Arsenik zu befreien, verdünnt man sie mit Wasser, mischt etwas Fünffach-Schwefelkaliumauflösung hinzu und lässt sie in wohlverschlossenen Gefässen sich klären. Es wird alsdann als Schwefelarsenik niedergeschlagen.

Mit vielen Metallen vereinigt sich das Arsenik unter Feuerentwickelung, besonders lebhaft mit Zink, geradeso wie der Schwefel mit Kupfer und andern Metallen. Diess rechtfertigt von Neuem die ihm S. 254 beigelegte Bedeutung: dass es den Brenner unter den Metallen repräsentire. Auch zeigt es darin seine Aehnlichkeit mit den Brennern und Unähnlichkeit mit den Metallen, dass es sich mit mehreren in bestimmten Verhältnissen verbindet, was die andern Metalle unter sich höchst selten oder nie thun. Solche Verbindungen mit einem bestimmten Mischungsverhältniss sind unter andern Arsenikeisen, welches gleiche M.G. und Arsenikkupfer, welches 1 M.G. Arsenik auf 2 M.G. Kupfer enthält.

Wie Schwefel, Phosphor und andere Brenner die Eigenschaften aller Metalle verschlechtern, womit sie sich verbinden, so thut das Arsenik desgleichen. Da es nun ein sehr häufiger Begleiter der Metalle ist, so macht es dem Hüttenmanne nicht selten sehr viel zu schaffen. Denn selbst in solchen Fällen, wo seine Verbindung mit einem andern Metall schon durch blosse Hitze aufgehoben werden kann, indem es sich verflüchtigt, hinterlässt es dieses Metall mit viel schlechteren Eigenschaften. Ein auffallendes Beispiel giebt das Eisen. Wird dieses aus arsenikhaltigen Erzen dargestellt, so ist es härter, verhält sich stahlartig beim Schmieden, hat aber bedeutend an Festigkeit verloren, so dass die daraus gefertigten Stäbe nicht die Probe aushalten. Dabei zeigt die Analyse eines solchen Eisens oft keine wägbare Spur von Arsenik. Setzt man fertigem Eisen Arsenik zu, so sind $1\frac{1}{2}$ o/o schon hinreichend, seine Dehnbarkeit und Geschmeidigkeit zu zerstören.

Das Gold wird durch einen Arsenikgehalt sehr verschlechtert. Es reicht schon

1 Loth Arsenik hin

1000 Loth Gold

spröde zu machen, ja selbst die Dämpfe des Arseniks, wenn sie mit geschmolzenem Golde in Berührung kommen, machen es schwierig verarbeitbar.

Platin, welches im reinen Zustande so schwer schmilzt, wird durch einen Zusatz von Arsenik sehr leicht schmelzbar. Wird ein solches Gemisch längere Zeit einer starken Hitze ausgesetzt, so verflüchtigt sich das Arsenik, aber nicht ganz. Dieser kleine Rückhalt an Arsenik ertheilt dem Platin sehr schlechte Eigenschaften; es bekommt beim öftern Gebrauch im Feuer Risse und Borsten, und ist daher ganz unbrauchbar zu Tiegeln und anderen chemischen Geräthschaften. Ein früher von Jeanetty in den Handel gebrachtes Platin war mit einem Zusatz von Arsenik verarbeitet worden, was mancher Schwefelsäurefabrikant zu seinem grossen Nachtheil erfahren hat, indem die von einem solchen Platin gefertigten Retorten, um darin die Schwefelsäure zu concentriren, kaum ein Jahr lang aushielten.

Bevor das Neusilber erfunden war, wurde, besonders in England, ein s. g. weisses Tombak zu Schnallen, Leuchtern, Lichtputzen etc. verarbeitet. Es war eine Verbindung von Kupfer mit so viel Arsenik, als hinreichend ist, um jenem die rothe Farbe zu nehmen und in silberweiss zu verwandeln. Dieses Arsenikkupfer verliert aber bald sein schönes Ansehen, wird blind und läuft an, indem sich das Arsenik oxydirt, erfordert daher ein wiederholtes Putzen. Schon diess allein war Grund genug, sich nach bessern und minder gefährlichen Compositionen umzusehen.

Die Legirung des Arseniks mit Blei ist die einzige, die man heut zu Tage noch anwendet. Arsenik macht das Blei hart und spröde, und wenn man mit

98 Pfund Blei
2 Pfund Arsenik

vermischt, so erhält man die Composition, welche zum Schrotgiessen am geeignetsten ist. Es ist zu bedauern, dass gerade nur das Arsenik die Eigenschaft besitzt, die Bleitropfen, die behufs der Schrotfabrikation von einer gewissen Höhe herunterfallen müssen, zu bestimmen, eine runde Form anzunehmen. So giebt z. B. zinnhaltiges Blei unter gleichen Umständen längliche Nadeln.

Da das Bleischrot nur zur Jagd gebraucht wird und Jeder, der Wildpret ass, gewiss schon Schrotkörner, namentlich in der Nähe der Knochen gefunden und auch wohl hinuntergeschluckt hat, so wäre es wirklich wünschenswerth, eine minder giftige Beimischung zu haben, die dem Blei die erforderlichen Eigenschaften mittheilte, und das Arsenik entbehrlich machte. Mit Zink und Antimon in den verschiedensten Verhältnissen wären zunächst Versuche anzustellen.

Alle Verbindungen des Arseniks sind giftig, besonders aber seine beiden Säuren. Die Wirkung der arsenigen Säure oder des weissen Arseniks kennt man am besten, weil jährlich Vergiftungsfälle damit vorkommen. Die Unglücklichen sterben unter den fürchterlichsten Qualen und unter Symptomen, die denen der asiatischen Cholera ähnlich sind. Sonderbarerweise haben die meisten Physiologen und Aerzte das Studium dieser Substanz, von der eben wegen ihrer äusserst auffallenden Wirkung so viel zu erwarten ist, ganz bei Seite liegen lassen, und nur die Homöopathen erkannten die Wichtigkeit. Von diesen ist auch nur zu hoffen, dass sie diese Kraft, die schon so Manchem das Leben raubte, zum Heile der Menschheit in ihre Gewalt bekommen und bisher noch unheilbare Krankheiten heilen werden. Denn nur Gifte kann der Arzt gebrauchen, und was nicht schaden kann, kann auch nicht nützen.

Sehr auffallend ist das Verhalten des Pferdes zur arsenigen Säure. Selbst grössere Gaben tödten es nicht. Es ist sogar behauptet worden, man könne kein Pferd mit Arsenik vergiften. Ich weiss nicht worauf diese Aussagen beruhen, aber sollte meinen, dass damit leicht aufs Reine zu kommen wäre. Was die grossen Dosen betrifft, welche ein Pferd an arseniger Säure oder weissem Arsenik vertragen kann, so werden dergleichen Versuche meist fehlerhaft angestellt, indem man die Substanz nicht in Auflösung sondern in Pulver gibt. Da nun die arsenige Säure sehr schwer auflöslich, und nur dieses Aufgelöste wirksam ist, so tritt, selbst bei einer gegebenen grossen Dosis nur ein kleiner Theil als Wirkendes auf, alles andere ist so gut als nicht vorhanden. Dass aber ein Pferd kleine Portionen arsenige Säure sehr gut verträgt, und dabei wohl beleibt wird, beweisen mehrere Erfahrungen. So versicherte mich ein Gutsbesitzer, dass zwei abgemagerte Pferde, nachdem sie 4 Wochen lang täglich zwei Gran weissen Arsenik unters Futter bekommen, dick und fett geworden wären. Wer diesen Versuch wiederholen will, thut am besten, die Auflösung des Arseniks im Wasser anzuwenden, da zwei Gran Pulver sich nicht gut mit dem Futter gleichförmig mengen lassen.

Arsenikwasserstoff.

Bei den vorhergehenden Metallen ist uns eine Verbindung mit dem Wasserstoff, die sich entschieden als eine Gasart darstellte, noch nicht vorgekommen, das Antimon ausgenommen. Auch treffen wir bei den folgenden Metallen, welche hier abgehandelt werden, keine solche an. Diess ist ein neuer Beweis für den eigenthümlichen Charakter des Arseniks.

Das Arsenikwasserstoffgas bildet sich unter verschiedenen, oft sehr unerwarteten Umständen. Wenn man z. B. Kalihydrat mit gepülvertem Arsenik zusammenschmelzt, so erhält man eine braunschwarze Masse, die mit Wasser angefeuchtet zerfällt und das genannte Gas entwickelt. Es ist so sehr giftig, dass nur wenig Einathmungen den Tod herbeiführen. Ein vortrefflicher Mann, der Chemiker Gehlen, verlor dadurch sein Leben. Vor ihm war das eben erwähnte Factum noch unbekannt, und nur ein kurzer Aufenthalt in der damit vergifteten Atmosphäre reichte hin, ihn nach 8tägigen fürchterlichen Qualen zu tödten.

Zur Erklärung des Angeführten dient, dass eine Verbindung von Arsenik und Kalium mit Wasser befeuchtet, Arsenikwasserstoffgas giebt. Es muss sich daher beim Zusammenschmelzen von Kalihydrat mit Arsenik Arsenikkalium bilden, was auch dadurch möglich wird, dass gleichzeitig durch Entsauerstoffung eines Antheils Kali arseniksaures Kali entsteht, und dass nun dieses reduzirte Kalium mit einem andern Theil Arsenik sich zu Arsenikkalium vereinigt.

Schmelzt man absichtlich Arsenik mit Kalium zusammen, so entsteht dieselbe Verbindung, die beim Uebergiessen mit Wasser rasch das tödtliche Arsenikwasserstoffgas entwickelt.

Zink in Verbindung mit Arsenik wirkt dem Arsenikkalium gleich, wenn statt Wasser eine verdünnte Säure angewendet wird. Wenn man gleiche Theile Zink- und Arsenikpulver in einer thönernen Retorte zusammenschmelzt, so hat man eine Verbindung, welche mit verdünnter Schwefelsäure übergossen, Arsenikwasserstoffgas entwickelt.

Ganz ähnlich verhält sich eine Legirung aus 3 Thln. Zinn und 1 Thl. Arsenik bestehend, nur mit dem Unterschiede, dass hier starke Chlorwasserstoffsäure in Anwendung gebracht werden muss, um das Gas zu entbinden.

Die Erklärung dieser Vorgänge ist leicht. Zink mit wässriger Schwefelsäure in Berührung entwikkelt bekanntlich Wasserstoffgas. Ist nun gleichzeitig, wie oben, fein zertheilter Arsenik vorhanden, so wird dieser vom Wasserstoffgas aufgelöst und mit fortgeführt, und das Arsenikwasserstoffgas ist fertig. Zinn, Chlorwasserstoffsäure und Arsenik verhalten sich auf ganz gleiche Weise.

Jetzt die Nutzanwendung des Gesagten. Zink sowohl wie Zinn enthalten, wie sie im Handel vorkommen, nicht selten Arsenik. Werden diese nun wie es in mehreren Fabriken geschieht, in Säuren aufgelöst, um Zink- und Zinnsalze darzustellen, so entwickelt sich neben Wasserstoffgas auch Arsenikwasserstoffgas und der Arbeiter geräth in Gefahr. Es ist demnach am sichersten, solche Processe im Freien vorzunehmen und auf die Richtung des Windes Acht zu haben. Zum Glück hat das Arsenikwasserstoffgas einen unangenehmen stinkenden Geruch und macht sich dadurch schnell genug bemerkbar.

Da diese schädliche Gasart durchaus farblos und unsichtbar ist, so ist es höchst wichtig, ein Mittel zu kennen, wodurch man von seiner Gegenwart in andern Gasarten sowohl, als auch für sich unterrichtet und gewarnt wird. Diess Mittel ist eine starke Auflösung von Einfach-Chlorquecksilber oder Sublimat. Kommt diese z. B. unter einer Glocke mit dem Gas in Berührung, so bildet sich eine Haut von Halb - Chlorquecksilber und arseniger Säure, die nach und nach schwärzlich wird, und nun aus Quecksilber und Arsenik besteht. Wenn 10,000 Theile irgend einer Gasart auch nur 1 Theil Arsenikwasserstoffgas enthalten, so ist diese geringe Menge hinreichend, sich noch auf angegebene Weise bemerkbar zu machen.

Hierbei wird das Arsenikwasserstoffgas zerstört. Der Wasserstoff verbindet sich mit dem Chlor des Chlorquecksilbers zu Chlorwasserstoffsäure, wodurch Arsenik und Quecksilber im metallischen Zustande abgeschieden werden. Man kann also ein damit verunreinigtes Gas schnell davon befreien, wenn man es durch Chlorquecksilberauflösung strömen lässt. Die Zersetzung geschieht augenblicklich, so wie das Gas mit der Flüssigkeit in Berührung kommt, und das Hindurchgehende ist alsdann rein.

Auch beim Verbrennen giebt sich das Dasein des Arseniks in diesem Gase kund. Strömt es nämlich durch eine enge Röhre aus, und man zündet es an, so verbrennt zuerst der Wasserstoff, indess das Arsenik sich metallisch abscheidet, sich dann aber theilweise entzündet und zu arseniger Säure verbrennt. Dieses alles ist sehr leicht zu beobachten, wenn man in die Flamme einen Glasstab hält. Er überzieht sich mit einem Arsenikspiegel und an den äussern Rändern erscheint arsenige Säure. Ein rundes Stück Porzellan, z. B. ein Tassenhenkel anstatt des Glasstabes angewendet, lässt diess noch deutlicher wahrnehmen auf dem weissen Grunde.

Schon die Farbe der Gasflamme verräth ihren Arsenikgehalt. Reines Wasserstoffgas, mittelst reinen Zinks und Schwefelsäure erzeugt, und durch eine enge Röhre ausströmend und entzündet, hat eine äusserst mattleuchtende Flamme. Wenn man nun, ohne die Flamme auszulöschen, durch den Trichter des Gasentwickelungsapparats ein Wenig Arsenikauflösung giesst, so ändert sich sogleich die Flamme. Sie wird hellblau und stösst dicke weisse Dämpfe von arseniger Säure aus.

Da es, wie eben gezeigt, zur Entstehung des Arsenikwasserstoffgases nicht nöthig ist, dass das Arsenik mit dem Zink legirt oder zusammengeschmolzen sei, sondern die Säuren des Arseniks sowohl wie ihre Salze sich in Berührung mit Zink und Chlorwasserstoffsäure ebenfalls zu Arsenik reduziren lassen, in Folge dessen Arsenikwasserstoffgas entsteht; so hat man diess Verhalten bei gerichtlich chemischen Untersuchungen zu benutzen vorgeschlagen.

Es ist allerdings eine sehr gute und bequeme Eigenschaft des Wasserstoffs, dass er im Moment seiner Freiwerdung sich schnell des Arseniks bemächtigt und man es daher mit Leichtigkeit von den thierischen und vegetabilischen Stoffen, womit es bei Vergiftungsfällen gemengt ist, trennen kann. Allein dass das Arsenik dabei in Gasgestalt auftritt, ist wegen der Gefahr, die der Umgang mit diesem tödtlichen Gase herbeiführen kann, unangenehm, man muss daher mit grösster Vorsicht zu Werke gehen.

Diese Vorsicht ist aber auch nöthig, wenn man sich von dem wirklichen Vorhandensein des Arseniks in diesem Gase überzeugen will. Sein Entzünden und das in die Flamme halten eines Porzellanrohrs reicht noch nicht hin, diess zu beweisen, da antimonhaltiges Wasserstoffgas (S. 224) und dasjenige, welches sich bei Gegenwart von Eisen entwickelt, Schwärzungen hervorbringt, welche dem Arsenikspiegel gleichen. Man thut daher am besten, das Gas, nachdem man mit einem Theil desselben die Feuerprobe angestellt hat, in Chlorquecksilberauflösung (S. 263) oder auch in starke Salpetersäure zu leiten. Hier erhält man entweder metallischen Arsenik in Verbindung mit Quecksilber, oder auch, bei Anwendung der Säure, arsenige Säure in einem von allen organischen Stoffen befreiten Zustande, und man kann sich nun aufs bestimmte überzeugen, welchen Antheil Antimon oder Eisen an der Reaktion auf Porzellan in der Gasflamme hatten.

Da fast alles käufliche Zink Arsenik enthält, so ist nur ein aus ganz reinem Zinkoxyd dargestelltes Zink in Anwendung zu bringen. Auch muss man jedesmal bei einem neuen Versuch ein neues Stück Zink nehmen, weil ein schon gebrauchtes, auch nach sorgfältigem Abwaschen ein arsenikhaltiges Gas entwickelt. Diess rührt daher, dass Zink Arsenik reducirt, und sich ein Theil desselben fest an seine Oberfläche anhängt.

Ebenso muss, bei gerichtlich-chemischer Untersuchung, stets ein neuer, noch nie zu gleichem Zweck in Anwendung gebrachter Gasentwickelungsapparat gebraucht werden, und nicht minder müssen die Säuren vorher genau untersucht werden, ob sie auch wirklich arsenikfrei sind. Diese Untersuchung kann natürlich auf die beschriebene Weise mit reinem Zink geschehen, nur muss man nicht vergessen z. B. die zu untersuchende Schwefelsäure mit 4 bis 6 Theilen Wasser zu verdünnen. Denn nur in diesem Fall entwickelt sich rasch das Wasserstoffgas und das Arsenik kommt dann mit, wenn welches vorhanden ist.

Arsenik und Sauerstoff.

Der Metallglanz des Arseniks widersteht der Lufteinwirkung nicht. Es wird blind, bräunlichschwarz und zerfällt endlich zu einem Pulver von derselben Farbe. Diese Veränderung beruht auf einer Sauerstoffung, indem sich ein s. g. Suboxyd bildet, ganz ähnlich den bereits angeführten Zink- und Wismuthsuboxyden № 5 S. 40 und № 90 S. 184. Wenn man Arsenik in Weingeist legt, wodurch die Luft abgehalten wird, bleibt es blank.

Unter noch nicht genau ermittelten Umständen erhält man jedoch auch manchmal ein Arsenik, welches an der Luft nicht rostet, also Glanz und Festigkeit behält. Hier haben wir also wieder einen Fall, wo ein und derselbe Körper in zwei ganz verschiedenen Zuständen existirt. Einmal den Sauerstoff schnell anziehend, ein andermal nicht. Es ist diess um so mehr zu beachten, und der Grund davon zu erforschen, weil, wenn es gelänge bei andern Metallen, z. B. Eisen und Kupfer einen ähnlichen Zustand hervorzurufen, in welchem sie stets blank bleiben, dies fürs gemeine Leben von äusserster Wichtigkeit wäre.

Wir haben hier nur zwei Verbindungen des Arseniks mit Sauerstoff zu betrachten: die **arsenige Säure** und die **Arseniksäure**.

Arsenige Säure.

Wird Arsenik bis zum Verdampfen an der Luft erhitzt, so bildet sich **arsenige Säure** in weissen Dämpfen; ist die Erhitzung stärker, so kommt es dabei zur Entzündung mit blassblauer Flamme. Ihre Darstellung u. Gewinnung im Grossen ist schon S. 253 beschrieben.

Arsenige

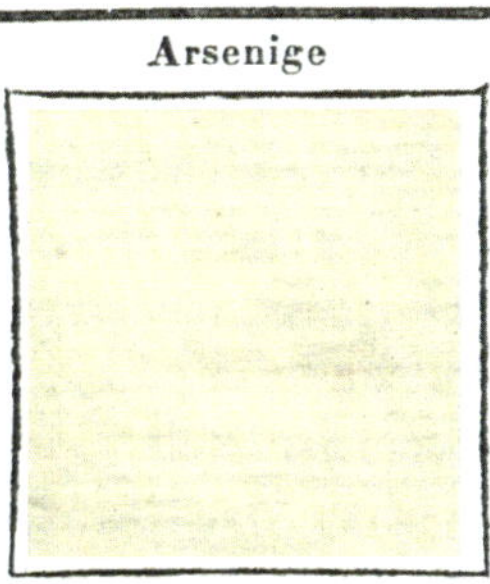

122 Säure.

Bei der arsenigen Säure fällt das Verwirrende mancher Benennung recht auf. Man sollte sie dem Namen nach für das Entsprechende der antimonigen Säure halten. Sie ist es aber nicht, sondern entspricht vielmehr dem Antimonoxyd, indem sie aus

2 M.G. oder 75,2 Pfund Arsenik und
3 M.G. oder 24,0 Pfund Sauerstoff

besteht, und also Anderthalb-Sauerstoffarsenik genannt werden muss.

Das chemische Verhalten der arsenigen Säure erfordert eine sehr ernste Berücksichtigung, um den Arzt und Chemiker in den Stand zu setzen, diese höchst giftige und so oft gemissbrauchte Substanz mit Bestimmtheit zu entdecken, und ihr Dasein mit Gewissheit nachzuweisen. Zum Glück ist ihr chemisches Verhalten von der Art, dass es sehr wesentlich von dem anderer Metalloxyde und Metallsäuren abweicht, und man bei gehöriger Umsicht nicht leicht in den Fall kommt, über ihr Vorhandensein in Zweifel zu bleiben. Auch ist das hierbei zu befolgende Verfahren so wenig schwierig, dass, wenn man es nur einmal mit wirklicher arseniger Säure durchgemacht hat, man sich nicht mehr täuschen kann.

Sie ist flüchtig und erhebt sich schon bei nicht gar starker Hitze als ein weisser Rauch, der **nicht** nach Knoblauch riecht. Kommt aber dieser Rauch im glühenden Zustande mit Kohle oder irgend einem Stoff zusammen, der beim Verbrennen Kohle giebt, so macht sich der Knoblauchgeruch bemerkbar. Da nur das Arsenikmetall diesen Geruch hat, wenn es sich verflüchtigt (S. 254) so folgt hieraus, dass Kohle die arsenige Säure zerlegt, ihr den Sauerstoff entzieht und das Metall herstellt.

Man kann diess durch einen Versuch im Kleinen sehr leicht veranschaulichen. In eine Glasröhre, welche zu einer Spitze ausgezogen ist, bringt man einen Kohlensplitter, dessen eine Spitze man in das Pulver der arsenigen Säure getaucht hat, so dass nur ein Wenig daran hängen geblieben ist. Hierauf erhitzt man mittelst einer kleinen, breiten Spiritusflamme erst das hintere Ende des Kohlensplitters zum Glühen und darauf das andere Ende, wo die arsenige Säure befindlich ist. So wie diese sich verflüchtigt und mit der glühenden Kohle in Berührung kommt wird sie zu Arsenikmetall reduzirt, das sich oberhalb in der Glasröhre als ein schwarzer, sehr glänzender Spiegel ansetzt. Unglaublich geringe Mengen arseniger Säure erzeugen unter diesen Bedingungen noch einen verhältnissmässig sehr grossen Metallspiegel, so dass man gar nicht irren kann. Einige Aufmerksamkeit, besonders in dem Fall, wo man den Versuch mit einem Pulver anstellt, dessen Arsenikgehalt zweifelhaft ist, ist nöthig. Vorzüglich ist darauf zu sehen, dass man erst die Kohle glühend mache, ehe man das Pulver erhitzt, denn wird der Rauch der arsenigen Säure über nicht glühende Kohle getrieben, so erfolgt keine Zersetzung und auch kein Spiegel erscheint. Darum muss auch die Spiritusflamme nicht kegelförmig sondern breit sein, damit man nach Willkühr die Glasröhre theils an einer schmalen Stelle, theils der Länge nach erhitzen kann. Auch begnügt man sich natürlich in diesem Fall nicht damit, nur so wenig zum Versuch anzuwenden, als an der Spitze des Kohlensplitters hängen bleibt, man schüttet vielmehr das zu untersuchende Pulver selbst vorher in die Glasröhre und hierauf die Kohlensplitter.

Bei diesem und allen folgenden Versuchen bedient man sich stets der einfachen Spirituslampe; es lässt sich mit ihr viel sicherer arbeiten als mit dem Löthrohr. Nur müssen die Glasröhren nicht zu weit und von sehr dünnem Glase sein.

Mengt man das Pulver der arsenigen Säure absichtlich mit verschiedenen Nahrungsmitteln, Suppe, Kartoffelbrei, Kohl, Rüben und dergl., so kann man aus diesen mit Hülfe von Chlorwasserstoffsäure und Wasser die arsenige Säure ausziehen. Es ist aber Kochen nöthig. Hierdurch gerinnt bei Gegenwart der Säure ein grosser Theil der Nahrungsmittel und man erhält eine klare Flüssigkeit, die hauptsächlich aus Chlorwasserstoffsäure besteht, welche die arsenige Säure in Auflösung enthält. Denn in dieser ist dieselbe viel leichter löslich als in blossem Wasser. Durch Schwefelwasserstoff kann nun die arsenige Säure aus der sauren Auflösung gefüllt werden, und zwar als Anderthalb Schwefelarsenik № 123. Um in diesem Niederschlag das Vorhandensein des Arseniks zu beweisen bedient man sich (wie unten angegeben ist) der

Arsenige Säure und

123 Schwefelwasserstoff.

silberhaltigen Kohle. Mit dieser in einer Glasröhre erhitzt erscheint der Arsenikspiegel.

Dass man das Ausgebrochene vergifteter Personen ebenso behandeln kann, um die arsenige Säure von dem Fremdartigen zu trennen, versteht sich von selbst. Man wendete sonst zu diesem Endzweck gewöhnlich Kali an; allein diess löst neben der arsenigen Säure eine grosse Menge organischer Stoffe, besonders Fett, wodurch das filtriren sehr erschwert wird. Chlorwasserstoffsäure dagegen thut es nicht, daher eine solche Flüssigkeit sehr leicht zu filtriren ist.

Anstatt der Chlorwasserstoffsäure allein kann man auch gleichzeitig Salpetersäure anwenden und zwar in dem Verhältniss, wo beide Königswasser bilden oder man kann auch so lange Chlorgas in die mit Wasser angerührte Masse strömen lassen, bis keine Einwirkung mehr erfolgt. In beiden Fällen wird durch die Zerstörung der organischen Substanzen eine klare leicht filtrirbare Flüssigkeit erhalten, die die arsenige Säure in einem höher oxydirten Zustande nämlich als Arseniksäure enthält.

Diese wird nun auch in Schwefelarsenik umgewandelt, aber nicht durch Einströmenlassen von Schwefelwasserstoffgas, (diess bewirkt es nur schwierig) sondern auf folgende Weise. Die Flüssigkeit wird so lange erwärmt bis kein Chlorgeruch mehr zu spüren ist, alsdann sättigt man mit Ammoniak und setzt Schwefelwasserstoff-Ammoniak im Ueberschuss hinzu, erwärmt mehrere Stunden gelinde und giesst nun langsam und unter Umrühren so viel Chlorwasserstoffsäure hinein bis diese vorwaltet. Jetzt scheidet sich ein gelber Niederschlag ab, der jedoch eben so gut Schwefel wie Schwefelarsenik sein kann, daher er noch mittelst Silberkohle geprüft werden muss. (Diess ist unten beim Anderthalb - Schwefelarsenik genau beschrieben.)

Wenn sehr wenig arsenige Säure in viel Flüssigkeit aufgelöst war, so scheidet sich nach obiger Umwandlung in Schwefelarsenik dasselbe nur schwierig ab und die Flüssigkeit läuft gelb durchs Filter. Hier thut ein Zumischen von Kochsalz oder Salmiak sehr gute Dienste, indem diese die Abscheidnng des Schwefelarseniks sehr befördern.

Um bei einer gerichtlich-chemischen Untersuchung das wirkliche Vorhandensein des Arseniks darzuthun, kommt es also auf folgende 4 Hauptoperationen an:

1) Die arsenige Säure mit Hülfe der Chlorwasserstoffsäure von den thierischen und pflänzlichen Stoffen zu trennen.

2) Dieselbe durch Einströmenlassen von Schwefelwasserstoffgas in Form von Schwefelarsenik zu füllen.

3) Das Schwefelarsenik durch Erhitzen mit Silberkohle zu metallischem Arsenik zu reduziren und

4) einen Theil des metallischen Arseniks verdunsten zu lassen um an dem Knoblauchgeruch die Bestätigung in letzter Instanz zu haben, dass das mit Chlorwasserstoffsäure Ausgezogene, durch Schwefelwasserstoffgas Gefällte und durch Silberkohle Reduzirte wirklich Arsenik war.

Bei solchen Untersuchungen ist die höchste

Gewissenhaftigkeit unerlässlich. Man muss daher, ehe man sie beginnt, genau seine Reagentien auf einen etwaigen Gehalt von Arsenik untersuchen. Besonders müssen Schwefelsäure und Chlorwasserstoffsäure, die beide so leicht Arsenik enthalten können, zuvor genau geprüft werden. Diess geschieht dadurch, dass man sie mit Wasser verdünnt und lange Zeit Schwefelwasserstoffgas hineinströmen lässt und das etwa sich Abscheidende näher untersucht. (Vergl. Einleitung in die technische Chemie f. Jedermann. Berlin 1836. p. 181.)

Ebenso gehört nicht nur eine grosse Aufmerksamkeit, sondern auch Uebung dazu, die man sich am besten dadurch verschafft, dass man die Versuche mit arseniger Säure, Schwefelarsenik etc. anstellt, erst mit grössern Mengen, um die Reaktion deutlich wahrzunehmen, hernach mit kleineren und möglichst kleinen, völlig unwägbaren Mengen, um die Schärfe seiner eigenen Beobachtungsgabe zu prüfen.

Die arsenige Säure löst sich nur schwierig im Wasser auf und die Angaben der verschiedenen Chemiker, welche darüber Versuche angestellt haben, sind äusserst widersprechend. So viel hat sich daraus mit Bestimmtheit ergeben, dass eine bestimmte Zeit erforderlich ist, um möglichst viel arsenige Säure in Wasser aufzulösen, also: ein tagelang anhaltendes Schütteln mit kaltem Wasser, oder ein ebenso langes Erhitzen im Wasserbade bei 78° oder 79° R. Bis zu einer bestimmten, festen Grenze ist man aber dennoch nicht gelangt, wie viel das Wasser bei einer bestimmten Temperatur aufzunehmen vermag. Ich glaube, die Entscheidung in dieser streitigen Sache wäre dadurch zu erlangen, dass man eine Flasche mit Wasser und arseniger Säure wohl verstopft an das Schwungrad einer Maschine befestigte, die in einem Raum befindlich ist, dessen Temperatur sich gleich bleibt. Untersuchte man nun zu bestimmten Zeiten, z. B. nach 2 — 3wöchentlichem Schütteln den Gehalt der Auflösung an arseniger Säure, indem man einen Theil derselben vorsichtig akdampft und wägt, so muss endlich ein Punkt kommen wo die Stärke der Auflösung nicht mehr zunimmt und das Verhältniss von arseniger Säure zum Wasser, welches nun ermittelt worden, bezeichnet dann die Auflöslichkeit dieses Körpers bei derjenigen Lufttemperatur, in welcher die Maschine arbeitet.

Einem Tabackraucher mit guter Nase ist es gewiss nicht entgangen, dass ein Fidibus von weissem Postpapier beim Ausblasen einen äusserst unangenehmen Geruch verbreitet. Es ist derselbe, den man bemerkt, wenn man Papier entzündet und erglimmen lässt, welches absichtlich mit arseniger Säureauflösnug getränkt worden, denn er rührt von der Schmalte her, womit das Papier gebläuet ist. Die Schmalte ist arsenikhaltig. Da dieselbe ohnehin als ein nicht gar feines Glaspulver die Federn beim Schreiben abschleift, so wäre ein vegetabilischer blauer Farbestoff, der die Schmalte ersetzen könnte, sehr wünschenswerth.

Diess Verhalten kann benutzt werden, um schnell vorläufig zu erfahren, ob in einer Flüssigkeit arsenige Säure enthalten sei oder nicht. Man befeuchtet damit etwas reines Löschpapier (welches beim

Glimmen keinen Arsenikgeruch verbreitet) entzündet es nach dem Trocknen und bläst es dann wieder aus. Ich habe

1 Gran arsenige Säure in
1000 Gran Wasser

aufgelöst, die Spitze eines Stückchen Papiers darin eingetaucht, dass etwa nur 1 Tropfen daran hängen blieb und habe nun nach dem Entzünden und Ausblasen noch deutlich den Geruch nach Arsenik wahrgenommen.

Man kann hieraus abnehmen, wie durchdringend dieser Geruch sein muss, da schon so geringe Mengen hinreichen ihn bemerkbar zu machen.

In neuester Zeit sind Stearinsäure-Lichte in den Handel gekommen, die arsenikhaltig sind. Die Stearinsäure aus Talg hat nämlich eine grosse Neigung zum Krystallisiren, daher bekommen die daraus geformten Lichte leicht ein strahliges Gefüge, welches sie sehr zerbrechlich macht und ihrem wachsartigen Ansehn schadet. Man suchte also nach einem Mittel dieses zu verhindern und fand es im weissen Arsenik, welchen man in Pulverform unter die geschmolzene Masse rührt. Ich habe öfter solche Lichte in England gebrannt und dabei beobachtet, dass man ohne alle chemische Hülfsmittel die Gegenwart des Arseniks darin entdecken kann. Der Docht ist nämlich, so weit die Flamme reicht, pechschwarz, indess in einem arsenikfreien Stearinsäure-Licht der Docht unten, wo die Flamme blau gefärbt ist, seine weisse Farbe unverändert zeigt, und auch da, wo die Verkohlung beginnt, nicht pechschwarz sondern braunschwarz ist. Dochte, die mit salpetersaurem Wismuthoxyd getränkt sind, zeigen dieselbe Schwärzung, aber zum Unterschied dient, dass solche Lichte sich nicht selbst putzen. Denn das Arsenik ist flüchtig, das Wismuthoxyd nicht.

Es ist gar keinem Zweifel unterworfen, dass solche arsenikhaltige Lichte, besonders in Menge gebrannt, äusserst schädlich sein müssen, und wenn der Sage zu glauben ist, dieselben schon zu Kaiser Josephs Zeit erfunden waren um verbrecherischen Absichten zu dienen. Hier wurde aber nicht Stearinsäure (die damals noch unbekannt war), sondern Wachs mit Arsenik vermischt. Wo diess der Fall ist, kann jedoch die oben angegebene Dochtschwärzung nicht mehr entscheiden, indem auch bei gewöhnlichen Wachslichten, so weit die Flamme reicht, der Docht durchaus schwarz gefärbt ist. Man entdeckt nun den Arsenikgehalt durch den Geruch beim Ausblasen. Beim Wachslicht ist er bekanntlich angenehm, beim Stearinsäurelicht leidlich; enthalten aber beide Arsenik, so ist er äusserst unangenehm und so auffallend, dass keine Verwechselung möglich ist.

Wenn man

100 Gran Schwefel mit

1 Gran Arsenik

zusammenschmelzt, daraus Schwefelfäden bereitet und diese in einer geräumigen Flasche, welche etwas Wasser enthält, anzündet, und hernach die Flasche verstopft und einige Zeit stehen lässt, so zeigt eine chemische Untersuchung des Wassers folgendes. Es enthält sehr viel schweflige Säure, die man schon durch den Geruch erkennt, ausserdem aber auch arsenige Säure, wie der gelbe

Niederschlag beweist, welchen Schwefelwasserstoffgas hervorbringt. Dieser löst sich in Ammoniak auf, ist also Schwefelarsenik.

Diese Thatsache ist für das Gemeinwohl der Weintrinker von grösster Wichtigkeit. Sie zeigt, dass alle Weine arsenige Säure enthalten müssen, zu deren Schwefelung ein Schwefel angewendet wird, der arsenikhaltig ist. Und nicht selten ist der gewöhnliche käufliche Schwefel dieses.

Hierdurch wäre nun auch die allgemeine Meinung gerechtfertigt, nach welcher das Weinschwefeln als eine Verfälschung und Verschlechterung des Weines betrachtet wird. Denn es hat gewiss schon Mancher die Erfahrung gemacht, dass man nach gewissen Weinen, selbst sehr mässig genossen, die tödtlichsten Kopfschmerzen bekommt, indess andere, selbst unmässig getrunken, diess nicht im Geringsten bewirken. Ich kann nicht glauben, dass diess die schweflige Säure allein thun sollte. Wahrscheinlich war in allen diesen Fällen Arsenik im Wein, wovon schon eine Spur hinreicht ein starkes Uebelbefinden zu erzeugen. Es sollte daher nie anders als mit arsenikfreien Schwefelblumen geschwefelt werden.

Nach einer in Frankreich gemachten Erfahrung verhindert

1 Pfund arsenige Säure in
4000 Pfund Most

aufgelöst die Gährung desselben gänzlich. Man kann hieraus entnehmen, dass ein arsenikhaltiger Wein dem sogenannten Umschlagen, welches auch die Folge einer Gährung ist, weniger unterworfen sein wird als ein reiner. Daher wird ein arsenikhaltiger Schwefel in dieser Hinsicht bessere Dienste thun als ein anderer und so mag es denn auch kommen, dass die Weinhändler nicht jeden Schwefel für gleich tauglich erachten. — Auf alle Fälle verdient diese ganze Sache die Aufmerksamkeit der Chemiker, dieser durch Bestimmung berufenen Wächter des leiblichen Wohls der Menschheit!

Arsenigsaure Salze.

Die arsenige Säure, obwohl sie dem Chromoxyd und Antimonoxyd gleich zusammengesetzt ist, zeigt keine eigentlichen basischen Eigenschaften wie diese; sie ist vielmehr sauer, sättigt die Basen vollkommen und bildet damit Salze, von denen einige in der Technik Anwendung finden.

Arsenigsaures Kali.

Da dieses Salz nur zur Bereitung einiger Farben z. B. des arsenigsauren Kupferoxydes № 126 gebraucht wird, stellt man es in flüssiger Gestalt dar. Man bereitet eine siedend heisse Auflösung von

3 Pfund Pottasche in
15 Pfund Wasser, fügt
1 Pfund arsenige Säure

in Pulvergestalt hinzu und rührt so lange bis alles aufgelöst oder erkaltet ist.

Die klare Flüssigkeit enthält ausser überschüssigem kohlensauren Kali arsenigsaures Kali und ist sehr giftig, daher die grösste Reinlichkeit und Vorsicht bei der Bereitung und Aufbewahrung zu beobachten.

Man hat sie auch wohl, mit Wasser verdünnt, zum Kattunfärben angewendet. Es wird schwefelsaures Kupferammoniak aufs Zeug gedruckt, und diess, so wie es trocken ist, in die arsenigsaure Kaliauflösung eingetaucht und so lange darin herumbewegt bis ein Grün entstanden was № 126 gleicht. Ich habe mich über die Schädlichkeit dieser Färbungsart hinlänglich ausgesprochen in meiner Farbenchemie 1 B. S. 245. Berlin 1834.

Wird arsenigsaures Kali mit verschiedenen Metallauflösungen gemischt, so entstehen Niederschläge, die aus arseniger Säure und dem Metalloxyd bestehen. Zwei davon: das arsenigsaure Kupfer- und Silberoxyd zeichnen sich durch eine eigenthümliche Farbe aus, wie unter № 126 und № 129 nachzusehen.

Dieses könnte dazu dienen, das arsenigsaure Kali zu erkennen und von andern Salzen zu unterscheiden. Allein die Sache ist trügerisch. Es fallen die Niederschläge ganz anders gefärbt aus, wenn z.B. das Salz basisch ist, d.h. einen Ueberschuss an Kali hat oder wenn es gleichzeitig andere Säuren enthält. Durch folgendes Verfahren ist es augenblicklich zu erkennen.

Man taucht in die zu prüfende Auflösung die Spitze eines Kohlensplitters und erhitzt diesen nach dem Trocknen in einer Glasröhre, wie es S. 269 angegeben ist. Es erscheint alsbald ein glänzender Arsenikspiegel. Diese Probe ist neben ihrer Einfachheit durchaus untrüglich und kann bei allen arsenigsauren Salzen angewendet werden, wie im folgenden gezeigt ist. Man darf im vorliegenden Fall aber nicht ausser Acht lassen das

Salz aufzulösen und die Kohle damit zu tränken, denn nur dann erfolgt die Reduktion des Arseniks am vollständigsten.

Wo sich nur wenig arsenige Säure mit viel Kali in Verbindung befindet, verfährt man, um das Dasein des Arseniks darzuthun, anders. Man übersättigt die Flüssigkeit mit Chlorwasserstoffsäure und leitet Schwefelwasserstoffgas hinein. Dieses schlägt nun die arsenige Säure als Anderthalb-Schwefelarsenik № 123 S. 270 nieder.

Die Verbindung der arsenigen Säure mit Kali ist noch darum interessant, dass sie minder giftig wirkt als arsenige Säure allein, daher wendet man Pottasche in viel Milch aufgelöst bei Vergiftungsfällen an. Zuerst wird ein rasch wirkendes Brechmittel, z. B. aus schwefelsaurem Zinkoxyd oder Ipecacuanha in grossen Dosen bestehend, gegeben und hierauf jenes Getränk. Im Fall keine Pottasche schnell genug herbei zu schaffen ist, giesst man auf Holzasche heisses Wasser, seihet das Flüssige ab und vermischt diess mit der Milch.

Neuerdings hat man im Eisenoxydhydrat ein Mittel erkannt, die Wirkungen der arsenigen Säure aufzuheben, indem es sich chemisch damit verbindet und alle ihre Eigenschaften, folglich auch die giftigen neutralisirt. Diess verdient schon darum den Vorzug, weil es am sichersten hilft und im Uebermaass gegeben nicht wie so wie die Pottasche in diesem Fall und manche andere Gegengifte schädliche Nachwirkungen hat. (Siehe arsenigsaures Eisenoxyd № 125 S. 283.)

Arsenigsaurer Kalk

ist, wie man sieht, ein weisses Pulver und wird erhalten, wenn man in die Auflösung der arsenigen Säure Kalkwasser im Ueberschuss giesst. Auch durch Zersetzung eines neutralen Kalksalzes mittelst arsenigsauren Kalis kann es dargestellt werden.

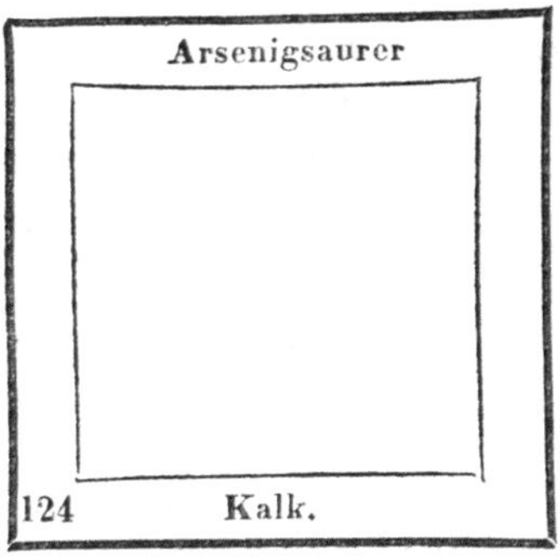

Man wird hierzu nur bei gerichtlich chemischen Untersuchungen veranlasst, wenn man z. B. das Ausgebrochene oder den Mageninhalt eines Vergifteten nach der Roseschen Methode auf Arsenik untersucht. Man kocht in diesem Fall die verdächtige Substanz mit reiner Kaliauflösung, die ausser den organischen Stoffen auch die arsenige Säure auflöst. Seihet das Flüssige durch und erwärmt es mit einem Ueberschuss von Salpetersäure, die man nach und nach hinzusetzt. Nachdem sich der entstandene Niederschlag gelagert hat, wird das Klare abfiltrirt und mit soviel kohlensaurem Kali unter Erwärmung versetzt, dass nur noch sehr wenig Salpetersäure ungesättigt bleibt. Hat sich hierbei wieder etwas abgeschieden, so wird noch einmal filtrirt und nun Kalkwasser im Ueberschuss hinzugesetzt. Dieses fällt nun ausser phosphorsauren Kalk auch arsenigsauren Kalk, den man auf einem Filter sammelt, auswäscht und weiter untersucht um sich von seiner wahren Natur zu vergewissern.

Diese Untersuchung kann man auf die einfachste und sicherste Weise vornehmen, wie es S. 279 mit dem arsenigsauren Kali beschrieben ist. Man löst etwas von dem Kalksatz in möglichst wenig Chlorwasserstoffsäure auf, tränkt mit dieser Auflösung einen Kohlensplitter und erhitzt diesen nach dem Trocknen in einer Glasröhre, wie es S. 269 angegeben worden. Ein Arsenikspiegel erscheint unfehlbar, wenn das Geprüfte arsenigsaurer Kalk war oder doch solchen enthielt.

Arsenigsaures Eisenoxydul.

Eine klare Auflösung von schwefelsaurem Eisenoxydul in eine Auflösung von arsenigsaurem Kali gegossen giebt einen weissen Niederschlag, der nach dem Trocknen dem des arsenigsauren Eisenoxyds ähnlich ist. Sein Verhalten in der Glühhitze ist aber verschieden. Erhitzt man nämlich etwas in einer Glasröhre, so entwickelt sich keine arsenige Säure wie bei № 125, sondern es erscheint ein glänzend schwarzer Arsenikspiegel wie in andern Fällen bei Anwendung von Kohle. Hier vertritt nämlich das Eisenoxydul ihre Stelle und entsauerstofft die arsenige Säure. Daher geht diese in Metallgestalt davon und das Eisenoxydul bleibt als Oxyd zurück.

Die Wirkung der arsenigen Säure beim Glasmachen, um es zu entfärben, beruht auf dieser Thatsache.

Lässt man nämlich über glühendes Eisenoxydul oder auch über gepülverten oder geschlemmten

Hammerschlag die Dämpfe von arseniger Säure streichen, so erfolgt dieselbe Zersetzung. Das Arsenikmetall wird reduzirt und legt sich als blanker Metallspiegel an die Wand der Glasröhre, indess gleichzeitig das Eisenoxydul in Oxyd übergeht. Diess erklärt nun die Wirkung und den Nutzen des Arseniks beim Glasmachen. Das Eisenoxydul färbt das Glas stärker als das Oxyd, ein Zusatz von arseniger Säure verwandelt nun jenes in dieses und daher gefärbtes Glas in minder gefärbtes.

Da das Arsenik selbst hierbei ohne direkten Einfluss ist, indem es in Dämpfen davon geht und nur der Sauerstoff als Wirkendes in Betracht kommt, so hat man in spätern Zeiten andere minder theure und minder gefährliche Mittel anwenden gelernt, z. B. den Kali- und Natronsalpeter.

Arsenigsaures Eisenoxyd.

Man erhält es beim Vermischen der Auflösungen von arsenigsaurem Kali und schwefelsaurem Eisenoxyd u. Auswaschen des Niederschlags. Es verbindet sich hier das Kali mit der Schwefelsäure, welche in Auflösung bleiben und die arsenige Säure mit dem Eisenoxyd, welche zu Boden fallen, und № 125 sind.

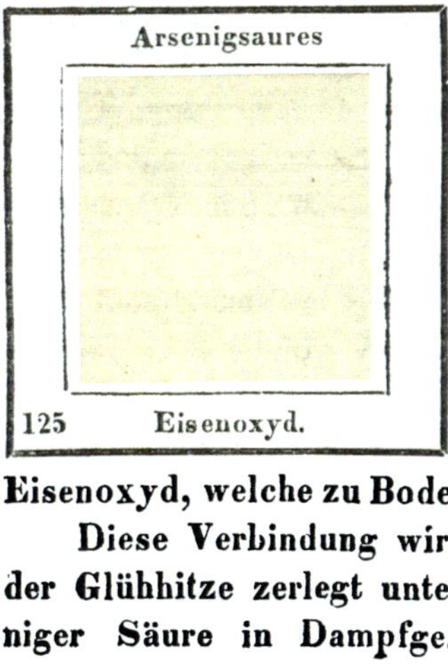

Diese Verbindung wird wie das Kupfersalz in der Glühhitze zerlegt unter Entwicklung von arseniger Säure in Dampfgestalt; man kann daher ebenso wie S. 269 angegeben das Dasein des wirklichen Arseniks mit Hülfe eines Kohlensplitters darthun. Der Arsenikspiegel, den man in diesem Fall erhält, zeichnet sich durch einen ungemeinen Glanz und durch Schwärze aus.

Es giebt auch eine basische Verbindung, mit einem Ueberschuss an Eisenoxyd und diese hat für uns besonderes Interesse, wie sich aus Folgendem ergeben wird.

Schüttelt man eine Auflösung von

10 Gran arseniger Säure in

1000 Gran Wasser mit

einem Ueberschuss, also etwa

100 Gran Eisenoxydhydrat

im noch feuchten Zustande, so bleibt nach dem Filtriren eine Flüssigkeit, die man ohne Gefahr austrinken kann, denn sie enthält keine arsenige Säure mehr; sie hat sich mit dem Eisenoxyd zu basisch arsenigsaurem Eisenoxyd verbunden, welches wie Eisenoxydhydrat aussieht, und auch damit gemengt ist. Um der Sicherheit willen setzt man nämlich von diesem einen Ueberschuss hinzu.

Um sich von der Wahrheit des Obigen zu überzeugen, kann man das Experiment anstatt mit sich selbst mit einigen Blutegeln vornehmen, wie im folgenden Versuch. Man nimmt 2 Arzneigläser, giesst in jedes gleichviel von obiger Arsenikauflösung, schüttelt sie eine $\frac{1}{4}$ Stunde mit Eisenoxydhydrat und setzt nun in jedes dieser Gläser einen Blutegel.

In der unvermischten Auflösung der arsenigen Säure stirbt der Egel unter heftigen Convulsionen.

In der andern mit Eisenoxydhydrat geschüttelten dagegen nicht. Die Flüssigkeit verhält sich zu ihm wie blosses Wasser.

Thut man etwas gepülverte arsenige Säure in das Wasser, worin sich ein Blutegel befindet, so wird er bald unruhig und seine ganze Oberfläche bedeckt sich mit dem weissen Pulver der Säure und haftet fest daran, wahrscheinlich in Folge einer stattfindenden Ausschwitzung oder Schleimabsonderung. Bald treten krampfhafte Zuckungen ein die immer heftiger werden. Wenn man nun Eisenoxydhydrat hinzubringt und die Flüssigkeit etwas bewegt, so hören diese Zuckungen sogleich auf und die ganze Oberfläche des Egels bedeckt sich mit dem Hydrat und haftet eben so fest wie vorher das Pulver der arsenigen Säure. Der Egel verhält sich nun, auf dem Boden liegend, fast ruhig und stirbt nicht. Er bekommt nach und nach wieder Bewegung, saugt sich ans Glas an, indem gleichzeitig das Eisenoxydhydrat sich wieder von der Haut loslöst, so dass der Egel nach 3 — 4 Tagen so glatt erscheint wie ein gesunder.

Bringt man nun noch einen zweiten Egel in dieselbe Flüssigkeit, so bleibt derselbe ganz gesund, auch haftet nichts von dem arsenikhaltigen Eisenoxydhydrat an seiner Oberfläche, diess beweisst, dass letzteres auch das Pulver der arsenigen Säure so gleichsam einhüllt, dass es auf die Haut des Egels keine Wirkung mehr äussern kann.

Bei wirklichen Vergiftungsfällen taugt ein vorher getrocknet gewesenes Eisenoxydhydrat nicht, es wirkt zu unsicher. Es muss daher in den Apotheken unter Wasser aufbewahrt werden. Auch ist es bei seiner Anwendung im Ueberschuss gegen die arsenige Säure anzuwenden. Da seine Wirkung auf diese eine rein chemische ist, so kann es nur so lange nützlich sein als noch freie arsenige Säure im Magen ist, und es wird den Tod nicht verhindern, wenn es zu lange Zeit nach der Vergiftung gegeben wird.

Arsenigsaures Kupferoxyd.

Wird schwefelsaure Kupferoxydauflösung mit einer Auflösung von arseniger Säure in Wasser

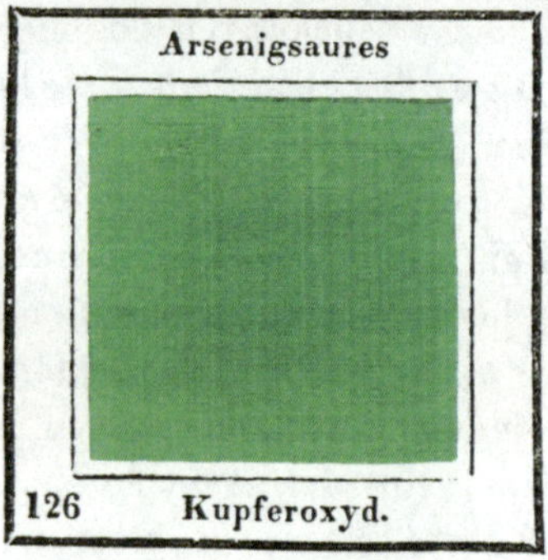

vermischt, so bildet sich kein Niederschlag. Aber eine geringe Menge von Ammoniak bewirkt sogleich das Erscheinen von № 126. Es ist arsenigsaures Kupferoxyd und zeichnet sich, wie man sieht, durch einen Farbenton aus, wie er bei keiner Verbindung des Kupferoxyd mit einer andern Metallsäure vorkommt.

Diess war in früheren Zeiten Ursache, dass man auf eine „zeisiggrüne" Reaktion, bei gerichtlich chemischen Untersuchungen, einen sehr grossen Werth legte und sich berechtigt glaubte, von dieser Erscheinung aus auf das Vorhandensein des Arseniks zu schliessen. Bald ergaben sich jedoch Erfahrungen, die das Schwankende und unsichere dieser Probe darthaten. So z. B.

befindet sich in der rohen ungebrannten Kaffeebohne ein ursprünglich farbloser Stoff, der mit Kupferoxyd die grüne Verbindung № 127 giebt, die im feuchten Zustande leicht mit dem arsenigsauren Kupferoxyd № 126 verwechselt werden kann. Dieses Kaffeegrün-Kupferoxyd bildet sich, wenn man eine erkaltete Abkochung von rohen Kaffeebohnen mit einer Kupferoxydauflösung vermischt und nun etwas Kaliauflösung hinzufügt.

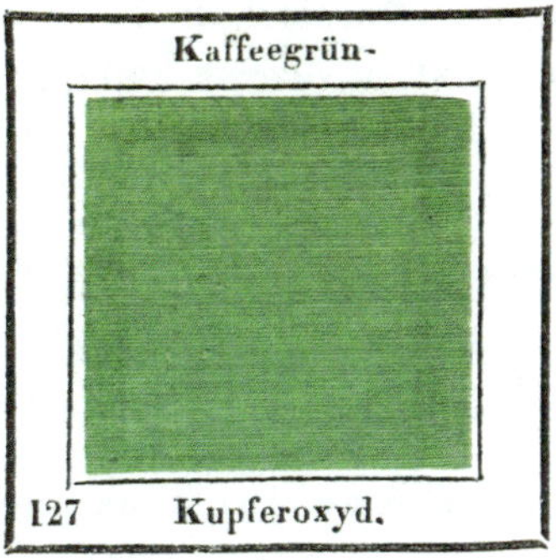

Kaffeegrün-
127 Kupferoxyd.

Noch eine andere № 126 im frisch gefüllten Zustande ähnlich sehende Verbindung giebt es. Die Zwiebeln enthalten einen Farbestoff, womit man in der Hauswirthschaft gelb zu färben pflegt. Dieser giebt mit Kupferoxyd die grüne Verbindung № 128. Um sie darzustellen braucht man nur in eine erkaltete Zwiebelabkochung schwefelsaure Kupferoxydauflösung zu giessen und nun etwas Kaliauflösung hinzuzusetzen.

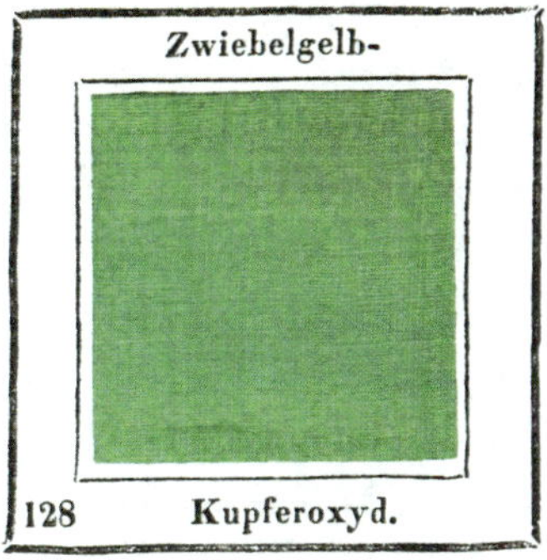

Zwiebelgelb-
128 Kupferoxyd.

Diese angeführten Beispiele werden gewiss hinlänglich sein, Jeden, der mit gerichtlich chemischen Untersuchungen zu thun hat, zu überzeugen, dass die blosse grüne Reaktion gegen Kupfersalze allein keinen Schluss auf das Dasein von Arsenik rechtfertigen kann. Man muss in diesem Fall weiter gehen und den grünen Niederschlag selbst untersuchen, wie folgt.

Erhitzt man wirkliches arsenigsaures Kupferoxyd in einer Glasröhre, worin sich ein Kohlensplitter befindet, und verfährt dabei gerade so wie es S. 269 bei der arsenigen Säure angegeben, so giebt es ganz dieselben Erscheinungen wie diese: es bildet sich ein blanker Arsenikspiegel an der Wand der Glasröhre. Das Kupfersalz wird nämlich durch Glühen zersetzt; es entwickelt sich arsenige Säure und diese wird, mit der glühenden Kohle in Berührung kommend, zu Arsenikmetall reduzirt.

Verfährt man auf gleiche Weise mit № 127 und № 128, so wird man finden, dass sich nur Wasser und empyreumatische Stoffe, keineswegcs aber etwas Metallisches oder metallisch Glänzendes sublimirt.

Den Arsenikgehalt der verschiedenen Kupferfarben, welche unter den Namen Schweinfurter Grün, Wiener Grün etc. im Handel vorkommen, kann man auch auf obige Weise darthun und sie so von anderen, nicht arsenikhaltigen Kupferfarben, z. B. vom Bremerblau unterscheiden.

Arsenigsaures Silberoxyd.

Auch dieses Salz interessirt uns nur insofern als von ihm bei gerichtlich chemischen Untersuchungen ebenso häufig die Rede ist, als von den bisher aufgeführten. Es bildet sich beim Vermischen von arsenigsaurem Kali oder Ammoniak mit salpetersaurer Silberoxydauflösung und stellt ein gelbes Pulver dar, das aber nach dem Trocknen die Farbe von № 129 annimmt. Viele Aehnlichkeit hat es im nassen Zustande mit dem phosphorsauren Silberoxyd; daher man mit Recht auch gar keinen Werth mehr auf eine gelbe Reaktion der Silbersalze bei gerichtlich chemischen Untersuchungen legt, weil phosphorsaure Salze fast immer im Magen und Darmcanal vorhanden sind. Zu beachten ist sie freilich und daher sammelt man den erhaltenen gelben Silberniederschlag, wäscht und trocknet ihn und untersucht ihn nun auf seinen wirklichen Arsenikgehalt. Diess geschieht wie in allen vorhergehenden Fällen in einer Glasröhre mit einem Kohlensplitter. Ist das Silbersalz ein arsenikhaltiges, so wird sich beim Erhitzen bald der Arsenikspiegel zeigen, wo nicht nicht.

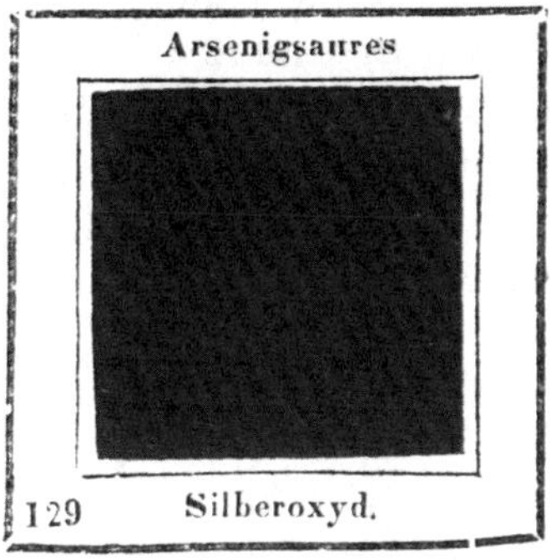

Arseniksäure.

Diess ist die dritte und letzte Verbindung des Sauerstoffs mit Arsenik, die aus

2 M.G. oder 75,2 Pfund Arsenik und

5 M.G. oder 40 Pfund Sauerstoff

besteht, also als chemisches Ebenbild der Phosphorsäure und Antimonsäure den Namen Dritte-halb-Sauerstoffarsenik und den folgenden Platz im Schema erhalten muss.

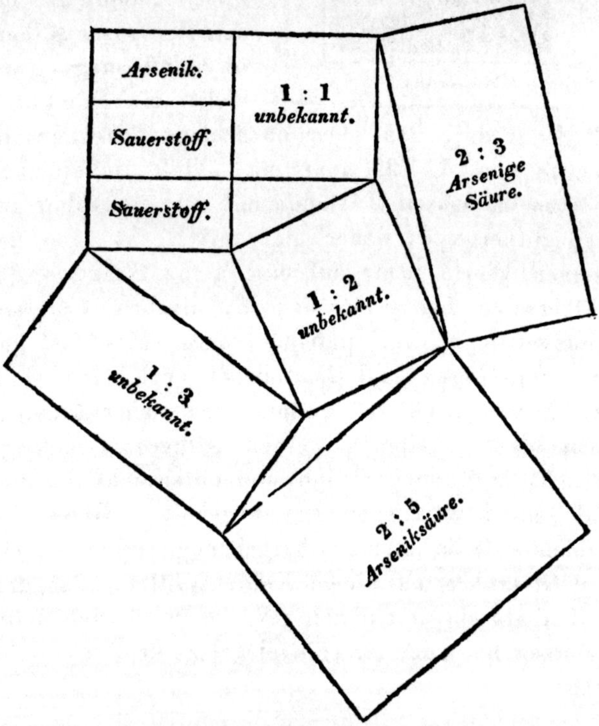

Wir haben schon beim Antimon die Sprünge zu bewundern Gelegenheit gehabt, welche seine Sauerstoffverbindungen machen, indem alle Zwischenglieder fehlen, daher das Schema ganz dem ähnlich ist, welches ich S. 221 fürs Antimon gegeben habe, nur mit dem Unterschiede, dass hier die der antimonigen Säure entsprechende Verbindung fehlt.

Die Arseniksäure wird dadurch dargestellt, dass man der arsenigen Säure Sauerstoff giebt. Diess geschieht, indem man in einer Glasretorte

8 Loth arsenige Säure und
2 Loth Chlorwasserstoffs. von 1,20 spec. Gew. mit
24 Loth Salpetersäure von 1,25 spec. Gew.

die nach und nach hinzugesetzt wird, im Sandbade erwärmt und hernach die überschüssige Säure abdestillirt, bis der Rückstand Syrupconsistenz hat. Man hat nun eine wasserhaltige Arseniksäure, die man in einer Platinschale beinahe bis zum Glühen bringt um neben dem Wasser noch die rückständige Salpetersäure zu verjagen.

Diese Säure ist weiss von Farbe und vollständig im Wasser auflöslich. Jedoch verhält sie sich beim Auflösen wie die wasserfreie Phosphorsäure, die beim Uebergiessen mit Wasser sich anfangs nur theilweis auflöst und ein weisses Pulver hinterlässt, welches aber bei längerer Einwirkung des Wassers auch verschwindet.

Eine Hitze, welche Rothglühhitze gleichkommt, zersetzt sie wie die Antimonsäure; es entwickelt sich Sauerstoff und ein Gemenge von Arseniksäure und arseniger Säure bleibt zurück. Dieses löst sich nun nicht mehr vollkommen in Wasser, vielmehr bleibt die arsenige Säure übrig. Bei anhaltender Hitze zerfällt sie ganz in Sauerstoffgas und arsenige Säure und diese verflüchtigt sich.

Will man schnell wissen, ob eine saure Flüssigkeit, in welcher man Arseniksäure vermuthet, diese wirklich enthält, so kann man diess in den meisten Fällen dadurch erfahren, dass man einen Kohlensplitter mit der Flüssigkeit befeuchtet und nach dem Trocknen in einer Glasröhre glüht. Es wird sich die Gegenwart des Arseniks bald durch den mehr erwähnten Spiegel zeigen.

Auch kann man, wie diess bei der arsenigen Säure S. 275 angegeben, etwas Löschpapier in die zu prüfende Flüssigkeit eintauchen und diess nach dem Trocknen anzünden und verglimmen lassen. Versuchsweise habe ich

1 Gran Arseniksäure in
1000 Gran Wasser

aufgelöst, darin etwas Papier getaucht und nachdem es trocken war, entzündet und wieder ausgeblasen. Es war ein sehr deutlicher Arsenikgeruch bemerkbar.

Lässt man in die wässerige Auflösung der Arseniksäure Schwefelwasserstoffgas strömen, so wird sie in die entsprechende Schwefelverbindung verwandelt, die sich als gelbes Pulver № 130 abscheidet. Es bietet diess Verhalten eins von den wichtigen Mitteln dar, die Arseniksäure von anderen

Arseniksäure und

130 Schwefelwasserstoff.

Säuren zu trennen, auf die der Schwefelwasserstoff keine Einwirkung hat.

Man muss sich hüten in eine Auflösung von Arseniksäure Zink, Zinn oder Eisen zu bringen, weil sich das giftige Arsenikwasserstoffgas entwikkelt. Indem nämlich die Arseniksäure sich mit den genannten Metallen verbinden will, muss ebenso, wie bei der Einwirkung anderer Säuren, Wasser zersetzt werden: der Sauerstoff dient zur Bildung des Metalloxydes und der Wasserstoff entweicht als Gas, nachdem zuvor ein Theil davon eine bestimmte Menge Arsenik reduzirt und der übrig bleibende Theil diesen aufgelöst hat, um damit zu entweichen.

Durch Arseniksäure erleidet der Zucker eine ganz eigenthümliche Veränderung. Erwärmt man die wässerige Auflösung beider, so tritt schon nach einigen Stunden eine Dunkelrothfärbung ein. Am besten beobachtet man diese Reaktion, besonders um kleine Mengen Arseniksäure zu entdecken, wenn man eine Porzellanplatte mit einer Zuckerauflösung bestreicht, mit Wasserdampf erhitzt und nachdem alles eingetrocknet ist, einen Tropfen der zu prüfenden Flüssigkeit aufbringt. Bei fortwährendem Erhitzen wird man bald eine Rothfärbung am Umkreise des Tropfens eintreten sehen, die bei einer Verdünnung von

131 Arseniksäure und Zucker.

1 Gran Arseniksäure mit
500 Gran Wasser
mit einer Farbe erscheint, wie sie auf № 131 dargestellt ist.

Für gerichtlich chemische Fälle ist diese Reaktion ohne Werth, allein sie kann dazu dienen um zu erfahren: 1) ob eine Auflösung von arseniger Säure frei von Arseniksäure sei, und 2) ob irgend ein auflösliches arseniksaures Salz neutral sei oder ob es freie Arseniksäure enthalte.

Da der Zucker ein sehr genaues Reagens für freie Schwefelsäure ist, wodurch er geschwärzt wird (vergl. Einleitung in die technische Chemie für Jedermann, Berlin bei Sander 1836. S. 184), so darf das auf Arseniksäure Zuprüfende keine Schwefelsänre enthalten.

Unterwirft man die arsenige Säure, wie sie im Handel vorkommt, einer gleichen Prüfung, so wird man meistens eine Schwärzung der Zuckerfläche gewahr werden. Es rührt diese Reaktion von einem kleinen Schwefelsäuregehalt der arsenigen Säure her.

Arseniksaure Salze.

Die Verbindnngen, welche die Arseniksäure mit Basen eingeht, sind dem Verhältniss ihrer Zusammensetzung nach ganz denen der phosphorsauren Salze gleich. Sie sind wie diese entweder neutral, sauer oder basisch. Die neutralen enthalten auf 1 M.G. Arseniksäure 2 M.G. Basis, die sauren 1 M.G. und die basischen 3 M.G. Basis. Als Beispiele für die beiden ersten Fälle können zwei Ammoniaksalze gelten, wovon das neutrale aus:

2 M.G. oder 34 Pfund Ammoniak und
1 M.G. oder 115,2 Pfund Arseniksäure

das saure aus:

1 M.G. oder 17 Pfund Ammoniak und
1 M.G. oder 115,2 Pfund Arseniksäure

besteht und die im wasserhaltigen Zustand in Krystallen zu erhalten sind.

Als Beispiel für ein basisch-arseniksaures Salz dient das basisch-arseniksaure Silberoxyd, welches aus

3 M.G. oder 348 Pfund Silberoxyd und
1 M.G. oder 176,2 Pfund Arseniksäure

besteht, also dem basisch-phosphorsauren Silberoxyd entspricht.

Da das besondere Verhalten und die chemische Zusammensetzung dieser Salze nur in Bezug auf ihre Krystallform und die Aehnlichkeit mit den phosphorsauren Salzen, also nur von rein wissenschaftlichem Interesse ist, so werde ich hier nicht dabei verweilen, sondern nur diejenigen betrachten, die entweder in technischer oder gerichtlich-chemischer Hinsicht Aufmerksamkeit verdienen.

Arseniksaures Kali

wird dargestellt, indem man ein inniges Gemenge von

99 Loth arseniger Säure und
101 Loth salpetersaurem Kali

nach und nach in einen glühenden Tiegel einträgt und verpuffen lässt. Die Salpetersäure wird hier zerstört; ihr Sauerstoff geht an die arsenige Säure und macht sie zur vollkommenen Arseniksäure, die alsdann sogleich bei ihrer Bildung mit dem Kali in Verbindung tritt. Da sich hierbei Dämpfe von arseniger Säure entwickeln, so muss die Operation im Grossen, in einem bedeckten Ziegelofen mit gut ziehendem Schornstein vorgenommen werden.

Leider wird dieses sehr giftige Salz noch immer in den Kattundruckereien als Zusatz zum sogenannten Weisspapp gebraucht. Es wäre zu wünschen dass diess ganz aufhörte, was um so leichter geschehen könnte, da Chlorzink wirklich dasselbe leistet.

Es wird am besten aus chemischen Fabriken bezogen, da die Selbstbereitung umständlich und gefährlich ist. Wer sich jedoch mit der Darstellung von Arseniksalzen abgiebt, hat sich stets des S. 261 beim Arsenikwasserstoffgas Gesagten zu erinnern. Gesetzt, er erhitzt ein Gemenge von Kalihydrat mit weissem Arsenik und es käme zufällig Kohle während des Glühens hinzu, so kann diese zur Bildung von Arsenikkalium Anlass geben, was dann beim Uebergiessen mit Wasser das giftige Arsenikwasserstoffgas entbindet. Es ist überhaupt wohl gut, geglühte Massen, welche Alkalien und Arsenik enthalten, nicht in einem bedeckten Raum, sondern im Freien mit Wasser zu übergiessen, um sich gegen den schädlichen Einfluss einer etwaigen Gasentwicklung sicher zu stellen.

Arseniksaurer Kalk

kommt im Mineralreich unter dem Namen Pharmacolith vor und wird künstlich dargestellt durch Vermischen einer Auflösung von Arseniksäure mit Kalkwasser. Der weisse Niederschlag nimmt sich getrocknet wie № 132 aus und man sollte nicht glauben, dass darin ein so heftiges Gift verborgen wäre.

Um diess darin zu erkennen und nachzuweisen kann man ähnlich verfahren, wie es S. 282 mit dem arsenigsauren Kalk angegeben ist. Man löst das Salz in möglichst wenig Chlorwasserstoffsäure, tränkt mit dieser Auflösung einen Kohlensplitter und erhitzt diesen nach dem Trocknen in einer Glasröhre, wie es oben angegeben. Der Arsenikspiegel wird unfehlbar sehr deutlich erscheinen.

Die Erklärung dieses Vorgangs ist diese. Die Chlorwasserstoffsäure zersetzt den arseniksauren Kalk sich mit dem Kalk verbindend und die Arseniksäure abscheidend. Diese wird nun durch die Kohlen in der Glühhitze zu Arsenik reduzirt.

Auch durch blosses Mengen des arseniksauren Kalks mit Kohlenpulver und Erhitzen in einer Glasröhre kann man das Arsenik reduziren und als Spiegel sichtbar machen. Der Versuch mit dem Kohlensplitter und dem aufgelösten arseniksauren Kalk gelingt aber besser. Zu merken ist noch, dass man keine Essigsäure zum Auflösen desselben nehmen darf, weil sich dann das Arsenik mit dieser verflüchtigt ohne einen Spiegel zu geben.

Arsenik und Schwefel.

Beim Antimon haben wir schon den Schwefel in dreifacher Verbindung betrachtet, hier wird die Mannigfaltigkeit noch grösser: man kennt bis jetzt 5 verschiedene Schwefelungsstufen des Arseniks. Es ist diess eine merkwürdige Abweichung von den Sauerstoffungsstufen desselben Metalls, deren nur drei zu betrachten waren.

Ueberhaupt haben Arsenik und Schwefel eine besondere Anziehung zu einander. Sie lassen sich wie Schwefel und Phosphor in sehr verschiedenen Verhältnissen zusammenschmelzen. Je mehr der Schwefel Arsenik enthält, desto dunkler ist seine Farbe und man kann durch Vergleich eines Pulvers von ganz reinem Schwefel mit dem eines käuflichen sogleich an der gelberen Farbe sehen, ob der letztere arsenikhaltig ist oder nicht.

Es sind hier zuerst 2 Schwefelungsstufen zu betrachten, die den beiden Arseniksäuren entsprechend sind und Anderthalb- und Drittehalb-Schwefelarsenik heissen. Dann folgt eine neue, wofür keine Sauerstoffungsstufe vorhanden ist, es ist das Einfach-Schwefelarsenik und endlich noch zwei andere, wofür es auch keine giebt. Ihr Bestandtheilverhältniss ist ganz entgegengesetzt. Das eine enthält einen grossen Ueberschuss an Schwefel und heisst daher auch Neunfach-Schwefelasenik, das andere einen Ueberschuss an Arsenik und heisst Zwölftel-Schwefelarsenik.

Anderthalb-Schwefelarsenik.

Wird Anderthalb-Sauerstoffarsenik d. h. arsenige Säure in Chlorwasserstoffsäune aufgelöst und

Anderthalb-

133 Schwefelarsenik.

Schwefelwasserstoffgas in diese Auflösung geleitet, so tauscht das Arsenik seinen Sauerstoff gegen Schwefel aus und es schlägt sich ein gelbes Pulver № 133 nieder, welches der arsenigen Säure entsprechend zusammengesetzt ist, indem es auf

2 M.G. oder 75,2 Pfund Arsenik

3 M.G. oder 48,0 Pfund Schwefel

enthält. Das Anderthalb-Schwefelantimon № 111 S. 225 hat die entsprechende Zusammensetzung.

Wenn man versuchsweise diese Verbindung darstellen will und zu dem Ende Schwefelwasserstoffgas in eine wässerige Auflösung von arseniger Säure strömen lässt, so wird man bald eine Gelbfärbung der Flüssigkeit bemerken aber keinen Niederschlag sich bilden sehen. Diess kommt daher, dass das Anderthalb-Schwefelarsenik in Wasser auflöslich ist. Fügt man aber Chlorwasserstoffsäure hinzu, so scheidet es sich ab und zwar um so leichter, wenn man die Flüssigkeit etwas einkocht.

Ist die arsenige Säure anstatt im Wasser in Chlorwasserstoffsäure aufgelöst und man lässt nun Schwefelwasserstoffgas hineinströmen, so entsteht der Niederschlag auf der Stelle.

Durch Erhitzen von

99 Pfund arseniger Säure mit

62 Pfund Schwefelpulver

erhält man dieselbe Verbindung. Es nimmt der Schwefel den Sauerstoff aus der arsenigen Säure auf, sich damit zur schwefeligen Säure verbindend, die davon geht; indess sich Anderthalb-Schwefelarsenik sublimirt. Es ist diess der Weg es im Grossen darzustellen. Gewöhnlich wendet man aber viel weniger Schwefel an, so dass das Produkt, welches unter dem Namen Auripigmentum oder Operment und auch Rauschgelb in den Handel kommt, noch sehr viel arsenige Säure enthält und daher ungleich giftiger ist als die reine Verbindung.

Wegen seiner schönen Farbe wurde es früher häufig als Malerfarbe gebraucht und hat manchen Menschen siech und elend gemacht, der seine Giftigkeit nicht ahnend sorglos damit umging. Jetzt ist es durch die Chromfarben völlig verdrängt worden.

In Ammoniakflüssigkeit löst es sich mit Leichtigkeit auf. Dadurch kann es sehr leicht vom Schwefel unterschieden werden, der sich oft beim Behandeln saurer Flüssigkeiten mit Schwefelwasserstoff abscheidet. Der Schwefel ist darin unauflöslich.

Die Auflösung ist farblos, aber beim Verdunsten des Ammoniaks trübt sie sich und es scheidet sich der gelbe Schwefelarsenik wieder ab. Man kann diese Veränderung sehr schnell bemerken, wenn man Löschpapier oder Zeug in die Auflösung taucht und aufhängt. Ihre Farblosigkeit verschwindet bald und ein schönes Gelb kommt zum

Vorschein. Diese leichte Färbungsart ist Veranlassung zu dem übereilten Vorschlag gewesen es wirklich zum Färben anzuwenden. Es ist diess ein schändlicher Leichtsinn, der zugleich Unkenntniss mit der Färberei verräth, der es an schönen, gelben unschädlichen Farben gar nicht mangelt. Auch stinkt diese Arsenikfarbe nach Schwefelwasserstoff und schwärzt dadurch die in ihrer Nähe liegenden Bleioxydfarben.

Im Fall man eine gelbe Farbe in Verdacht hat, sie sei mit Schwefelarsenik hervorgebracht, braucht man nur, um Gewissheit zu erhalten, einen ganz kleinen Abschnitzel des Zeugs in einer Glasröhre über der Lichtflamme schwach zu erhitzen. Indem sich das Zeug verkohlt entwickelt sich ein gelber Rauch, der sich zu rothgelben Tröpfchen verdichtet. Diess Verhalten zeigt Schwefelarsenik an, indess andere Farben bloss verkohlen ohne dass sich etwas Aehnliches sublimirt. Zum Ueberfluss kann man dieses Sublimirte sammeln und über glühende Silberkohle treiben, um durch das Erscheinen des Arsenikspiegels den Verdacht ausser Zweifel zu setzen.

In Kalilauge löst es sich mit Zersetzung auf. Ein Theil Kali giebt seinen Sauerstoff an einen Theil Arsenik ab, wodurch Kalium und arsenige Säure entstehen. Ersteres verbindet sich mit dem frei gewordenen Theil Schwefel zu Schwefelkalium und die arsenige Säure geht mit Kali zu arsenigsaurem Kali zusammen. Der unzersetzt gebliebene Theil Schwefelarsenik verbindet sich mit dem Schwefelkalium zu einem Doppelsalz.

Wird in eine solche Auflösung Indigo gebracht, so erfolgt eine neue Zersetzung, die man daran gewahr wird, dass der Indigo seine blaue Farbe verliert und sich auflöst, er ist nämlich durch das Doppelsalz entsauerstofft und in den Zustand übergegangen, worin er sich in der Küpe befindet. Daher wendet man auch eine solche Auflösung an. Man druckt damit wie mit einer Tafelfarbe. Das anfangs gelbe Muster wird bald grün auf dem Zeuge und endlich blau und zeigt sich nach dem Auswaschen innig mit der Faser verbunden.

Da, wie man sieht, diese Farbe arsenige Säure enthält, so kann sie den Druckern und Streichkindern gefährlich werden. Man thut also wohl sie nicht anzuwenden; auch wird sie vollkommen durch eine andere nicht schädliche ersetzt, die aus Zinnoxydul, Indigo und Zuckerkalk besteht und beim Zinnoxydul beschrieben ist.

Nicht minder wichtig als das chemische Verhalten der arsenigen Säure S. 268 ist das des Schwefelarseniks für gerichtliche Fälle. Es ist nicht genug, dass man aus einer wahrscheinlich vergifteten Flüssigkeit einen gelben Niederschlag durch Schwefelwasserstoff erhalte, um auf die Gegenwart des Arseniks zu schliessen, sondern es muss aufs bestimmteste das Arsenikmetall selbst in Form des bekannten Arsenikspiegels (S. 269) vors Auge gebracht werden.

Diess geschieht durch solche Stoffe die den Schwefel anziehen und das Arsenik frei machen, z. B. ein Gemenge von Kalk- und Kohlenpulver. Man bringt etwas Schwefelarsenik in die Spitze einer ausgezogenen Glasröhre, schüttet darauf obiges Gemenge und erhitzt wie es S. 269 angegeben.

Der Schwefel verbindet sich hier mit dem Kalk zu Schwefelcalcium während Kohlenoxydgas entweicht und das metallische Arsenik sich als Spiegel sublimirt.

Diese Reduktionsweise des Schwefelarseniks gelingt nicht so gut wie die der arsenigen Säure mit dem Kohlensplitter (S. 269), weil nicht selten das Gas die Masse in die Höhe treibt, wodurch der Versuch verunglückt und man den Arsenikspiegel nicht genau wahrnehmen kann.

Man hat diesen Uebelstand zu beseitigen gesucht durch Weglassung der Kohle und Anwendung des Pulvers von reinem Kalk. Aber auch dieses wird manchmal in die Höhe getrieben, wenn das Schwefelarsenik oder der Kalk nicht ganz trocken war. Daher hat man für nöthig befunden noch eine Schicht trocknes kohlensaures Natron auf das Kalkpulver zu bringen, dieses zuerst zu erhitzen, dass es an die Glasröhre anschmilzt und so einen porösen Pfropf bildet, der das in die Höhe treiben verhindert. Hierdurch wird aber das Experiment etwas umständlich.

Alle diese Schwierigkeiten und Unsicherheiten fallen weg bei Anwendung einer silberhaltigen Kohle. Man kocht Kohlensplitter mit einer Auflösung von essigsaurem Silberoxyd und dampft fast bis zur Trockne ab. Hierauf trocknet man die Splitter ohne sie vorher abzuwaschen (denn es kommt darauf an recht viel Silber in die Kohle zu bringen) und glüht sie in einer Glasröhre. So sind sie zum Gebrauch fertig und werden ebenso angewendet wie die Kohlensplitter ohne Silber bei der Reduktion der arsenigen Säure S. 269. Man kann die kleinsten Mengen Schwefelarsenik durch diese Silberkohle reduziren ohne je in Gefahr zu kommen, dass der Versuch misslinge. Der Arsenikspiegel hat hier dieselbe Farbe und Glanz wie S. 269 angegeben, nur erschien er mir theilweise weisser und glänzender aber auch theilweise bräunlich.

Auch Silber für sich reduzirt das Schwefelarsenik, allein das Metall sublimirt sich oft in kleinen Kügelchen und nicht in der Form des charakteristischen Arsenikspiegels, wie es hier der Fall ist. Bei Anwendung von Silberpulver, auf nassem Wege dargestellt, geschieht diess zwar, allein dann hat man wieder dasselbe zu fürchten, wie bei Anwendung jedes anderen Pulvers.

Verbindung von Anderthalb-Schwefelarsenik mit andern Schwefelmetallen.

Wie das Anderthalb-Sauerstoffarsenik oder die arsenige Särre sich mit anderen Sauerstoffmetallen zu Salzen vereinigt, z. B. zum arsenigsauren Kupferoxyd № 126 S. 286, und arsenigsaures Silberoxyd № 129 S. 289, ebenso vereinigt sich das Anderthalb-Schwefelarsenik mit andern Schwefelmetallen zu Salzen die jenen in ihrer Zusammensetzung genau entsprechen.

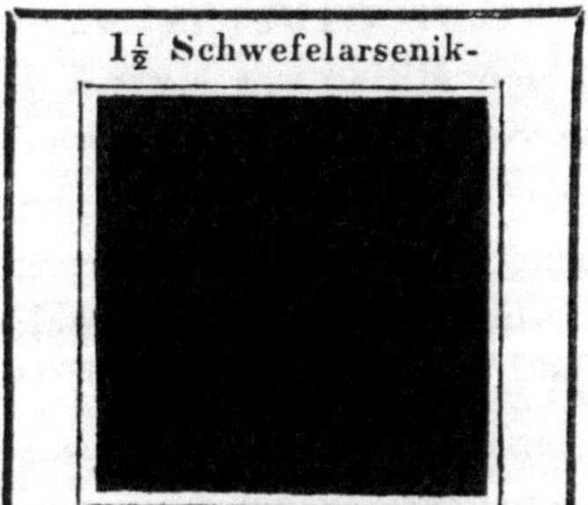

Wird z. B. aller Sauerstoff, welcher im arsenigsauren Kupferoxyd (welches ein Anderthalb-Sauerstoffarsenik — Einfach-Sauerstoffkupfer ist) gegen Schwefel ausgetauscht, so entsteht Anderthalb-Schwefelarsenik — Einfach-Schwefelkupfer.

№ 134. Es wird dargestellt, wenn man arsenigsaures Kupferoxyd in Chlorwasserstoffsäure auflöst und in die Auflösung Schwefelwasserstoffgas strömen lässt oder wenn man Anderthalb-Schwefelarsenik in Einfach-Schwefelkalium auflöst und hiermit eine Auflösung von schwefelsaurem Kupferoxyd vermischt.

Das arsenigsaure Silberoxyd (welches ein Anderthalb-Sauerstoffarsenik — Einfach-Sauerstoffsilber ist) kann auf gleiche Weise in das entsprechende Schwefelsalz verwandelt werden. Man fällt entweder seine salpetersaure Auflösung mit Schwefelwasserstoff oder man mischt eine Auflösung von Anderthalb-Schwefelarsenik in Einfach-Schwefelkalium mit einer Auflösung von salpetersaurem Silberoxyd. Es entseht ein schwarzer Niederschlag der Anderthalb-Schwefelarsenik — Einfach-Schwefelsilber ist.

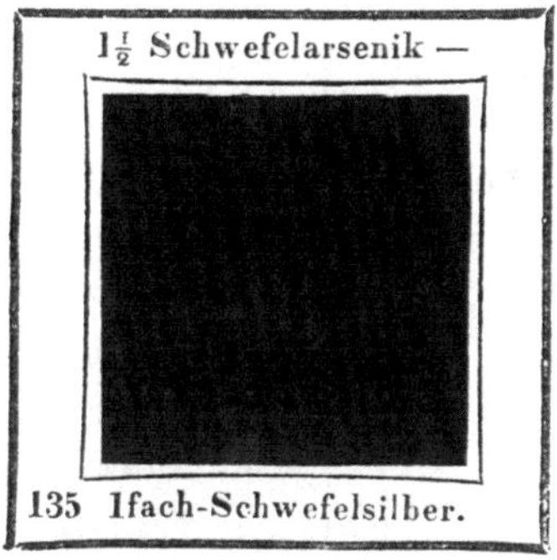

Bei beiden Salzen ist nun aus der Bildungsweise klar, dass sich in dem Verhältniss ihrer Zusammensetzung nichts ändert, indem für die hinweggenommenen Mischungsgewichte Sauerstoff eben so viele Mischungsgewichte Schwefel hinzukommen. Aus diesem Grunde bleibt auch der chemische Gegensatz der beiden Bestandtheile zu einander derselbe, weil der Schwefel ja nur eine andere Art von Sauerstoff ist. Was also in dem Sauerstoff satz Säure war, nämlich das Anderthalb-Sauerstoffarsenik (oder die arsenige Säure) das ist es auch im Schwefelsalz; daher ist das Anderthalb-Schwefelarsenik sowohl in № 134, als auch in № 135 die Säure. Und was im Sauerstoffsalz die Basis war, nämlich das Einfach-Sauerstoffkupfer und Sauerstoffsilber (oder Kupferoxyd und Silberoxyd) das ist es auch im Schwefelsalz; daher ist das Einfach-Schwefelkupfer und Schwefelsilber in № 134 und № 135 die Basis.

Man kennt noch mehrere solche Verbindungen der Schwefelarsenike mit Schwefelmetallen, die ich aber übergehe, da sie für meine Leser ohne Interesse sind.

Drittehalb-Schwefelarsenik.

Wird in eine starke Auflösung von Drittehalb-Sauerstoffarsenik d. h Arseniksäure Schwefelwasserstoffgas geleitet, so erfolgt ein ähnlicher Austausch des Sauerstoffs gegen Schwefel, wie bei der arsenigen Säure S. 299 und man erhält № 136, welches dem Anderthalb-Schwefelarsenik № 133 S. 299 sehr ähnlich ist, nur etwas heller. Es ist der Arseniksäure entsprechend zusammengesetzt und besteht aus

Drittehalb-

136 Schwefelarsenik.

2 M.G. oder 75,2 Pfund Arsenik und
5 M.G. oder 80,0 Pfund Schwefel.

Das Drittehalb-Schwefelantimon oder der Goldschwefel № 118 S. 238 hat dasselbe Bestandtheilverhältniss.

Man erhält dieses Schwefelarsenik bei gerichtlich-chemischen Untersuchungen mit arseniger Säure vergifteter Speisen etc., wenn man durch Kochen derselben mit Königswasser oder durch Einströmenlassen von Chlorgas die organischen Beimischungen zerstört, wobei dann gleichzeitig die arsenige Säure in Arseniksäure übergeht, die nun durch Schwefelwasserstoff als Drittehalb-Schwefelarsenik gefällt wird.

Diese Fällung erfolgt bei sehr verdünnten Auflösungen schwierig, daher es besser ist die saure Flüssigkeit abzudampfen, mit Ammoniak zu sättigen und nun mit Schwefelwasserstoff-Ammoniak zu mischen und dann Chlorwasserstoffsäure im Ueberschuss hinzuzufügen und so lange gelinde zu erwärmen, bis alles klar geworden und sich ein gelbes Pulver abgeschieden hat. Ein Zusatz von viel Kochsalz oder Salmiak befördert die Absonderung und das Niederfallen des Schwefelarseniks, so dass man dann des Erwärmens überhoben ist.

Dieses Pulver bedarf nun noch einer Untersuchung, um seinen Arsenikgehalt wirklich nachzuweisen. Diess geschieht ganz auf dieselbe Weise, wie beim Anderthalb-Schwefelarsenik, mittelst Silberkohle, wie es S. 303 beschrieben ist und nur das Erscheinen des Arsenikspiegels und dessen Knoblauchgeruch beim Verflüchtigen kann entscheiden.

Verbindungen von Drittehalb-Schwefelarsenik mit anderen Schwefelmetallen.

Da man Drittehalb-Sauerstoffarsenik oder Arseniksäure durch Zusammenbringen mit Schwefelwasserstoff in Drittehalb-Schwefelarsenik (№ 136 S. 206) verwandeln kann, so geschieht dasselbe und ausserdem noch die Entsauerstoffung und gleichzeitige Schwefelung der Basis, wenn die Arseniksäure zugleich damit verbunden ist.

Ein solcher Fall findet beim arseniksauren Kupferoxyd statt, wenn diess in Chlorwasserstoffsäure aufgelöst und mit einem Strom Schwefelwasserstoffgas zusammen gebracht wird. Es entsteht das dem Sauerstoffsalz genau entsprechende Schwefelsalz № 137, das eben so viele Mischungsgewichte Schwefel enthält, als jenes Mischungsgewichte Sauerstoff. Es heisst seiner Zusammensetzung nach Drittehalb-Schwefelarsenik —Einfach-Schwefelkupfer und diese seine Bestandtheile sind ebenfalls dem chemischen Gegensatz gemäss vereinigt, so dass der Drittehalb-Schwefelarsenik die Säure und das Einfach-Schwefelkupfer die Basis in diesem Salz vorstellt, gerade so wie es S. 304 mit den Verbindungen des Anderthalb-Schwefelarseniks der Fall ist.

Es lassen sich noch viele solche Verbindungen

des Drittehalb-Schwefelarsenik mit andern Schwefelmetallen darstellen. Sie dienen jedoch nur dazu um die chemische Wissenschaft nach allen Seiten hin zu einem Ganzen abzurunden, haben aber fürs Leben oder die Anwendung keine Bedeutung.

Einfach- und Neunfach-Schwefelarsenik.

Ich stelle diese beiden Verbindungen zusammen aus wissenschaftlichen Gründen. Sie sind nämlich die einzigen, in welchen das Arsenik mit einem einfachen Mischungsgewichte vorkommt, da es sonst in allen anderen doppelt ist. Sie haben daher auch nichts Entsprechendes unter den Sauerstoffungsstufen des Arseniks und eben so wenig findet man desgleichen bei den Antimonverbindungen mit Schwefel.

Das **Einfach-Schwefelarsenik** ist schon seit älteren Zeiten unter dem Namen **Realgar** oder **rothes Schwefelarsenik** bekannt, und kommt natürlich gebildet im Mineralreich vor und ist auch oft mit anderen Schwefelmetallen gemengt oder verbunden. Es wird auf den sogenannten Gifthütten, wo auch der weisse Arsenik fabrizirt wird, durch Destilliren gewonnen.

Einfach-

138 Schwefelarsenik.

Sein Bestandtheilverhältniss ist

1 M.G. oder 37,6 Pfund Arsenik und

1 M.G. oder 16 Pfund Schwefel

und es ist eben so flüchtig in der Hitze und durch dieselben Stoffe zersetzbar, wie die beiden bereits abgehandelten Schwefelverbindungen. Es ist daher auch sein Arsenikgehalt sehr leicht durch das Zusammenbringen seines Dampfes mit einer glühenden Silberkohle darzuthun (S. 303).

Das **Neunfach-Schwefelarsenik** d. h. eine Verbindung, welche aus

1 M.G. oder 37,6 Pfund Arsenik und
9 M.G. oder 144,0 Pfund Schwefel

besteht, wird erhalten, wenn man eine Auflösung von Fünffach-Schwefelkalium in Weingeist mit dem Pulver von Drittehalb-Schwefelarsenik digerirt. Der Weingeist nimmt die Verbindung auf, die sich beim gelinden Abdampfen in hellgelben glänzenden Krystallschuppen abscheidet.

Diese hier abgehandelten Verbindungen des Arseniks mit Schwefel haben, wie man sieht, eine grosse Aehnlichkeit mit Schwefelkadmium № 11 S. 54, und können damit um so mehr verwechselt werden, weil der Kadmium, wie das Arsenik aus sehr sauren Auflösungen, durch Schwefelwasserstoff fällbar ist. Bei näherer Untersuchung ergeben sich aber grosse Verschiedenheiten. So ist das Schwefelkadmium bei keiner Temperatur verdampfbar, die Schwefelarsenike sind dagegen schon bei geringer Hitze flüchtig; jenes löst sich nicht in Ammoniakflüssigkeit, diese dagegen sehr leicht und beim Verdunsten des Ammoniaks scheiden sie sich wieder unverändert ab.

Zwölftel-Schwefelarsenik.

Es ist ein recht deutlicher Beweis, wie schwer es hält oder wie es vielmehr unmöglich ist, aus dem Schwefelarsenik allen Schwefel mit Hinterlassung des Arseniks abzuscheiden. Erwärmt man z. B. Anderthalb- oder Drittehalb-Schwefelarsenik zu wiederholten Malen mit Kalilauge, so bleibt ein schwarzes Pulver, welches aus

12 M.G. Arsenik und
1 M.G. Schwefel

besteht. Es sieht getrocknet braun aus, wie braunes Bleioxyd, und verbrennt manchmal schon bei einer Hitze, die nicht den Siedepunkt des Wassers erreicht; daher ich es nicht gewagt habe, es diesem Buch als Muster einzuverleiben.

Arsenik und Chlor.

Löst man arsenige Säure in Chlorwasserstoffsäure auf, setzt Schwefelsäure hinzu und destillirt, so geht ausser Chlorwasserstoffsäure Anderthalb-Chlorarsenik über, welches sich durch einen starken unangenehmen Geruch auszeichnet und schon bei niedriger Temperatur verdampft.

Man bemerkt diesen Geruch sehr oft bei der Destillation der Salzsäure und zwar in dem Fall, wenn die dazu angewendete Schwefelsäure arsenige Säure enthielt. Es sind alsdann alle Bedindungen zur Bildung des Chlorarseniks gegeben und in der That geht auch alle in der Schwefelsäure enthaltene arsenige Säure als Chlorarsenik in die Salzsäure über.

Verbesserungen.

Seite				
7	Zeile 4	von unten	statt	56 lies 66.
10	— 7	— oben	—	Stelle l. Rolle.
44	— 18	— —	—	ein Zinkoxyd verwandelt wird l. in Zinkoxyd verwandelt wird.
87	— 8	— —	—	geringen l. geringern.
97	— 8	— unten	—	Schwefelkalium l. Schwefelcalcium.
103	— 8	— oben	—	Säurestoffmengen l. Sauerstoffmengen.
125	— 5	— unten	—	zweifach l. einfach.
148	— 1	— oben	—	blosses Gelb l. blasses Gelb.
157	— 15	— —	—	Auflösung l. Zersetzung.
177	— 13	— unten	—	entfernen l. zersetzen.
193	— 14	— oben	—	frei l. fein.
243	— 4	— —	—	Füllung l. Fällung.
270	— 8	— unten	—	gefüllt l. gefällt.
286	— 3	— oben	—	anzuwenden l. zu gebrauchen.

MIX
Papier | Fördert gute Waldnutzung
FSC® C083411

Zeitfracht Medien GmbH
Ferdinand-Jühlke-Straße 7
99095 Erfurt, Deutschland
produktsicherheit@kolibri360.de